铁路职业教育教材

安 全 用 电

李建民 罗 军 主 编

中国铁道出版社有限公司

2 0 2 1 年 · 北 京

内 容 简 介

本书为铁路职业教育教材。主要内容有：事故案例分析；触电及触电救护；安全防护技术及应用；10 kV 以下电气设备及线路的安全技术；电气设备的防火与防爆；过电压及防护；电气测试及其安全措施；电气作业的安全规程及制度；用户事故调查及管理办法等。

本书适用于高等职业教育、中等职业教育及职工培训。

本书编写后，随着新技术新规章的不断运用实施，其中内容如有与最新规章标准不符之处，请以现行规章标准为准。

图书在版编目（CIP）数据

安全用电/李建民，罗军主编．—北京：中国铁道出版社，2008.8（2021.11 重印）
铁路职业教育铁道部规划教材
ISBN 978-7-113-08986-3

Ⅰ．安…　Ⅱ．① 李…② 罗…　Ⅲ．用电管理 – 安全技术 – 职业教育 – 教材　Ⅳ．TM92

中国版本图书馆 CIP 数据核字（2008）第 129737 号

书　　名：安全用电

作　　者：李建民　罗　军

责任编辑：武亚雯　　　电话：(010)51873133　　　电子信箱：td51873133@163.com
编辑助理：阚济存
封面设计：陈东山
责任校对：王　杰
责任印制：高春晓

出版发行：中国铁道出版社有限公司(100054,北京市西城区右安门西街 8 号)
印　　刷：三河市宏盛印务有限公司
版　　次：2008 年 8 月第 1 版　2021 年 11 月第 11 次印刷
开　　本：787 mm×1 092 mm　1/16　印张：11.75　字数：293 千
书　　号：ISBN 978-7-113-08986-3
定　　价：32.00 元

前　言

　　本书为铁路职业教育规划教材。本书是根据铁路职业教育电气化铁道供电专业教学计划"安全用电"课程教学大纲编写的,由铁路职业教育电气化铁道供电专业教学指导委员会组织,并经铁路职业教育电气化铁道供电专业教材编审组审定。

　　电力是国家建设和人民生活的重要物质基础。随着我国改革开放的不断深化,电力事业的发展蒸蒸日上,到 2007 年我国发电总装机容量已达 5 亿 kW,成为世界第三电力大国。遍布城乡的电力网为祖国的繁荣昌盛及现代化建设提供了源源不断的动力,成为当今社会最广泛应用的能源。电力的发展为国民经济的腾飞创造了先决条件,各种用电设备及家用电器迅速增加,电能的应用已普及到城乡各个领域。

　　电在造福人类的同时,对人及物也构成很大的潜在危险。如果对安全用电认识不足,对电气设备的安装、维修、使用不当,或由于错误操作等原因,均可能造成触电事故、线路设备事故或遭受雷击、静电危害、电磁场危害及引起电气火灾和爆炸等事故。全世界每年死于电气事故的人数约占全部事故死亡人数的 1/4,电气火灾约占火灾总数的 14% 以上。安全用电是衡量一个国家用电水平的重要标志之一。经济发达地区大约每百万人口触电死亡 0.5~1 人;落后地区每百万人口触电死亡 10 人左右。据统计,全国触电死亡总人数中,工业和城市居民仅占15% ,而农村竟占 85% 。据对触电死亡事故进行综合分析,高压触电死亡人数占 12% 左右,低压触电死亡人数却占 88% 左右。

　　安全用电包括人身安全和设备安全两方面。我国政府对于安全用电工作十分重视,为了完善供用电制度,加强电力安全技术管理,由国家及有关部委颁布的劳动保护法规、决议、条例、规程及标准已达 300 多种。这对于保证电气安全、防止电气事故起到了积极作用,也为电气管理工作逐步走向规范化、科学化、现代化奠定了良好基础。在电力管理和电工作业的各个环节中,电气工作人员、生产人员及其他用电人员,必须遵守有关的规章制度,采用必要的措施和手段,在保证人身及设备安全的条件下,正确使用电力。

　　随着科学技术的发展,用电规模的扩大,人们越来越意识到安全用电的重要性。安全用电,作为一般知识,应该为一切用电人员所了解;作为一门专业技术,应该为全体电气工作人员所掌握;作为一项管理制度,应该引起有关部门、单位和个人的重视并遵照执行。

　　本书由李建民、罗军主编。其中第一、二、三、四、七、八章由兰州交通大学李建民、王平清、涂金阳编写,第五、六、九章由内江铁路机械学校罗军、李鲁华和西安铁路铁路职业技术学院秦亚玲编写。

　　由于电气安全涉及面广,涉及多种学科,加之编者水平有限,书中错漏之处在所难免,敬请广大读者批评指正。

作为职业技术院校电工类专业的学生,应通过对安全用电课程的学习,掌握触电急救法,熟悉安全防护技术,掌握供用电设备及线路的安全技术,熟悉电气工作的安全规程和制度。掌握安全作业的要求和具体措施,建立起"安全第一,预防为主"的好思想、好作风,以便将来在工作中做到安全用电、安全生产,为国家现代化建设贡献力量。

编　者

2008 年 7 月

目 录

第一章
案例分析

一、漏电酿成的悲剧

（一）事故经过

某浴池工地，工人们正在进行二层混凝土圈梁浇灌。突然，搅拌机附近有人喊："有人触电了"。只见在搅拌机进料斗旁边的一辆铁制手推车上，趴着一个人，地上还躺着一个人。当人们把搅拌机附近的电源刀开关切断后，看到趴在推车上的人手心和脚心穿孔出血，并已经死亡，死者年仅17岁。与此同时，对躺在地上的另一人进行人工呼吸抢救，才幸免于难。

（二）事故原因

事故发生后，有关人员马上对事故现场进行了检查，从事故现象来看，显然是搅拌机带电引起的。当合上搅拌机的电源刀开关时，用测电笔测试搅拌机外壳不带电，当按下搅拌机上的启动按钮，再用测电笔测试设备外壳，氖泡很亮，表明设备外壳带电，用万用表交流挡测得设备外壳对地电压为195 V（实测相电压为225 V）。经细致检查，发现电磁启动器出线孔的橡胶圈变形移位，一根绝缘导线的橡皮被磨破露出铜线，铜线与铁板相碰。检查中又发现，搅拌机外壳没有接地保护线，共4个橡胶轮离地约300 mm，4个调整支承腿下的铁盘，是在橡胶垫和方木上边，进料斗落地处垫有一些竹制脚手板，整个搅拌机对地几乎是绝缘的。死者穿布底鞋，双手未戴手套，两手各握一个铁把，因夏季天热，又是重体力劳动，死者双手出汗，人体电阻大大降低。估计电阻约为500～700 Ω，估算流经人体的电流已大于250 mA。如此大的电流通过人体，死者无法摆脱带电体，而且在很短的时间内就会导致死亡。另一触电者因单手推车，脚穿的是双新胶鞋，所以尚能摆脱电源，经及时的人工呼吸，得以苏醒。这起事故充分说明，临时用电决不能马虎。

二、高压窜入低压的教训

（一）事故经过

某地采用蝶式绝缘子架设的10 kV配电线路，一相绝缘子击穿导线接地，致使导线烧断，落在同杆架设的380/220 V低压线上，使得整个低压线都带上了10 kV等级的高压。事故发生后，整个村的家用电器及电灯线路都发出了异常的响声，有些线路甚至冒出火花。有一村民去关一台响声异常的电扇，当场被电击致死；另一村民看见电灯线路发出异常响声，就去关吊灯头的开关，也当场触电身亡；还有20多人被电击伤，并烧坏很多家用电器。

（二）事故教训

这次事故的损失是惨重的。为了吸取教训，事后，有关部门组织人员对事故发生的原因进行了分析，现就发现的值得注意的几个问题，提出如下建议：

1. 所用蝶式绝缘子属淘汰产品

以前采用瓷横担的线路,没有发现过类似故障,建议更换 10 kV 线路中的蝶式绝缘子。

2. 变电站的继电保护装置应动作灵敏

如果高压窜入低压时继电保护装置立即动作,事故后果不会如此严重。当地过去曾有一条 10 kV 高压线路一相断开搭在一民房屋顶的事故,出事点引起燃烧,但变电站继电保护装置还没有信号出现。这一现象再次出现应引起重视。

3. 停送电应严格执行有关规程

有一电工曾经直接把一台变压器高压侧的跌落式熔断器送上 10 kV 的线路,引起高压线起火,冒出的火球烧断一根高压线。

4. 变压器中性点接地电阻不应过大

变压器中性点接地电阻应小于或等于 4 Ω 以减轻高压窜入低压的危险。据测试,该村变压器中性点接地电阻大到几十欧姆。

5. 应在现有供电方式上采取重复接零保护

现在民用供电大都采用电源中性点接地的三相四线制供电力式,对于家用电器都应采用保护接零。并在零线上重复接地。以减轻电压窜入低压时的危险。

6. 进一步宣传普及用电常识

当家用电器及电灯线路出现异常响声和线路冒出火花时,千万不要用手去断开电源,应赶紧报告有关人员处理。

7. 建议安装报警装置

如能采用高压窜入的自断装置或高压窜入电子报警器,将能减轻高压窜入低压的危险性。

三、人身触电事故三例

(一)事故情况

1. 图方便接触高压电

电工 A 更换好田间变压器上的高压熔断器,要下变压器台时,不从台边电杆上的脚钉下去,而准备直接往下跳。当转过身体刚要跳下时,右臀部突遭电击,不由自主地从台上裁了下来。原来他在转身时,工具袋与高压接线柱过近,又恰逢雨后台上较潮湿,引起工具与 10 kV 接线柱放电。触电和摔跌的结果导致 A 神经坏死而截肢。

2. 使用已击穿的按钮,造成触电

雷电将变压器台电杆上的避雷器烧坏,电工 A 更换好后去泵房合闸抽水,发现按钮外壳已烧焦,按钮也崩飞了。找到一看,崩飞的按钮也已经烧得变形了,当时他急着抽水,不顾一切就把按钮放回原处,用手指背按下启动水泵的电动机。虽然接触器吸合、水泵运转了,但是 A 被重重地电击了一下,摔了一大跤,险些造成伤亡事故。

3. 一时不忍,终身致残

三电工 A、B、C 同去更换变压器电杆上的高压绝缘子。A 和 B 上杆更换,C 在下面递料。更换好绝缘子后,A 因憋不住而在上面小便,结果尿被风一吹恰好浇在变压器高压接线柱上,只听"咣"的一声,出现一个大火球,A 即从杆上摔下来,下身全部被电弧烧光,连右手也被烧焦,造成终身残疾。

(二)事故教训

以上三例均是某地近年内发生的,都是因为缺乏电气设备安全工作知识,麻痹大意,不遵守电气安全工作规程所造成的。第一例事故若停电工作,是可以避免的;第二例事故说明,损坏的电气设备一定要立即调换新的,才能再使用;第三例事故更说明如果不严格遵守安全工作规程,发生的事故往往是意想不到的。

四、高压线下不得违章建房

（一）事故经过

某学校教学大楼施工中发生过一起泥水工误碰高压线的触电伤亡事故。根据报道,此类事故在其他地方也发生过多起。

（二）事故原因

事故屡屡发生,不外乎以下三个方面的原因:

1. 一些乡镇和地方各级人民政府在审批房屋基地时考虑土地安排多,而考虑空中的高压线少。如某镇搞城建规划时,竟在 35 kV 高压线下搞了一个居民小区,后患无穷。

2. 电力部门宣传不够,往往是你造你的房,只要不碰到我管辖的高压线,大家就平安无事,即使房子就在高压线底下或者位于高压线附近,也不理会。

3. 建房单位或农民只看地,不看天,将房子建到一半造成既成事实,再要求迁移高压线。如 A 某不听乡电管员的多次劝阻,强行在乡政府通往各村的 10 kV 高压线下盖房,以致一位泥水工从楼道向平顶递送钢筋时,碰到从屋顶平台上横穿而过的高压线,被电弧击伤,双手、脸部和眼睛严重烧伤,另一个帮工双脚触及那条离平顶只有 68 cm 的高压线时,当即死亡。

五、熔断器接错线造成的触电事故

（一）事故经过

某人将新房的照明及插座重新布置。取出户内熔断器（RC1A～5A）即进行作业,接线时遭到电击,幸好没有造成人员伤亡。事后经测试,发现熔断器不论安装与否,线路上均有电。

（二）事故分析

经查明,这起事故的主要原因是将户内熔断器错接到零线上所致。该住宅采用户内安装熔断器盒的供电方式,是为了方便用户使用和防止偷电。

熔断器盒内安装 RC1A～5A 熔断器,相当于进户开关,供用户日常检修和使用,电表箱的钥匙由供电部门统一管理。正常时,熔断器盒安装在相线上,当熔断器取出后,户内相线断电,进行作业时无触电危险,这种配电系统是比较可靠的,但是,该住户内的熔断器盒安装在零线上。当取出熔断器后,设备虽不能工作,但户内的线路对地仍有 220 V 的电压（如果电器是接通的,零线也有电）。人触摸时,就会发生触电事故。

（三）事故教训

这起事故是由于施工时将熔断器盒错接在工作零线上造成的,主要责任者应该是施工单位。因为施工单位应该严格按照有关技术规程施工,正式验收前要做通电检验,发现问题及时处理,建房单位应严格把住质量关,对工程的关键部位,要到现场监督施工,以便及时纠正;正式验收时,应着重检查可能产生事故隐患或容易发生事故的部位,验收无误后方可在验收单上签字。

六、中性线太细引起事故

（一）事故一

1. 事故经过

某工地抽水工人抽生活用水,由于照明灯不亮,检查中发现电源进线已断,在接线时,此抽水工人用两手将两断线头拉住,造成单相触电,倒入河中。捞上来之后见其两手已被烧焦。

2. 事故原因

这起触电死亡事故的主要原因之一就是安装人缺乏安全技术知识,河岸至泵船跨距相当大,而横跨河岸与泵船之间的线路采用截面 2.5 mm^2 的单股芯绝缘导线作中性线,以致机械强度不够而断开。

(二)事 故 二

1. 事故经过

一名电工在水泥杆上接中性线时,突然大叫,同时身体摆动。好在安全带发挥作用,才未造成坠落事故。

2. 事故原因

经分析,确认触电原因是中性线截面太小,阻抗太大,而使三相负荷不平衡,中性线有很大电流流过,使中性线带有较高的对地电压。因此,杆上电工触及中性线时,电流经人体、水泥杆、大地形成回路而触电。

(三)事 故 三

1. 事故经过

人们修整树枝时,树枝落在中性线上,第二天,有几户的电视机和日光灯被烧坏。经检查发现中性线被砸断。

2. 事故原因

这起事故也是由于中性线截面小而被砸断,加上三相负荷不平衡造成的。三相负荷不平衡时,负载中性点电位不再为零,以致有的相电压升高,用电设备可能被烧坏;有的相电压降低,设备不能正常工作。

(四)事故教训

这几起事故说明,为了防止人身事故和设备事故,须保证中性线质量,中性线不能太细。

七、乱装私用室外电视天线引发事故剖析

(一)事故经过

在现代家庭生活中,收看电视已成为人们文化生活的主要内容。很多地方室外电视天线如雨后春笋,身居屋顶倚天林立。由此引发的各种事故经常有,下面剖析几例事故,希望从中找出解决问题的途径。

事故一:某新郎为使洞房花烛夜电视更清晰,于婚宴前邀请两友同登楼顶安装天线。匆忙中将一根 5 m 长镀锌铁管吊上平台时,铁管竟挨近了距此楼不远的 10 kV 高压输电线,只听"轰"的一声巨响,高压电流将三人击倒。虽经抢救,该君还是痛失双手。

事故二:某县广播电视局某职工架设的天线,因杆底失去平衡,倒落在附近的高压输电线上,引起开关跳闸。致使全县城 50% 区域中断供电 4 h,十几家工厂为此停产。同时相邻住户的民用供电线路也突然电压升高,造成损坏收录机 10 台,电视机百余台的事故。

事故三:某农民熟睡中被一声巨雷惊醒,发现柜上连接室外天线的电视机也随雷声爆炸起火。其他地方也发生过雷雨天看电视,室外天线引雷入室的事例。

(二)事故原因

以上事故,都是因为盲目拉挑天线所致。这里提醒室外天线的安装者,要注意防雷。所谓

避雷针,实质是引雷针。它引雷于自身,然后将高压雷电流传入大地。如在室外天线杆上架设避雷针,则可能出现下述情况:

1. 雷击瞬间在馈线上产生感应过电压。

2. 因天线振子离针甚近,极易发生反击,使馈线上产生反击过电压。

3. 若雷直接落到电视天线上,高压雷电流将沿馈线迅速传入室内。

(三)防止措施

上述三例皆严重威胁电视机和人身安全。由此看来,即使电视机馈线上装有避雷器,也不一定能避免事故。因此,雷雨天不宜收看电视。应将馈线从电视机上断开,抛到室外,若能妥善接地则更好。室外天线还有因架设位置不当、竖杆不正、重心不稳、基础不牢等原因酿成事故,以及因受大风、暴雨、冰雪等自然灾害影响造成的倒杆事故。

八、当心中性线触电

(一)事故经过

某铺路工地上发生一起中性线触电死亡事故。铺路临时工地设在乡镇排灌站。电网上有电时,由该站的变压器供电,电网停电后用自备电源。自备电源是排灌站配电房内安装的一台7.5 kW 发电机,带的负荷是水泵和照明灯。配电盘与发电机之间只有 0.5 m 的小道。零线从发电机的接线柱沿着小道,通过小门接到相距 100 m 的水泵和照明灯上,悬挂高度只有1.2 m,拴得不牢固。配电房建在河边上,7 月份正是当地降雨季节,阴雨连绵。河水上涨使河水距配电房的地面只有 1 m 左右,房内很潮湿。中性线的绝缘已经老化,发生漏电。某日,电网停电,操作人员把接在站内变压器上的负荷线拆下来,接在发电机上。发电机启动后,操作人员走到水泵旁察看上水量,见水泵上水量不太足,认为可能是电压低,就回配电室调电压。过了一会,另一人走进配电房内发现操作人员躺在地上,中性线线头触在胸膛上,操作人员穿着带汗水的背心,线头处周围 3 cm,背心和肉被烧焦,经抢救无效死亡。

(二)事故分析

分析是中性线连接螺钉无弹簧垫烧损严重,操作人员不慎拉断中性线,中性线线头碰到胸口;或者中性线已经带电,操作人员触及后遭到电击,用力拉拽,拉脱中性线,中性线线头碰到胸口。不管是哪种情况,都将导致电流经相线、灯泡、中性线、人体、大地和中性点接地构成回路,人体都将遭到致命的电击。

(三)事故教训

1. 必须保持中性线接触良好,连接可靠。

2. 中性线应装设重复接地,以减轻或消除触电的危险。

3. 配电室应选择宽敞、通风良好,干燥的地方。临时流动性工地,应选择好供电地点。

4. 加强对中性线的管理。重视中性线的安全作用,充分认识中性线带电的可能性和危险性。

九、雷击事故的分析和教训

某县发生了罕见的大风暴,雷电交加,风雨中夹着冰雹,这时,在垦殖场发生了一起直接雷击人身伤亡事故。

(一)事故经过

这个村庄坐落在一红土壤的小山包上,周围为农田。除距事故地点 30 m 处有一高 7 m 的大树外,附近无任何高大物体。死者系女性,身高 1.53 m,雷雨来临时正带金属骨架的雨伞,在自家门口约 9 m 处的红薯地掏猪食。一声雷响便倒地,当即雷击死亡。尸体无血色,手脚均无灼伤痕迹。

（二）事故原因分析

这是一起直接雷击事故。在死者周围唯一可能保护她的有自家房舍。房高 4.3 m,红砖结构,房内地面比红薯地高出 1.5 m。如果粗略地将屋脊视为避雷针,其保护半径远小于事故地点的水平距离,该地又正当风口,以致造成上述事故。

（三）事故教训

1. 根据事故发生的地理环境,该村应安装直击雷防护装置。

2. 在雷电天气不要外出作业,切忌使用金属物件。

3. 发现有人受害,应尽快抢救,在派人请医生的同时,应立即采用人工呼吸和胸外心脏按压法救护。

十、一起 315 kV·A 配电变压器事故分析

（一）事故情况

某供电分局居民区配电变压器避雷器发生爆炸、跌落开关绝缘子断裂。对变压器的检查结果如下:高低压套管完整无破损,胶垫无喷油痕迹,油位及颜色正常;分接开关接触良好;绝缘电阻高压线圈对地为 2 MΩ,高压线圈对低压线圈为 40 MΩ;低压线圈对地为 50 MΩ。测试环境温度为 18 ℃。

（二）事故分析

经吊芯检验,高压线圈相对地击穿 L2,导致击穿的原因是:L2 相接入的避雷器绝缘耐压不合格,对地泄漏电流大并形成间歇性放电,造成谐振,产生 3～4 倍的一次侧电源电压。击穿高压线圈的对地绝缘,高压线圈对地绝缘下降到 2 MΩ,由于有绝缘油,对地绝缘电阻不等于零。发生谐振后,避雷器较长时间承受 3～4 倍的过电压而爆炸。同时,绝缘子接线端子处发生弧光放电,烧断绝缘子。

（三）防止措施

这起事故表明,配电变压器必须选择质量合格的产品,而且运行中应按规定进行检查和试验,以保证其始终处在良好的状态。

十一、用隔离开关拉高压电容器造成相间短路重大事故

（一）事故经过

某厂一名电工用隔离开关拉高压电容器,造成伤人事故。厂配电间原有 4 人值班,事故当天两人请假,从另外班调来一人代班。班长进班后又去领工资,所以实际上这个班只有两人值班。这时印染分厂打来电话说丝光机跳闸。电工 A 接到电话后,拿起钥匙就去印染分厂低压室处理。处理好低压室的故障后再顺便到高压室抄表。发现电表显示无功补偿超前(当时印染分厂大休,但高压电容器仍在运行)。A 见此情况,用电话请示班长是否将高压电容器退出运行。班长接到电话后,没考虑操作高压设备要执行操作票制度,即在电话内同意将电容器退出。A 一人就在未断开断路器的情况下,带负荷用隔离开关拉电容器。结果引起相间拉弧短路,隔离开关烧坏,气浪将 A 连带高压站的大铁门铁销冲开,A 吓得不省人事。高压站进户线烧坏,高压断路器跳闸,导致印染分厂停产。

（二）事故原因

1. 进行高压操作，未执行操作票制度。

2. 拉电容器时不先断开断路器而直接用隔离开关去拉。

3. 断路器与隔离开关间联锁装置失灵，起不到防止误操作的作用。

4. 这只高压开关柜买来时就发现设计方面存在缺陷，联锁装置的销子有时失灵，但没及时的修理。

（三）防止措施

根据以上情况，防止此类事故再次发生，要做好以下几点。

1. 要经常组织值班人员学习《电业安全工作规程》的有关部分，提高安全用电意识，加强安全技术培训。未经培训考试合格的电工不得单独进行电气操作。

2. 要强化配电间的岗位责任制，严格执行操作票和工作票制度。对高压装置的停电、送电操作一定要两个人进行，一人操作，一人监护。

3. 要定期检查联锁装置，发现失灵要及时处理。

十二、过铁路扬铁锹，触电受伤

（一）事故经过

××年×月×日，十几个铁路施工人员搭货车回驻地，在经过某电气化铁路平交道口时，一人扬铁锹正与另一人打闹。当铁锹扬到最高处时，突然被电气化铁路接触网的高压电击倒在车上，造成电击伤。

（二）事故分析

这起事故简单，事故原因一目了然，说明这些施工人员对铁路部门进行的电气化安全宣传未能引起足够的重视，缺乏基本的安全常识，自我保护意识淡薄。这是导致伤害事故发生的根本原因。

（三）警示教育

根据铁路有关规定，通过电气化铁路时，所持物件必须平行通过，不准高举，距离接触网必须在 2 m 以上。这些施工人员忽视了在铁路接触网下过往时，应自觉遵守以上规定的安全要求。

十三、直接用手传递工具，触电受伤

（一）事故经过

某接触网工区在××～××区间带电作业。当作业至 65 号支柱处时，操作人员甲（在接触网上）向地面作业组成员乙要工具，乙没多想，便攀上 65 号支柱向甲传递工具，造成空气间隙击穿，乙触电坠落地面。甲被电击伤送到医院后，截去右臂，构成重伤。

（二）事故分析

1. 违反有关带电作业的规定。甲、乙在作业过程中，未使用绝缘绳，直接用手传递工具，是酿成该起触电事故的直接原因。

2. 工作领导人监护不利。当甲、乙直接传递工具时，工作领导人没有及时发现并制止是造成这起事故的次要原因。

（三）警示教育

根据有关规定，直接带电作业时，严禁作业人员与地面人员直接传递工具、材料及其他物件。传递工具及其他物件必须使用绝缘绳,而且绝缘绳的有效长度在任何情况下均不得小于1 000 mm。甲、乙忽视带电作业的有关规定,未能严格执行操作规程;工作领导人责任心不强,对监护工作的重要性认识不够。这反映出日常教育培训弱化,职工安全意识淡薄,现场监护不到位,教训是深刻的。

十四、车梯触及 10 kV 电力贯通线,触电受伤

(一)事故经过

某接触网工区受领工区指派,到该工区辖下的另一接触网工区管辖的××~××区间协助兄弟工区更换第 4 锚段接触线,工作领导人甲在接触网停电后指挥乙、丙、丁三人推车梯由公路向铁路作业地点运送,快上铁路时车梯框架触及公路与铁路之间的 10 kV 电力贯通线,致使推梯人触电受伤。

(二)事故分析

开始作业前,甲没有对作业组成员进行具体分工,也未指派车梯负责人,更没有对现场周围设备进行仔细观察和了解。在地形、设备陌生的情况下,推车梯人也没有仔细观察和了解周围设备,更没有注意到车梯可能触及 10 kV 电力贯通线,致使推车梯人触电受伤。

(三)警示教育

1. 在非本工区管辖地协助兄弟工区作业时,工作领导人未能做好工作前的安全预想和工作部署,并中断了对作业组成员的监护。推车梯的人注意力不集中,盲目搬运,忽视了高大物件搬运的有关规定。

2. 兄弟工区协助本工区作业,本工区应指派 1 名熟悉环境、设备,富有工作经验的老员工对兄弟工区的作业进行配合,以避免人身事故的发生。

十五、违章上车顶,触电死亡

(一)事故经过

××列车停靠在××车站 6 道(有接触网)后,列车副司机独自爬上车顶,被电击伤,送医院经抢救无效于两天后死亡。

(二)事故分析

副司机独自爬上车顶,违反了在电气化铁路区段不准攀登车顶的规定,导致了自己触电死亡。

(三)警示教育

乘务员对自己处于电气化区段作业思想准备不充分,安全作业意识淡薄,作业中误登车顶。机务段应强化对乘务人员电化区段作业的安全知识教育,不断提高作业中的自我保护意识。

十六、推车梯方法错误,高空坠落受伤

(一)事故经过

某接触网工区在××~××区间停电作业检修。甲为工作领导,乙、丙为操作人员。14 时 09 分接触网停电。14 时 25 分,作业到 42~43 支柱跨中时,由于推车梯人丁、戊均站于车梯前进后方推动车梯,导致车梯前轮悬起掉道,将操作人乙从车梯框架内闪下摔伤。

（二）事故分析

丁、戊均站于车梯前进后方推动车梯,受力点不好,加之推车梯人员不足,致使车梯前边2个轮子悬起掉道,操作人员高处坠落受伤。

（三）警示教育

根据有关规定,推车梯必须4人共同进行,前后左右各一人;推车梯时由工作领导人制定车梯负责人,推时要平衡匀速,不得急推急停,以免发生冲突;车梯上有人时,速度控制在5 km/h以内。此事故说明推车梯人违反操作规定,简化作业,而工作领导人虽然看见了丁、戊推车时的位置,但没有及时予以制止与纠正,丧失了监护的作用。

第二章
触电及触电救护

第一节 触电方式

一、触 电

所谓触电是指电流流过人体时对人体产生的生理和病理伤害。这种伤害是多方面的,可分为电击和电伤两种类型。

(一)电 击

电击是由于电流通过人体而造成的内部器官在生理上的反应和病变,如刺痛、灼热感、痉挛、昏迷、心室颤动或停跳、呼吸困难或停止等现象。电击是触电事故中最危险的一种。绝大部分触电死亡事故都是电击造成的。

(二)电 伤

电伤是指由于电流的热效应、化学效应或机械效应对人体外表造成的局部伤害,常常与电击同时发生。最常见的有以下三种。

1. 电灼伤

电灼伤分为接触灼伤和电弧灼伤。

接触灼伤发生在高压触电事故时,电流通过人体皮肤的进出口造成的灼伤。

电弧灼伤发生在误操作或过分接近高压带电体,当其产生电弧放电时,高温电弧将如火焰一样把皮肤烧伤。电弧还会使眼睛受到严重损害。

2. 电烙印

电烙印发生在人体与带电体有良好接触的情况下。此时在皮肤表面将留下与被接触带电体形状相似的肿块痕迹。电烙印有时在触电后并不马上出现,而是相隔一段时间后才出现。电烙印一般不发炎或化脓,但往往造成局部麻木或失去知觉。

3. 皮肤金属化

由于电弧的温度极高(中心温度可达 6 000 ~ 10 000 ℃),可使周围的金属熔化、蒸发并飞溅到皮肤表面,令皮肤表面变得粗糙坚硬,其色泽与金属种类有关,如:灰黄色(铅)、绿色(紫铜)、蓝绿色(黄铜)等。金属化后的皮肤经过一段时间后会自动脱落,一般不会留下不良后果。

另外,人体触电事故往往伴随着高空坠落或摔跌等机械性创伤。这类创伤不属于电流对人体的直接伤害,但可谓之触电引发的二次事故,亦应列入电气事故的范畴。

二、触电方式

人体触电的方式多种多样,主要可分为直接接触触电和间接接触触电两种。此外,还有高压电场、高频电磁场、静电感应、雷击等对人体造成的伤害。

（一）直接接触触电

人体直接接触及过分靠近电气设备及线路的带电导体而发生的触电现象称为直接接触触电。单相触电、两相触电、电弧伤害都属于直接接触触电。

1. 单相触电

当人体直接接触带电设备或线路的一相导体时，电流通过人体而发生的触电现象称为单相触电，如图 2 - 1 - 1 所示。

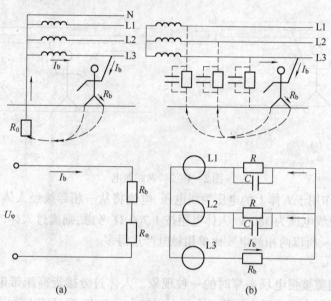

图 2 - 1 - 1　单相触电示意图及等效电路
（a）中性点直接接地；（b）中性点不接地

（1）在中性点直接接地的电网中发生单相触电的情况如图 2 - 1 - 1（a）所示。设人体与大地接触良好，土壤电阻忽略不计，由于人体电阻比中性点工作接地电阻大得多，加于人体的电压几乎等于电网相电压，这时流过人体的电流为

$$I_b = \frac{U_\varphi}{R_b + R_0}$$

式中　U_φ——电网相电压，V；

　　　R_0——电网中性点工作接地电阻，Ω；

　　　R_b——人体电阻，Ω；

　　　I_b——流过人体的电流，A。

对于 380/220 V 三相四线制电网，$U_\varphi = 220$ V，$R_0 = 4$ Ω，若取人体电阻 $R_b = 1\ 700$ Ω，则由公式可算出人体的电流 $I_b = 129$ mA，远大于安全电流 30 mA，足以危及触电者的生命。

显然，这种触电的后果与人体和大地间的接触状况有关。如果人体站在干燥绝缘的地板上，因人体与大地有很大的绝缘电阻，通过人体的电流很小，就不会有触电的危险。但如果地板潮湿，那就有触电危险了。

（2）中性点不接地电网中发生单项触电的情况如图 2 - 1 - 1（b）所示。

这时电流将从电源相线经人体、其他两相的对地电抗（由线路的绝缘电阻和对地电容构成）回到电源中性点，从而形成回路。此时，通过人体的电流大小与线路绝缘电阻和对地电容有关。在低压电网中，对地电容 C 很小，通过人体的电流主要取决于线路绝缘电阻。正常情况下,设备的绝缘电阻相当大,通过人体的电流很小,一般不会造成人体的伤害。但当线路绝缘下降时,单相触电对人体的危害依然存在。而在高压中性点不接地电网中(特别在对地电容较大的电缆线路上),线路对地电容较大,通过人体的电容电流将危及触电者的安全。

2. 两相触电

人体同时触及带电设备或线路中的两相导体而发生的触电现象称为两相触电,如图 2 - 1 - 2 所示。

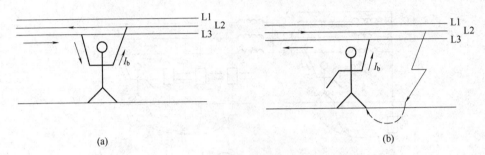

(a)　　　　　　　　　　　　(b)

图 2 - 1 - 2　两相触电

两相触电时,作用于人体上的电压为线电压,电流将从一相导线经人体流入另一相导线,这是很危险的。设线电压为 380 V,人体电阻按 1 700 Ω 考虑,则流过人体内部的电流将达到 224 mA,足以致命。所以两相触电要比单相触电严重得多。

3. 电弧伤害

电弧是气体间隙被强电场击穿时的一种现象。人体过分接近高压带电体会引起电弧放电,带负荷拉、合刀闸会造成弧光短路。电弧不仅使人受电击,而且使人受电伤,对人体的危害往往是致命的。

总之,直接接触触电时,通过人体的电流较大,危害性也大,往往导致死亡事故。所以要想方设法防止直接接触触电。

(二)间接接触触电

电气设备在正常运行时,其金属外壳或结构是不带电的。但当电气设备绝缘损坏而发生接地短路故障时(俗称"碰壳"或"漏电"),其金属外壳或结构便带有电压,此时人体触及就会发生触电,这称为间接接触触电。

1. 接地故障电流流入地点附近地面电位分布

当电气设备发生碰壳故障、导线断裂落地或线路绝缘击穿而导致单相接地故障时,电流便经接地体或导线落地点呈半球形向地中流散,如图 2 - 1 - 3(a)所示。由于接近电流入地点的土层具有最小的流散截面,呈现出较大的流散电阻值,于是接地电流将流散途径的单位长度上产生较大的电压降,而远离电流入地点土层处电流流散的半球形截面随该处与电流入地点的距离增大而增大,相应的流散电阻也随之逐渐减少,致使接地电流在流散电阻上的压降也随之逐渐降低。于是,在电流入地点周围土壤中和地表面各点便具有不同的电位分布,如图 2 - 1 - 3(b)所示。电位分布曲线表明,在电流入地点电位最高,随着离此点的距离增大,地面呈先急后缓的趋势下降,在离电流入地点 10 m 处,电位已降至电流入地点的 8%。在离电流入地点 20 m 以外的地面,流散半球的截面已经相当大,相应的流散电阻可忽略不计,或者说地中电流不再在此处产生电压降,可以认为该处地面电位为零。电工技术上所谓的"地"就是指此零点位处的地(而非电流入地点周围 20 m 之内的地)。通常我们所说的电气设备对地电压也是指带电体对此零电位点的电位差。

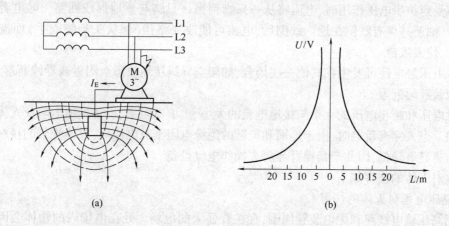

图 2 - 1 - 3　地中电流的流散电场和地面电位分布
（a）电流在地中的流散电场；（b）电流入地点周围地面电位分布曲线

2. 接触电压及接触电压触电

当电气设备因绝缘损坏而发生接地故障时,如果人体的两个部位（通常是手和脚）同时触及漏电设备的外壳和地面时,人体所承受的电位差便称为接触电压。显然,它的大小与设备（或接触设备外壳的人体立地点）离接地点的远近有关,若离得越近则接触电压越小,离得越远其值便越大,如图 2 - 1 - 4（a）所示。

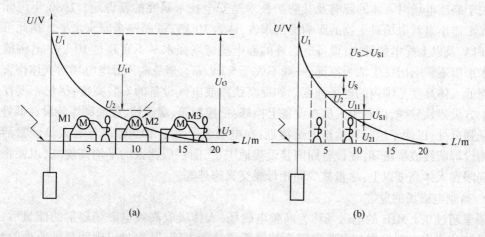

图 2 - 1 - 4　接触电压触电及跨步电压触电示意图
（a）接触电压触电；（b）跨步电压触电

当 2 号电动机碰壳时,触及 1 号电动机的人所承受的接触电压为 $U_{t1} = U_1 - U_2$,而若触及 3 号电动机,则接触电压 $U_{t3} = U_1 - U_3$。显然 $U_{t3} > U_{t1}$。

由于受接触电压作用而导致的触电现象称为接触电压触电。

3. 跨步电压及跨步电压触电

电气设备发生接地故障时,在接地电流入地点周围电位分布区（以电流入地点为圆心,半径 20 m 范围内）行走的人,两脚之间所承受的电位差称跨步电压,其值随人体离接地点的距离和跨步的大小而改变。离得越近或跨步越大,跨步电压就越高,反之则越小,如图 2 - 1 - 4

(b)所示。一般人的跨步为 0.8 m。

人体受到跨步电压作用时,电流将从一只脚到另一只脚与大地形成回路。触电者的症状是脚发麻、抽筋并伴有跌倒在地。跌倒后,电流可能改变路径(如从头到脚或手)而流经人体重要器官,使人致命。

跨步电压触电还可发生在其他一些场合,如架空导线接地故障点附近或导线断落点附近、防雷接地装置附近等。

接触电压和跨步电压的大小与接地电流的大小、土壤电阻率、设备接地电阻及人体位置等因素有关。当人穿有靴鞋时,由于地面和靴鞋的绝缘电阻上有电压降,人体受到的接触电压和跨步电压将显著降低,因此严禁裸臂赤脚去操作电气设备。

触电对人体的伤害如下:

1. 高压电场对人体的伤害

在超高压输电线路和配电装置周围,存在着强大的电场。处在电场内的物体会因静电感应作用而带有电压。当人触及这些带有感应电压的物体时,就会有感应电流通过人体入地而可能受伤。研究表明,人体对高压电场下静电感应电流的反应更加灵敏,$0.1 \sim 0.2$ mA 的感应电流通过人体时,人便会有明显的刺痛感。在超高压线路下或设备附近站立或行走的人,往往会感到不舒服,精神紧张,毛发耸立,皮肤有刺痛的感觉,甚至还会在头和帽子间、脚与鞋之间产生火花。例如国外曾有人触及 500 kV 输电线路下方的铁栅栏而发生触电事故的报道。我国某地在 330 kV 线路跨越汽车站处曾发生过乘客上下车时感到麻电的事例。有些地方的居民在高压线路附近用铁丝晾晒衣服,也发生过触电现象。

关于高压电场对人体的影响及其防护技术是安全技术研究的新课题。1980 年国际大电网会议工作小组就电场对生物的影响提出报告,认为 10 kV/m 是一个安全水平。据此可以定出 330 kV 及以上配电装置内,设备遮拦外的静电感应场强水平不宜超过 10 kV/m,围墙外的场强水平以不影响居民生活为原则,一般不大于 5 kV/m。避免高压静电电场对人体伤害的措施是降低人体高度范围内的电场强度。如提高线路或电气设备的安装高度;尽量不要在电气设备上方设置软导线,以利于人员在设备上检修;把控制箱、端子箱、放油阀等装设在低处或布置在场强低处,以便于运行和检修人员接近;在电场强度大于 10 kV/m 且有人员经常活动的地方增设屏蔽线或屏蔽环;在设备周围装设接地围栏,围栏应比人的平均高度高,以便将高电场区局限在人体高度以上;尽量减少同相母线交叉跨越等。

2. 高频电磁场的危害

频率超过 0.1 MHz 的电磁场称为高频电磁场,人体吸收高频电磁场辐射的能量后,器官组织及其功能将受到损伤。主要表现为神经系统功能失调,其次是出现明显的心血管症状。电磁场对人体的伤害是逐渐积累的,脱离接触后,症状逐渐消失,但在高强度电磁场作用下长期工作,一些症状可能持续成痼疾,甚至遗传给后代。

3. 静电对人体的危害

金属物体受到静电感应及绝缘体间的摩擦起电是产生静电的主要原因。例如输油管道中的油与金属管壁摩擦、皮带与皮带轮间的摩擦会产生静电;运行过的电缆或电容器绝缘物中会聚集静电。静电的特点是电压高,有时可高达数万伏,但能量不大。发生静电电击时,输电电流往往瞬间即逝,一般没有生命危险。但受静电瞬间电击会使触电者从高处坠落或摔倒,造成二次事故。静电的主要危害是其放电火花或电弧引燃或引爆周围物质,引起火灾和爆炸事故。石油、化工、橡胶、印刷、染织、造纸等行业的静电事故较多,应严加防范。

三、决定触电伤害程度的因素

通过对触电事故的分析和实验资料表明,触电对人体伤害程度与以下几个因素有关。

(一)通过人体电流的大小

触电时,通过人体的电流的大小是决定人体伤害程度的主要原因之一。通过人体的电流越大,人体的生理反应越强烈,对人体的伤害就越大。按照人体对电流的生理反应强弱和电流对人体的伤害程度,可将电流分为感知电流、摆脱电流和致命电流三种。

1. 感知电流

感知电流是指引起人体感觉但无生理反应的最小电流值。当通过人体的电流达到 0.6 ~ 1.5 mA 时,触电者便感觉到微麻和刺痛,这一电流值称为人体对电流有感觉的临界值,即感知电流。感知电流大小因人而异,成年男性的平均感知电流约为 1.1 mA,成年女性约为 1.0 mA。

2. 摆脱电流

人触电后能自主摆脱电源的最大电流,称摆脱电流。成年男性的平均摆脱电流为 16 mA,成年女性的摆脱电流为 10 mA。

3. 致命电流

指在较短时间内引起触电者心室颤动而危及生命的最小电流值。

正常情况下心脏有节奏地收缩与扩张。当电流通过心脏时,原有正常节律受到破坏,可能引起每分钟数百次的“颤动”,此时便易引起心力衰竭、血液循环终止、大脑缺氧而导致死亡。

致命电流值与通电时间长短有关,一般认为是 50 mA(通电时间在 1 s 以上)。

(二)电流通过人体的持续时间

在其他条件都相同的情况下,电流通过人体的持续时间越长,对人体的伤害程度越高。这是因为:

(1)通电时间越长,电流在心脏间隙期内通过心脏的可能性越大,因而引起心室颤动的可能性越大。

(2)通电时间越长,对人体组织的破坏越严重,电流的热效应和化学效应将会使人体出汗和组织炭化,从而使得人体电阻逐渐降低,流过人体的电流逐渐增大。

(3)通电时间越长,体内的能量积累越多,因此引起心室颤动所需要的电流也越小。

(三)电流通过人体的途径

电流通过人体的任一部位,都可能致人死亡。电流通过心脏、中枢神经(脑部和脊髓)、呼吸系统是最危险的。因此,从左手到胸前是最危险的电流路径,这时心脏、肺部、脊髓等重要器官都处于电路内,很容易引起心室颤动和中枢神经失调而死亡;从右手到脚的途径危险性小些,但会因痉挛而摔伤;从右手到左手的危险性又小些;危险性最小的途径是从一只脚到另一只脚,但触电者可能因痉挛而摔倒,导致电流通过全身或二次事故。

(四)电流频率

通常,电流频率不同,触电者的伤害程度也不一样。直流电对人体的伤害较轻;30 ~ 300 Hz 的交流电危害最大;超过 1 000 Hz,其危险性会显著减小。频率在 20 kHz 以上的交流电对人体无伤害,所以在医疗上利用高频电流做理疗,但电压过高的高频电流仍会使人触电致死。冲击电流是作用时间极短的电流,雷电和静电都能产生。冲击电流对人体的伤害程度与冲击放电能量有关,由于作用时间极短(以微秒记),数十毫安才能被人体感知。

（五）人体状况

实验研究表明,触电危险性与人体状况有关。

1. 触电者的性别、年龄、健康状况、精神状态和人体电阻都会对触电后产生影响。例如患心脏病、结核病、内分泌器官疾病的人,由于自身抵抗力低下,触电后果更为严重。处在精神状态不良、心情忧郁或酒醉中的人,触电危险性较大。相反,一个身心健康、经常锻炼的人,触电的后果相对来说会轻一些。妇女、儿童、老年人以及体重较轻的人耐受电流刺激的能力相对弱一些,触电的后果比青壮年男子严重。

2. 人体电阻的大小是影响触电后果最重要的物理因素。显然,当接触电压一定时,人体电阻越小,流过人体的电流就越大,触电者就越危险。

人体电阻包括体内电阻和皮肤电阻。体内电阻基本稳定,约为 500 Ω。皮肤电阻受多种因素的影响,变化范围较大。接触电压、接触面积、接触压力、皮肤表面状况等都会影响到人体电阻的大小。

人体电阻为非线性电阻,其阻值随接触电压的升高显著降低。人体电阻与接触电压的关系如图 2-1-5 所示。

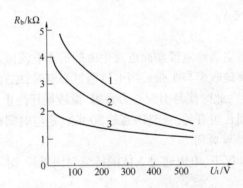

图 2-1-5 人体电阻与接触电压的关系
1—上限(皮肤干燥);2—平均;3—下限(皮肤潮湿)

由图可见,接触电压为 220 V 时,人体电阻的平均值为 1 900 Ω;接触电压为 380 V 时,人体的电阻降为 1 200 Ω。

（1）人体触电时,皮肤与带电体的接触面积越大,人体的电阻就越小。当触电者紧握带电体时,接触面积和接触压力都较大,人体电阻变小,而且由于触电者神经收缩而难于摆脱电源,这种情况是危险的。

（2）人体电阻主要集中在皮肤表层的角质层。若皮肤破损、多汗、潮湿、粘有导电粉尘等,都会使人体电阻降低,从而增大触电的危险性。

总之,影响人体电阻的因素很多,且因人而异,可在数百欧至数万欧间变化。一般情况下可按 1 000 ~ 2 000 Ω 考虑。

应该指出的是,人体电阻只对低压触电有限流作用,对于高压触电,人体电阻的大小就不起限流作用了。

四、安全电压

从安全角度看,电对人体的安全条件通常不采用安全电流,而是用安全电压。因为影响电流变化的因数很多,而电力系统的电压却是较为稳定的。

所谓安全电压,是指为了防止触电事故而由特定电源供电时所采用的电压系列。这个电压系列的上限值,在任何情况下都不超过(50～500 Hz)有效值 500 V。

我国规定安全电压等级为 42 V、36 V、12 V、6 V。当电气设备采用电压超过安全电压时,必须按规定采取防止直接接触带电体的保护措施。一般环境的安全电压为 36 V。而存在高度触电危险的环境以及特别潮湿的场所,则应采用 12 V 的安全电压。

第二节　触电急救及外伤救护

一、触电事故的特点

触电事故的特点是多发性、突发性、季节性、高死亡率并具有行业特征。

触电事故具有多发性。据统计,我国每年因触电死亡的人数,约占全国各类事故总死亡人数的 10%,仅次于交通事故。随着电气化的发展,生活用电的日益广泛,发生人身触电事故的机会相应增多。

触电事故具有季节性。从统计资料分析来看,6～9 月份触电事故较多。这是因为夏秋季节多雨潮湿,降低了设备的绝缘性能;人体多汗,皮肤电阻下降,再加上工作服、绝缘鞋和绝缘手套穿戴不齐,所以触电几率大大增加。

触电事故具有部门特征。据国外资料统计,触电事故死亡率(触电死亡人数占伤亡人数的百分比),在工业部门为 40%,在电业部门为 30%。工业部门中又以化工、冶金、矿山、建筑等行业的触电死亡率居高。比较起来,触电事故多发生在非专职电工人员身上,而且城市低于农村,高压低于低压。这种情况显然与安全用电知识的普及程度、组织管理水平及安全措施的完善与否有关。

触电事故的发生还具有很大的偶然性和突发性,令人猝不及防。如果延误急救时机,死亡率是很高的。但如防范得当,仍可最大限度地减少事故的发生几率。即使在触电事故发生后,若采取正确的救护措施,死亡率亦可大大地降低。

二、触电急救

(一)触电急救的要点

触电急救的要点是:抢救迅速与救护得法。即用最快的速度在现场采取急救措施,保护伤员生命,减轻伤情,减少痛苦,并根据伤情要求,迅速联系医疗部门救治。即使触电者失去知觉、心跳停止,也不能轻率地认定触电者死亡,而应看做是"假死"实施急救。

发现有人触电后,首先要尽快使其摆脱电源,然后根据具体情况,迅速对症救护。有触电后经过 5h 甚至更长时间的连续抢救而获得成功的先例,这说明触电急救对减小触电死亡率是有效的。但抢救无效死亡者为数众多,其原因除了发现过晚外,主要是救护人员没有掌握触电急救方法。因此,掌握触电急救方法十分重要。我国《电业安全工作规程》将急救救护法列为电气工作人员必须具备的从业条件之一。

1. 解救触电者脱离电源的方法

触电急救的第一步是使触电者迅速脱离电源,因为电流对人体的作用的时间越长,对生命的威胁越大。具体方法如下:

(1)脱离低压电源的方法。脱离低压电源可用"拉""切""挑""拽""垫"五字来概括。

拉:指就近拉开电源开关、拔出插头或瓷插熔断器。

切：当电源开关、插座或瓷插熔断器距离触电现场较远时，可用带有绝缘手柄的利器切断电源线。切断时应防止带电导线断落触及周围的物体。多芯绞合线应分相切断，以防短路伤人。

挑：若导线搭落在触电者身上或被压在身下，这时可用干燥的木棒、竹竿等挑开导线，或用干燥的绝缘绳套拉开导线或触电者，使触电者脱离电源。

垫：如果触电者由于痉挛，手指紧握导线，或导线缠绕在身上，可先用干燥的木板塞进触电者的身下，使其与地绝缘，然后再采取其他办法把电源切断。

（2）脱离高压电源的方法。由于装置的电压等级高，一般绝缘物品不能保证救护人的安全，而且高压电源开关距离现场较远，不便拉闸。因此，使触电者脱离高压电源的方法与脱离低压电源的方法有所不同。通常的做法是：

① 立即电话通知有关部门拉闸停电。

② 如果电源开关离触电现场不太远，则可戴上绝缘手套，穿上绝缘鞋，拉开高压断路器或用绝缘棒拉开高压跌落熔断器以切断电源。

③ 往架空线路抛挂裸金属软导线，人为造成线路短路，迫使继电保护动作，从而使电源开关跳闸。抛挂前，将短路线的一端先固定在铁塔或接地引下线上，另一端系重物。抛掷短路线时，应防止电弧伤人或断线危及人员安全，也要防止重物砸伤人。

④ 如果触电者触及断落在地上的带电高压导线，如尚未确认线路无电，救护人员在未做好安全措施（如穿绝缘靴或临时双脚并紧跳跃地接近触电者）前，不能接近断线点至 8～10 m 范围内，防止跨步电压伤人。触电者脱离带电导体后，应迅速带至 8～10 m 以外的地方立即开始触电急救。只有在确认线路已经无电，才可在触电者离开触电导线后，立即就地进行急救。

（3）使触电者脱离电源的注意事项

① 救护人员不得采用金属或其他潮湿物品作为救护工具。

② 未采取绝缘措施前，救护人员不得直接接触触电者的皮肤和潮湿的衣服。

③ 在拉拽触电者脱离电源的过程中，救护人员宜用单手操作，这样比较安全。

④ 当触电者位于高位时，应采取措施预防触电者在脱离电源后坠地摔死。

⑤ 夜间发生触电事故时，应考虑切断电源后的临时照明，以利于抢救。

2. 现场救护

抢救触电者首先使其迅速脱离电源，然后立即就地抢救。关键是"判别情况与对症救护"，同时派人通知医务人员到现场。

根据触电者受伤害程度，现场救护有以下几种措施：

（1）触电者未失去知觉的救护措施。如果触电者所受的伤害不太严重，神志尚清醒，只是头晕、出冷汗、恶心、呕吐、四肢发麻、全身乏力，甚至一度昏迷但未失去知觉，则可让触电者在通风、暖和的地方静卧休息，并派人严密观察，同时请医生前来诊治或送医院。

（2）若触电者已失去知觉的抢救措施。若触电者已失去知觉，但心脏跳动、呼吸还正常，应使触电者舒适地平卧着，解开衣服以利呼吸。四周不要围人，保持空气流通，如天气寒冷，还要注意保温，同时速请医生诊治。如触电者发生呼吸困难或心跳失常，应立即实施人工呼吸或胸外心脏按压。

（3）对"假死"者的急救措施。如果触电者呈现"假死"现象，则可能有三种临床症状：一是心跳停止，但尚能呼吸；二是呼吸停止，但心跳尚存（脉搏很弱）；三是呼吸和心跳均已停止。"假死"症状的判别方法是"看"、"听"、"试"。"看"是观察触电者的胸部、腹部有无起伏动作；

"听"是用耳贴近伤员的口鼻处,听有无呼气声音;"试"是用手或小纸条测口鼻有无呼气的气流。再用两手轻试一侧(左或右)喉结旁凹陷处的颈动脉有无搏动。若既无呼吸又无颈动脉搏动感觉,则可判定触电者呼吸停止,或心跳停止,或呼吸、心跳均停止。"看"、"听"、"试"的操作方法如图 2-2-1 所示。

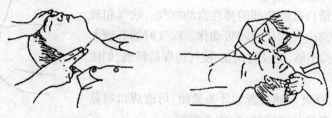

图 2-2-1　判定"假死"的看、听、试

3. 抢救触电者生命的心肺复苏法

当判定触电者呼吸和心跳均停止时,应立即按心肺复苏法进行就地抢救。所谓心肺复苏法,就是支持生命的三项基本措施,即:通畅气道;口对口(鼻)人工呼吸;胸外按压(人工循环)。

(1)通畅气道。若触电者呼吸停止,重要的是始终确保气道通畅。其操作要领是:

① 清除口中异物。使触电者仰面躺在平硬的地方,迅速解开其领口、围巾、紧身衣和腰袋。如发现触电者口中有食物、假牙、血、黏液等异物。可将其身体及头部同时侧转,迅速用一个手指或用两手指交叉从口角处插入,取出异物;操作中要注意防止将异物推到咽喉深部。

② 采用仰头抬颏法通畅气道。一只手放在触电者前额,另一只手的手指将其下颌骨上抬起,气道即可通畅(见图 2-2-2)。气道是否通畅如图 2-2-3 所示。

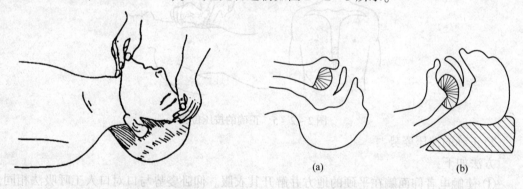

图 2-2-2　仰头抬颏法　　　　图 2-2-3　气道状况
(a)气道通畅;(b)气道阻塞

为使触电者头部后仰,可于其颈部下方垫适量厚度的物品,但严禁垫在头下,因为头部抬高会阻塞气道,且使胸外按压时流向脑部的血量减少,甚至消失。

(2)口对口(鼻)人工呼吸。救护人员在完成气道通畅的操作后,应立即对触电者施行口对口(鼻)人工呼吸。口对鼻人工呼吸用于触电者嘴巴紧闭的情况。人工呼吸的操作要领如下:

① 先用大口吹气刺激起搏。救护人员蹲跪在触电者一侧,用放在伤员额上的手的手指捏住伤员鼻翼,用另一只手的食指和中指轻轻托住其下巴;救护人员深吸气后,与伤员口对口紧合,在不漏气的情况下,先连续大口吹气两次,每次 1~1.5 s。如两次吹气后试测颈动脉仍无搏动,可判断心跳已经停止,要立即同时进行胸外按压。

② 正常口对口人工呼吸。大口吹气两次测试搏动后,立即转入正常的口对口人工呼吸阶段。正常的吹气频率是每分钟约12次,吹气量不易过大,以免引起胃膨胀,对儿童每分钟20次,吹气量应小些,以免肺泡破裂。救护人员换气时,应将触电者的口或鼻放松,让其凭借自己的胸部的弹性自动吐气。吹气和放松时,要注意伤员胸部应有起伏的呼吸动作。吹气时如有较大阻力,可能是头部后仰不够,应及时纠正,使气道保持畅通,如图2-2-4所示。

③ 口对鼻人工呼吸。触电者如牙关紧闭,可改成口对鼻人工呼吸。吹气时要将其嘴唇紧闭,防止漏气。

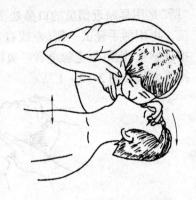

图2-2-4 口对口人工呼吸

(3) 胸外按压。胸外按压是借助人力使触电者恢复心脏跳动的急救方法。其有效性在于选择正确的按压位置和采取正确的按压姿势。操作要领如下。

1) 确定正确的按压位置

方法如下:

① 右手的食指和中指沿触电伤员的右侧肋弓下缘向上,找到肋骨和胸骨接合处的中点;

② 两手指并齐,中指放在切迹中心(剑突底部),食指平放在胸骨下部。另一只手的掌根紧挨食指上缘,置于胸骨上,即为正确的按压位置,如图2-2-5所示。

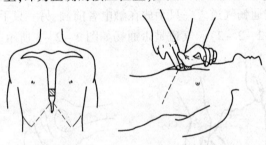

图2-2-5 正确的按压位置

2) 正确的按压姿势

方法如下:

① 使触电者仰面躺在平硬的地方并解开其衣服。仰卧姿势与口对口人工呼吸法相同。

② 救护人员立或跪在伤员一侧肩旁,救护人员的两肩位于伤员胸骨正上方,两臂伸直,肘关节固定不屈,两手掌根相叠,手指翘起,不接触伤员胸壁;

③ 以髋关节为支点,利用上身的重力,垂直将正常成人胸骨压陷3~5 cm(儿童和瘦弱者酌减);

④ 压至要求程度后,立即全部放松,但放松时救护人员的掌根不得离开胸壁。

按压姿势与用力方法如图2-2-6所示。按压有效的标志是按压过程中可以触及颈动脉搏动。

3) 恰当的按压频率

① 胸外按压要以均匀速度进行,每分钟80次左

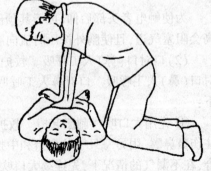

图2-2-6 按压姿势与用力方法

右,每次按压和放松的时间相等;

② 胸外按压与口对口(鼻)人工呼吸同时进行,其节奏为:单人抢救时,每按压 15 次后吹气 2 次(15:2),反复进行;双人抢救时,每按压 5 次后由另一人吹气 1 次(5:1),反复进行。

4. 现场救护中注意事项

(1)抢救过程中适时对触电者的再判定

1)按压吹气 1 min 后(相当于单人抢救时做了 4 个 15:2 压吹循环),应用看、听、试方法在 5~7 s 时间内完成对伤员呼吸和心跳是否恢复的再判定。

2)若判定颈动脉已有搏动但无呼吸,则暂停胸外按压,而再进行 2 次口对口人工呼吸,接着每 5 s 吹气一次(即 12 次/min)。如脉搏和呼吸均未恢复,则继续坚持心肺复苏法抢救。

3)在抢救过程中,要每隔数分钟再判定一次,每次判定时间均不得超过 5~7 s。在医务人员未接替抢救前,现场抢救人员不得放弃现场抢救。

(2)在抢救过程中移送触电伤员时的注意事项

1)心肺复苏应在现场就地坚持进行,不要随意移动伤员,如确有需要移动时,抢救中断时间不应超过 30 s。

2)移动伤员或将伤员送医院时,除应使伤员平躺在担架上并在其背部垫以平硬阔木板。在移动或送医院过程中应继续抢救,心跳、呼吸停止者要继续用心肺复苏法抢救,在医务人员未接替救治前不能中止。

3)应创造条件,用塑料袋装入砸碎冰屑作成帽状包绕在伤员头部,露出眼睛,使脑部温度降低,争取触电者心、肺、脑能得以复苏。

(3)伤员好转后的处理。如伤员的心跳和呼吸经抢救后均已恢复,可暂停心肺复苏法操作。但心跳呼吸恢复的早期有可能再次骤停,应严密监护,不能麻痹,要随时准备再次抢救。触电伤员恢复之初,往往神志不清、精神恍惚或情绪躁动不安,应设法使其安静下来。

(4)慎用药物。首先要明确任何药物都不能代替人工呼吸和胸外按压。必须强调的是,对触电者用药或注射针剂,应由有经验的医生诊断确定,慎重使用。例如肾上腺素有使停止跳动的心脏恢复跳动的作用,但也会使心跳停止而死亡。因此,如没有准确诊断和足够的把握,不得乱用此类药物。而在医院内抢救时,则由医务人员根据医疗仪器设备诊断的结果决定是否采用这类药物。

此外,禁止采取冷水浇淋、猛烈摇晃、大声呼喊或架着触电者跑步等土办法,因为人体触电后,心脏会发生颤动,脉搏微弱,血液混乱,在这种情况下用上述办法刺激心脏,会使伤员因急性心力衰竭而死亡。

(5)触电者死亡的认定。对于触电后失去知觉、呼吸、心跳停止的触电者,在未经心肺复苏急救之前,只能视为"假死"。任何在事故现场的人员,都有责任及时、不间断地进行抢救。抢救时间应持续 6 h 以上,直到救活或医生做出临床死亡的认定为止。只有医生才有权认定触电者已死亡,宣布抢救无效。

(二)外伤救护

触电事故发生时,伴随触电者受电击或电伤常会出现各种外伤,如皮肤创伤、渗血与出血、摔伤、电灼伤等。外伤救护的一般做法是:

(1)对于一般性的外伤创面,可用无菌生理盐水或清洁的温开水冲洗后,再用消毒纱布或干净的布包扎,然后将伤员送往医院。救护人员不得用手直接接触伤口,也不准在伤口上随便用药。

（2）伤口大出血时要立即用清洁手指压迫出血点上方，也可用止血橡皮带使血流中断。同时将出血肢体抬高或举高，以减少出血量。并火速送医院处置。如果出血不严重，可用消毒纱布或干净的布料叠几层，盖在伤口处压紧止血。

（3）高压电造成的电弧灼伤，往往深达骨髓，处理十分复杂。现场可用无菌生理盐水冲洗，再用酒精涂擦，然后用消毒被单或干净布片包好，速送医院处理。

（4）对于因触电摔跌而骨折的触电者，应先止血、包扎，然后用木板、竹竿、木棍等物品将骨折肢体临时固定，速送医院处理。发生腰椎骨折时，要使伤员平卧在平硬的木板上，并将腰椎躯干及二侧下肢一同进行固定，预防瘫痪。搬动时应数人合作，保持平稳，不能扭曲。

（5）遇有颅脑外伤，应使伤员平卧并保持气道通畅，若有呕吐，应扶好头部和身体，使头部和身体同时侧转，防止呕吐物堵塞造成窒息。耳鼻有液体流出时，不要用棉花堵塞，只可轻轻拭去，以利降低颅内压力。颅脑外伤时，病情可能复杂多变，禁止给予饮食，速送医院诊治。

复习思考题

1. 何谓安全用电？其重要意义表现在哪些方面？你经历或听闻过哪些电气事故案例？

2. 何谓触电？电击与电伤有何不同？

3. 影响触电后果的因素有哪些？相互间有何关系？

4. 人体触电主要有哪几种方式？简述它们的区别。

5. 一般情况下，安全电流为多少？安全电压上限值为多少？在安全工程中，通常情况下，人体电阻的计算值是多少？

6. 发现有人触电时怎么办？

7. 使触电者脱离电源的办法有哪些？应注意哪些事项？

8. 触电者脱离电源后，对"假死"者如何实施正确的现场救护？

9. "心肺复苏法"中支持生命的三项基本措施是什么？

10. 叙述口对口人工呼吸法和胸外按压的操作要领。

11. 预防电气事故应采取哪些对策？

12. 发现有违反安全规程的操作行为或指挥者该怎么办？

第三章

安全防护技术及应用

第一节 屏护、间距与安全标志

屏护和间距是最常用的电气安全措施之一,屏护和间距的主要安全作用是防止触电(防止触及或过分接近带电体)、短路及故障接地等电气事故,以便于安全操作。

一、屏　护

(一)屏护的概念、种类及其应用

屏护是采用屏护装置控制不安全因素,即采用遮栏、护罩、护盖、箱匣等把危险的带电体同外界隔离开来,以防止人体触及或接近带电体所引起的触电事故。屏护还起到防止电弧伤人,防止弧光短路或便利检修工作的作用。

屏护可分为屏蔽和障碍(或称阻挡物),两者的区别在于:前者可防止无意或有意触及带电体;后者只能防止人体无意识触及或接近带电体,而不能防止有意识移开、绕过或翻越该障碍触及或接近带电体。从这点来说,前者属于一种完全的防护,而后者是一种不完全的防护。

屏护装置的种类有永久性屏护装置和临时性屏护装置,前者如配电装置的遮栏、开关的罩盖等;后者如检修工作中使用的临时屏护装置和临时设备的屏护装置等。

屏护装置的种类还可用固定屏护装置和移动屏护装置进行区分,前者如母线的护网;后者如跟随天车移动的天车滑线的屏护装置。

屏护装置主要用于电气设备不便于绝缘或绝缘不足以保证安全的场合。如开关电器的可动部分一般不能包以绝缘,因此需要屏护。对于高压设备,由于全部绝缘往往有困难,如果人接近至一定程度时,即会发生严重的触电事故。因此,不论高压设备是否有绝缘,均应采取屏护或其他防止接近的措施。室内、外安装的变压器和变配电装置应装有完善的屏护装置。当作业场所邻近带电体时,在作业人员与带电体之间、过道、入口等处均应装设可移动的临时性屏护装置。

(二)屏护装置的安全条件

屏护装置是一种简单的装置,但为了保证其有效性,须满足以下安全条件:

1. 屏护装置不直接与带电体接触,对所用材料的电气性能没有严格要求,但它所用材料应有足够的机械强度和良好的耐火性能。为防止因意外带电而造成触电事故,对金属材料制成的屏护装置必须实行可靠的接地或接零措施。

2. 屏护装置应有足够的尺寸,与带电体之间应保持必要的距离。遮栏高度不应低于 1.7 m,下部边缘离地不应超过 0.1 m。对于低压设备,网眼遮栏与带电体的距离不宜小于 0.15 m;10 kV 设备不宜小于 0.35 m;20 ~ 35 kV 设备不宜小于 0.6 m。栅遮栏的高度户内不应低于 1.2 m;户外不应低于 1.5 m。对于低压设备,栅栏与裸导体距离不宜小于 0.8 m,栏条间距离不应超过 0.2 m。户外变配电装置围墙的高度一般不应低于 2.5 m。

3. 被屏护的带电部分应有明显标志,标明规定的符号或涂上规定的颜色。

4. 可根据具体情况,采用板状屏护装置或网眼屏护装置。网眼屏护装置的网眼不应大于 20 mm×20 mm ~ 40 mm×40 mm。

5. 遮栏、栅栏等屏护装置上,应根据被屏护对象挂上"止步,高压危险!"、"切勿攀登,生命危险!"等标志。

6. 必要时应配合采用声光报警信号和联锁装置。前者是利用声音、灯光或仪表指示有电;后者是采用专门装置,当人体越过屏护装置可能接近带电体时,被屏护的装置自动断电。

二、间　　距

间距是指带电体与地面之间、带电体与其他设备和设施之间、带电体与带电体之间必要的安全距离。

间距的作用是防止人体触及或接近带电体造成触电事故;避免车辆或其他器具碰撞或过分接近带电体造成事故;防止火灾、过电压放电及各种短路事故。

间距是将可能触及的带电体置于可能触及的范围之外,在间距的设计选择时,既要考虑安全要求,同时也要符合人—机工效学的要求。

不同电压等级、不同设备类型、不同安装方式和不同的周围环境所要求的间距不同。

(一)线路间距

架空线路导线在弧度最大时与地面或水面的距离不应小于表 3 - 1 - 1 所列的距离。

表 3 - 1 - 1　导线与地面或水面的最小距离　　　　　　　　　　　　m

线路经过地区	线路电压		
	<1 kV	1 ~ 10 kV	35 kV
居民区	6	6.5	7
非居民区	5	5.5	6
不能通航或浮运的河、湖(冬季水面)	5	5	—
不能通航或浮运的河、湖(50 年一遇的洪水水面)	3	3	—
交通困难地区	4	4.5	5
步行可以达到的山坡	3	4.5	5
步行不能达到的山坡、峭壁或岩石	1	1.5	3

在未经相关管理部门许可的情况下,架空线路不得跨越建筑物。架空线路与有爆炸、火灾危险的厂房之间应保持必要的防火间距,且不应跨越具有可燃材料屋顶的建筑物。架空线路导线与建筑物的最小距离见表 3 - 1 - 2。

架空线路与街道或厂区树木的最小距离见表 3 - 1 - 3,架空线路导线与绿化区树木、公园的树木的最小距离为 3 m。

表 3 - 1 - 2　架空线路导线与建筑物的最小距离

线路电压/kV	≤1	10	35
垂直距离/m	2.5	3.0	4.0
水平距离/m	1.0	1.5	3.0

表 3 - 1 - 3　架空线路导线与街道或厂区树木的最小距离

线路电压/kV	≤1	10	35
垂直距离/m	1.0	1.5	3.0
水平距离/m	1.0	2.0	—

架空线路导线与铁路、道路、通航河流、电气线路及其特殊管道等设施之间的最小距离见表 3-1-4。表中特殊管道指的是输送易燃易爆介质的管道,各项中的水平距离在开阔地区不应小于电杆的高度。

表 3-1-4 架空线路与工业设施的最小距离 m

项 目				线路电压		
				≤1 kV	10 kV	35 kV
铁路	标准轨迹	垂直距离	至钢轨顶面	7.5	7.5	7.5
			至承力索接触线	3.0	3.0	3.0
		水平距离	电杆外缘至轨道中心 交叉	5.0		
			电杆外缘至轨道中心 平行	杆高加 3.0		
	窄轨	垂直距离	至钢轨顶面	6.0	6.0	7.5
			至承力索接触线	3.0	3.0	3.0
		水平距离	电杆外缘至轨道中心 交叉	5.0		
			电杆外缘至轨道中心 平行	杆高加 3.0		
道路	垂直距离			6.0	7.0	7.0
	水平距离(电杆至道路边缘)			0.5	0.5	0.5
通航河流	垂直距离	至 50 年一遇的洪水位		6.0	6.0	6.0
		至最高航行水位的最高桅顶		1.0	1.5	2.0
	水平距离	边导线至河岸上线		最高杆(塔)高		
弱电线路	垂直距离			6.0	7.0	7.0
	水平距离(两线路边导线间)			0.5	0.5	0.5
电力线路	≤1 kV	垂直距离		1.0	2.0	3.0
		水平距离(两线路边导线间)		2.5	2.5	5.0
	10 kV	垂直距离		2.0	2.0	3.0
		水平距离(两线路边导线间)		2.5	2.5	5.0
	35 kV	垂直距离		3.0	2.0	3.0
		水平距离(两线路边导线间)		5.0	5.0	5.0
特殊管道	垂直距离	电力线路在上方		1.5	3.0	3.0
		电力线路在下方		1.5	—	—
	水平距离(边导线至管道)			1.5	2.0	4.0

同杆架设不同种类、不同电压的电气线路时,电力线路应位于弱电线路的上方,高压线路应位于低压线路的上方。横担之间的最小距离见表 3-1-5。

表 3-1-5 同杆线路横担之间的最小距离 m

项 目	直线杆	分支杆和转角杆	项 目	直线杆	分支杆和转角杆
10 kV 与 10 kV	0.8	0.45/0.6*	10 kV 与通信电缆	2.5	—
10 kV 与低压	1.2	1.0	低压与通信电缆	1.5	—
低压与低压	0.6	0.3			

注:*单回线路采用 0.6 m;双回线路距上面的横担采用 0.45 m,距下面的横担采用 0.6 m。

从配电线到用户进线处第一个支持点之间的一段导线称为接户线。10 kV 接户线对地距离不应小于 4.5 m;低压接户线对地距离不应小于 2.75 m。低压接户线跨越通车街道时,对地距离不应小于 6 m;跨越通车困难的街道或人行道时,对地距离不应小于 3.5 m。

接户线离建筑物突出部位的距离不得小于 0.15 m,离下方阳台的垂直距离不得小于 2.5 m,离下方窗户的垂直距离不得小于 0.3 m,离上方窗户或阳台的垂直距离不得小于 0.8 m,离窗户或阳台的水平距离也不得小于 0.8 m。接户线与通信线路交叉,接户线在上方时,其间垂直距离不得小于 0.6 m;接户线在下方时,其间垂直距离不得小于 0.3 m。接户线与树木之间的最小距离不得小于 0.3 m。接户线不宜跨越建筑物,必须跨越时,离建筑物最小高度不得小于 2.5 m。

从接户线引入室内的一段导线称为进户线。进户线的进户管口与接户线端头之间的垂直距离不应大于 0.5 m。进户线对地距离不应小于 2.7 m。

户内低压线路与工业管道和工艺设备之间的最小距离见表 3-1-6。应用表 3-1-6 需注意以下几点:

表 3-1-6　户内低压线路与工业管道和工艺设备之间的最小距离　　　　　mm

布 线 方 式		穿金属管导线	电缆	明设绝缘导线	裸导线	起重机滑触线	配电设备
煤气管	平行	100	500	1 000	1 000	1 500	1 500
	交叉	100	300	300	500	500	—
乙炔管	平行	100	1 000	1 000	2 000	3 000	3 000
	交叉	100	500	500	500	500	—
氧气管	平行	100	500	500	1 000	1 500	1 500
	交叉	100	300	300	500	500	—
蒸汽管	平行	1 000(500)	1 000(500)	1 000(500)	1 000	1 000	500
	交叉	300	300	300	500	500	—
暖热水管	平行	300(200)	500	300(200)	1 000	1 000	100
	交叉	100	100	100	500	500	—
通风管	平行	—	200	200	1 000	1 000	100
	交叉	—	100	100	500	500	—
上下水管	平行	—	200	200	1 000	1 000	100
	交叉	—	100	100	500	500	—
压缩空气管	平行	—	200	200	1 000	1 000	100
	交叉	—	100	100	500	500	—
工艺设备	平行	—	—	—	1 500	1 500	100
	交叉	—	—	—	1 500	1 500	—

(1)表内无括号的数字为电缆管线在管道上方的数据,有括号的数字为电缆管线在管道下方的数据。电缆管线应尽可能敷设在热力管道的下方。

(2)在不能满足表中所列距离的情况下应采取以下措施:①电气管线与蒸汽管不能满足

表中所列距离时,应在蒸汽管或电气管外包以隔热层,则平行净距可减为 200 mm,交叉处仅需考虑施工方便和便于维修的距离;②电气管线与暖水管不能满足表中所列距离时,应在暖水管外包以隔热层;③裸导线与其他管道交叉不能满足表中所列距离时,应在交叉处的裸导线外加装保护网或保护罩。

(3)当上水管与电线管平行敷设且在同一垂直面时,应将电线管敷设于水管上方。

(4)裸导线应敷设在经常维修的管道上方。

直接埋地电缆埋设深度不应小于 0.7 m,并应位于冻土层之下。直接埋地电缆与工艺设备的最小距离见表 3 - 1 - 7。当电缆与热力管道接近时,电缆周围土壤温升不应超过 10 ℃,超过时须进行隔热处理。表 3 - 1 - 7 中的最小距离对采用穿管保护时,应从保护管的外壁算起。

表 3 - 1 - 7　直埋电缆与工艺设备的最小距离　　　　　　　　m

敷 设 条 件	平行敷设	交叉敷设
与电杆或建筑物地下基础间,控制电缆与控制电缆之间	0.6	—
10 kV 以下的电力电缆之间或与控制电缆之间	0.1	0.5
10 ~ 35 kV 的电力电缆之间或与其他电缆之间	0.25	0.5
不同部门的电缆(包括通信电缆)之间	0.5	0.5
与热力管沟之间	2.0	
与可燃气体、可燃液体管道之间	1.0	
与水管、压缩空气管道之间	0.5	0.5
与道路之间	1.5	0.1
与普通铁路路轨之间	3.0	1.0
与直流电气化铁路路轨之间	10.0	—

(二)用电设备间距

车间低压配电箱底口距地面的高度,暗装时可取 1.4 m,明装时可取 1.2 m。明装电能表板底口距地面的高度可取 1.8 m。

常用开关电器的安装高度为 1.3 ~ 1.5 m。为了便于操作,开关手柄与建筑物之间应保留 150 mm 的距离。墙用平开关(板把开关)离地面高度可取 1.4 m。拉线开关离地面高度可取 3 m。明装插座离地面高度可取 1.3 ~ 1.8 m,暗装的可取 0.2 ~ 0.3 m。

户内灯具高度应大于 2.5 m,受实际条件约束达不到时,可减为 2.2 m。如低于 2.2 m 时,应采取适当安全措施。当灯具位于桌面上方等人碰不到的地方时,高度可减为 1.5 m。户外灯具高度应大于 3 m。安装在墙上时可减为 2.5 m。

起重机具至线路导线间的最小距离:1 kV 及 1 kV 以下不应小于 1.5 m,10 kV 不应小于 2 m;35 kV 及以上不应小于 4 m。

(三)检修间距

为了防止在检修工作中,人体及其所携带的工具触及或接近带电体,必须保证足够的检修间距。在低压操作时,人体及其所携带工具与带电体之间的距离不得小于 0.1 m。在高压操作时,各种作业类别所要求的最小距离见表 3 - 1 - 8。

表 3 - 1 - 8　高压作业的最小距离　　　　　　　　　　　　　m

类　别	电 压 等 级	
	10 kV	35 kV
无遮拦作业,人体及其所带工具与带电体之间①	0.7	1.0
无遮拦作业,人体及其所带工具与带电体之间,用绝缘杆操作	0.4	0.6
线路作业,人体及其所带工具与带电体之间②	1.0	2.5
带电水冲洗,小型喷嘴与带电体之间	0.4	0.6
喷灯或气焊火焰带电体之间③	1.5	3.0

注:①距离不足时,应装设临时遮栏。

　　②距离不足时,邻近线路应当停电。

　　③火焰不应喷向带电体。

三、安全标志

明确统一的标志是保证用电安全的一项重要措施。统计表明,不少电气事故完全是由于标志不统一造成的。例如由于导线的颜色不统一,误将相线接设备的外壳,而导致外壳带电,酿成触电伤亡事故。

标志分为颜色标志和图形标志。颜色标志常用来区分各种不同性质、不同用途的导线,或用来表示某处的安全程度。图形标志一般用来告诫人们不要去接近有危险的场所。为保证安全用电,必须严格按有关标准使用颜色标志和图形标志。我国安全色标采用的标准,基本上与国际标准草案(ISD)相同。一般采用的安全色有以下几种:

(1)红色。用来标志禁止、停止和消防。如信号灯、信号旗、机器上的紧急停机按钮等都是用红色来表示"禁止"的信息。

(2)黄色。用来标志注意危险。如"当心触点"、"注意安全"等。

(3)绿色。用来标志安全无事。如"在此工作"、"已接地"等。

(4)蓝色。用来标志强制执行。如"必须戴安全帽"等。

(5)黑色。用来标志图像、文字符号和警告标志的几何图形。

按照规定,为便于识别、防止误操作、确保运行和检修人员的安全,采用不同颜色来区别设备特征。如电气母线中 U 相为黄色,V 相为绿色,W 相为红色,明敷的接地线涂为黑色。在二次系统中,交流电压回路用黄色,交流电流回路用绿色,信号和警告回路用白色。

第二节　绝　　缘

绝缘是指利用绝缘材料对带电体进行封闭和隔离。各种线路和设备都是由导电部分和绝缘部分组成的。良好的绝缘是保证设备和线路正常运行的必要条件,也是防止触电事故的重要措施。设备或线路的绝缘必须与所采用的电压相符合,必须与周围环境和运行条件相适应。

绝缘材料又称电介质,其导电能力很小,但并非绝对不导电。工程上应用的绝缘材料的电阻率一般在 $1 \times 10^7 \Omega \cdot m$ 以上。绝缘材料的主要作用是用于对带电的或不同电位的导体进行隔离,使电流按照确定的线路流动。

绝缘材料品种很多,一般分为:①气体绝缘材料,常用的有空气、氮、氢、二氧化碳和六氟化硫等;②液体绝缘材料,常用的有从石油原油中提炼出来的绝缘矿物油、十二烷基苯、聚丁二烯、硅油和三氯联苯等合成油以及蓖麻油;③固体绝缘材料,常用的有树脂绝缘漆纸、纸板等绝缘纤维制品、漆布、漆管和绑扎带等绝缘浸渍纤维制品、绝缘云母制品,电工用薄膜、复合制品和粘带、电工用层压制品,电工用塑料和橡胶、玻璃、陶瓷等。

电气设备的质量和使用寿命在很大程度上取决于绝缘材料的电、热、机械和理化性能,而绝缘材料的性能和寿命不仅与材料的组成成分、分子结构有着密切的关系,同时还与绝缘材料使用环境有着密切的关系。因此应当注意绝缘材料的使用条件,以保证电气系统的正常运行。

一、绝缘材料的电气性能

绝缘材料的电气性能主要表现在电场作用下材料的导电性能、介电性能及绝缘强度。分别以绝缘电阻率 ρ、相对介电常数 ε_γ、介质损耗角 $\tan\delta$ 及击穿场强 E_B 四个参数来表示。在此暂介绍前三个参数,击穿场强在绝缘破坏中介绍。

(一)绝缘电阻率和绝缘电阻

任何电介质都不可能是绝对的绝缘体,总存在一些带电质点,在电场的作用下,它们作有方向运动,形成漏电流,通常又称为泄漏电流。在外加电压作用下的绝缘材料的等效电路如图 3-2-1(a)所示。在直流电压作用下的电流如图 3-2-1(b)所示。图中,电阻支路电流 i_G 即为漏导电流;流经电容和电阻串联之路的电流 i_a 称为吸收电流,是由缓慢极化和离子体积电荷形成的电流;电容支路的电流 i_C 称为充电电流,是由几何电容等效而构成的电流。

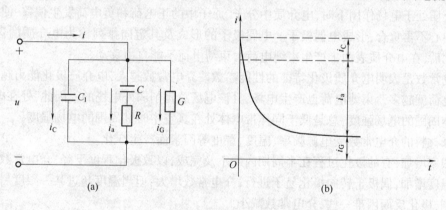

图 3-2-1 绝缘材料等效电路及电流曲线图
(a)等效电路图;(b)电流曲线图

绝缘电阻率和绝缘电阻是电气设备和电气线路最基本的绝缘电气性能指标。足够的绝缘电阻能把电气设备的泄漏电流限制在很小的范围内,防止由漏电引起的触电事故。不同的线路或设备对绝缘电阻有不同的要求。一般来说,高压较低压要求高;新设备较老设备要求高;室外设备较室内设备要求高;移动设备较固定设备要求高等。下面列出几种主要线路和设备应达到的绝缘电阻值。

(1)新装和大修后的低压线路和设备,要求绝缘电阻不低于 0.5 MΩ;运行中的线路和设备,要求可降低为每伏工作电压不小于 1 000 Ω;安全电压下工作的设备同 220 V 一样,不得低于 0.22 MΩ;在潮湿环境,要求可降低为每伏工作电压 500 Ω。

(2)携带式电气设备的绝缘电阻不应低于 2 MΩ。

(3)配电盘二次线路的绝缘电阻不应低于 1 MΩ,在潮湿环境中,允许降低为 0.5 MΩ。

(4)10 kV 高压架空线路每个绝缘子的绝缘电阻不应低于 300 MΩ;35 kV 及以上的不应

低于 500 MΩ。

(5)运行中 6～10 kV 和 35 kV 电力电缆的绝缘电阻分别不应低于 400～1 000 MΩ 和 600～1 500 MΩ。干燥季节取较大的数值,潮湿季节取较小的数值。

(6)电力变压器投入运行前,绝缘电阻不应低于出厂时的 70%,运行中的变压器绝缘电阻可适当降低。为了检验绝缘性能的优劣,在绝缘材料的生产和应用中,需要经常测定其绝缘电阻率及绝缘电阻。温度、湿度、杂质含量和电场强度的增加都会降低电介质的绝缘电阻率。

温度升高时,分子热运动加剧,使离子容易迁移,电阻率按指数规律下降。

湿度升高时,一方面水分浸入使电介质增加了导电离子,使绝缘电阻下降;另一方面,对亲水物质,表面的水分还会大大降低其表面电阻率。电气设备特别是户外设备,在运行过程中,往往因受潮引起绝缘材料电阻率下降,造成泄漏电流过大而使设备损坏。因此,为了预防事故的发生,应定期检测设备绝缘电阻的变化。

杂质的含量增加,增加了内部的导电离子,也使电介质表面污染并吸附水分,从而降低了体积电阻率和表面电阻率。

在较高的电场强度作用下,固体和液体电介质的离子迁移能力随电场强度的增强而增大,使电阻率下降。当电场强度临近电介质的击穿电场强度时,因出现大量电子迁移,使绝缘电阻按指数规律下降。

(二)介电常数

电介质处于电场作用下时,电介质中分子、原子中的正电荷和负电荷发生偏移,使得正、负电荷的中心不再重合,形成电偶极子。电偶极子的形成及其定向排列称为电介质的极化。电介质极化后,在电介质表面上产生束缚电荷。束缚电荷不能自由移动。

介电常数是表明电介质极化特征的性能参数。介电常数越大,电介质极化能力越强,产生的束缚电荷就越多。束缚电荷也产生电场,且该电场总是削弱外电场的。因此,处在电介质中的带电体周围的电场强度,总是低于同样带电体处在真空中时其周围的电场强度。

绝缘材料的介电常数受电源频率、温度、湿度等因素而产生变化。

随频率增加,有的极化过程在半周期内来不及完成,以致极化程度下降,介电常数减小。

随温度增加,偶极子转向极化易于进行,介电常数增大;但当温度超过某一限度后,由于热运动加剧,极化反而困难一些,介电常数减小。

随湿度增加,材料吸收水分,由于水的相对介电常数很高、且水分的浸入能增加极化作用,使得电介质的介电常数明显增加。由此,通过测量介电常数,能够判断电介质受潮程度。

大气压力对气体材料的介电常数有明显影响,压力增大,密度就增大,相对介电常数也增大。

(三)介质损耗

在交流电压作用下,电介质中的部分电能不可逆地转变成热能,这部分能量叫做介质损耗。单位时间内消耗的能量叫做介质损耗功率。介质损耗一种是由漏导电流引起的;另一种是由于极化所引起的。介质损耗使介质发热,这是电介质发生热击穿的根源。

绝缘材料的等效电路如图 3 - 2 - 1(a)所示,在外加交流电压时,等效电路图中的电压、电流向量关系如图 3 - 2 - 2 所示。

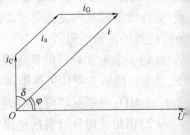

图 3 - 2 - 2　电介质中电压、电流相量图

总电流 $\dot{I}$ 与外加电压 $\dot{U}$ 的相位差 φ，即电介质的功率因数角。功率因数角的余角 δ 称为介质损耗角。对于单位体积内介质损耗功率为

$$P = \omega\varepsilon E^2 \tan\delta \qquad (3-2-1)$$

式中　ω——电源角频率，$\omega = 2\pi f$，rad/s；

　　　ε——电介质介电常数；

　　　E——电介质内电场强度，V/m；

　$\tan\delta$——介质损耗角正切。

由于 P 值与试验电压、试品尺寸等因素有关，难以用来对介质品质作严密的比较，所以通常用 $\tan\delta$ 来衡量电介质的介质损耗性能。

对于电气设备中使用的电介质，要求它的 $\tan\delta$ 值越小越好。而当绝缘受潮或劣化时因有功电流明显增加，会使 $\tan\delta$ 值剧烈上升。也就是说，$\tan\delta$ 能更敏感地反映绝缘质量。因此，在要求高的场合，需进行介质损耗试验。

影响绝缘材料介质损耗的因素主要有频率、温度、湿度、电场强度和辐射。影响过程比较复杂，从总的趋势上来说，随着上述因素的增强，介质损耗增加。

二、绝缘的破坏

绝缘破坏可能导致电击、电烧伤、短路、火灾等事故。绝缘破坏有绝缘击穿、绝缘老化、绝缘损坏三种方式。

(一)绝缘击穿

当施加于电介质上的电场强度高于临界值时，会使通过电介质的电流突然猛增，这时绝缘材料被破坏，完全失去了绝缘性能，这种现象称为电介质击穿。发生击穿时的电压称为击穿电压，击穿时的电场强度称为击穿场强。

下面分别对气体绝缘材料击穿、液体绝缘材料击穿、固体绝缘材料击穿做简单介绍。

1. 气体绝缘材料的击穿

气体绝缘材料击穿是由碰撞电离导致的电击穿。在强电场中，气体的带电质点(主要是电子)在电场中获得足够的动能，当它与气体分子发生碰撞时，能使中性分子电离为正离子和电子。新形成的电子又在电场中积累能量而碰撞其他分子，使其电离，这就是碰撞电离。碰撞电离过程是一个连锁反应过程，每一个电子碰撞产生一系列新电子，因而形成电子崩。电子崩向阳极发展，最后形成一条具有高电导的通道，导致气体击穿。

在均匀电场中，当温度一定，电极距离不变，气体压力很低时，气体中分子稀少，碰撞游离机会很少，因此击穿电压很高。随着气体压力的增大，碰撞游离增加，击穿电压有所下降，在某一特定的气压下出现了击穿电压最小值；但当气体压力继续升高，密度逐渐增大，平均自由行程很小，只有更高的电压才能使电子积聚足够的能量以产生碰撞游离，击穿电压也逐渐升高。利用此规律，在工程上常采用高真空和高气压的方法来提高气体绝缘的击穿场强。空气的击穿场强约为 25 ~ 30 kV/cm。气体绝缘击穿后能自己恢复绝缘性能。

2. 液体绝缘材料的击穿

液体绝缘材料击穿特性与其纯净程度有关。一般认为纯净液体的击穿与气体的击穿机理相似，是由电子碰撞电离最后导致击穿。但液体的密度大，电子自由行程短，积聚的能量小，因此液体的击穿场强比气体高。工程上液体绝缘材料不可避免地含有气体、液体和固体杂质。如液体中含有乳化状水滴和纤维时，由于水和纤维的极性强，在强电场的作用下使纤维极化而

定向排列,并运动到电场强度最高处连成小桥,小桥贯穿两电极间引起电导剧增,局部温度骤升,最后导致热击穿。例如,变压器油中含有极少量水分就会大大降低油的击穿场强。

含有气体杂质的液体击穿可用气泡击穿机理来解释。气体杂质的存在使液体呈现不均匀性,液体局部过热,气体迁移集中,在液体中形成气泡。由于气泡的相对介电常数较低,使得气泡内电场强度较高,约为油内电场强度的 2.2 ~ 2.4 倍,而气体的临界场强比油低得多,致使气泡游离,局部发热加剧,体积膨胀,气泡扩大,形成连通两电极的导电小桥,最终导致整个绝缘体击穿。为此,在液体绝缘材料使用之前,必须对其进行纯化、脱水、脱气处理。在使用过程中应避免这些杂质的侵入。

液体绝缘材料击穿后,绝缘性能在一定程度上可以得到恢复。但经过多次液体击穿将可能导致液体失去绝缘性能。

3. 固体绝缘材料的击穿

固体绝缘材料的击穿分别有电击穿、热击穿、电化学击穿、放电击穿等多种形式。

电击穿是固体绝缘材料在强电场作用下,其内少量处于导带的电子剧烈运动,破坏中性分子的结构,发生碰撞电离,并迅速扩展导致的击穿。

电击穿的特点是电压作用时间短(微秒至毫秒级)、击穿电压高。电击穿的击穿场强与电场均匀程度密切相关,但与环境温度及电压作用时间几乎无关。

热击穿是固体绝缘材料在强电场作用下,由于介质损耗等原因所产生的热量不能够及时散发出去,使温度上升,导致绝缘材料局部熔化、烧焦或烧裂,最后造成击穿。热击穿的特点是电压作用时间长(数秒至数小时),而击穿电压较低。热击穿电压随环境温度上升而下降,但与电场均匀程度关系不大。

电化学击穿是固体绝缘材料在强电场作用下,由于电离、发热和化学反应等因素的综合效应造成的击穿。电化学击穿的特点是电压作用时间长(数小时至数年),而击穿电压往往很低。它与绝缘材料本身的耐电离性能、制造工艺、工作条件等因素有关。

放电击穿是固体绝缘材料在强电场作用下,内部气泡首先发生碰撞电离而放电,继而加热其他杂质,使之汽化形成气泡,由气泡放电进一步发展导致的击穿。放电击穿的击穿电压与绝缘材料的质量有关。固体绝缘材料一旦击穿,将失去其绝缘性能。

实际上,绝缘结构发生击穿,往往是电、热、放电、电化学等多种形式同时存在,很难截然分开。一般来说,采用介质损耗大、耐热性差的绝缘材料的低压电气设备,在工作温度高、散热条件差时热击穿较为多见。而在高压电气设备中,放电击穿的概率大些。脉冲电压下的击穿一般属于电击穿。当电压作用时间达数十小时乃至数年时,大多数属于电化学击穿。

电工领域常用气体、液体、固体绝缘材料的电阻率、相对介电常数、击穿场强见表 3 - 2 - 1 (其中空气的击穿场强 $E_0 \approx 25 \sim 30$ kV/cm)。

表 3 - 2 - 1　常用绝缘介质的电气性能

名　　称		电阻率/(Ω·m)	相对介电常数	击穿强度/(kV·cm⁻¹)
气体	空气	10^{16}	1.000 59	E_0
	氮	—	1.000 53	E_0
	氢	—	1.000 26	$0.6E_0$
	六氟化硫		1.002	$(2.0 \sim 2.5)E_0$

续上表

名　　称		电阻率/$(\Omega \cdot m)$	相对介电常数	击穿强度/$(kV \cdot cm^{-1})$
液体	电容器油	$10^{12} \sim 10^{13}(20\ ℃)$	2.1 ~ 2.3	200 ~ 300
	甲基硅油	$>10^{12}$	>2.6	150 ~ 180
	聚异丁烯	10^{15}	2.15 ~ 2.3	—
	三氯联苯	$8 \times 10^{10}(100\ ℃)$	5.6	59.8(60 ℃)
固体	酚醛塑料	$10^{8} \sim 10^{12}$	3 ~ 8(10^{6}Hz)	100 ~ 190
	聚苯乙烯	$10^{14} \sim 10^{15}$	2.4 ~ 2.7	200 ~ 280
	聚氯乙烯	$10^{7} \sim 10^{12}$	5 ~ 6	>200
	聚乙烯	$>10^{14}$	2.3 ~ 2.35	180 ~ 280
	聚四氟乙烯	$>10^{15}$	2	>190
	天然橡胶	$10^{13} \sim 10^{14}$	2.3 ~ 3.0	>200
	氯丁橡胶	$10^{8} \sim 10^{9}$	7.5 ~ 9.0	100 ~ 200
	白云母	$10^{12} \sim 10^{14}$	5.4 ~ 8.7	2 000 ~ 2 500
	绝缘漆	$10^{11} \sim 10^{15}$		200 ~ 1 200
	陶瓷	$10^{10} \sim 10^{13}$	8 ~ 10(10^{6}Hz)	250 ~ 350

(二)绝缘老化

绝缘材料经过长时间使用,受到热、电、光、氧、机械力(包括超声波)、辐射线、微生物等因素的作用,将发生一系列不可逆的物理和化学变化,逐渐丧失原有电气性能和机械性能而破坏。这种破坏方式称为老化。

绝缘材料老化过程十分复杂。老化机理随材料种类和使用条件的不同而异。最主要的是热老化机理和电老化机理。

热老化一般在低压电气设备中,促使绝缘材料老化的主要因素是热。热老化包括材料中挥发性成分的逐出,材料的氧化裂解、热裂解和水解,还包括材料分子链继续聚合等过程。每种绝缘材料都有其极限耐热温度,当超过这一极限温度时,其老化将加剧,电气设备的寿命就缩短。在电工技术中,常把电动机和电器中绝缘结构和绝缘系统按耐热等级进行分类。表3-2-2所列是我国绝缘材料标准规定的绝缘耐热等级和极限温度。

表3-2-2　绝缘耐热等级及其极限温度

耐热等级	极限温度/℃	耐热等级	极限温度/℃
Y	90	F	155
A	105	H	180
E	120	C	>180
B	130	—	—

通常情况下,工作温度越高、则材料老化越快。按照表3-2-2允许的极限工作温度,即按照耐热等级、绝缘材料分为若干级别。Y级的绝缘材料有木材、纸、棉花及其纺织品等;A级绝缘材料有沥青漆、漆布、漆包线及浸渍过的Y级绝缘材料;E级绝缘材料有玻璃布、油性树脂漆、聚酯薄膜与A级绝缘材料的复合、耐热漆包线等;B级绝缘材料有玻璃纤维、石棉、聚酯漆、聚酯薄膜等;F级绝缘材料有玻璃漆布、云母制品、复合硅有机树脂漆和以玻璃丝布、石棉纤维

为基础的层压制品；H级绝缘材料有复合云母、硅有机漆、复合玻璃布等；C级绝缘材料有石英、玻璃、电瓷、补强的云母绝缘材料等。

电老化主要是由局部放电引起的。在高压电气设备中，促使绝缘材料老化的主要原因是局部放电。局部放电时产生的臭氧、氮氢化物、高速粒子都会降低绝缘材料的性能，局部放电还会使材料局部发热，促使材料性能恶化。

（三）绝缘损坏

绝缘损坏是绝缘物受外界腐蚀性液体、气体、蒸汽、潮气、粉尘的污染和侵蚀，或受到外界热源、机械因素的作用，在较短或很短的时间内失去其电气性能或机械性能的现象。另外，动物和植物以及工作人员错误操作也可能破坏电气设备或电气线路的绝缘。

第三节　保护接地与保护接零技术

与电气设备有导电连接但正常时与带电部分绝缘的导体，由于绝缘破坏或其他原因而带电者，称为意外带电体。为了防止意外带电体上的触电事故，根据不同情况，可以采取保护接地、保护接零、等化对地电压、漏电自动切断等措施。

接地和接零在电气工程上应用极为广泛。保护接地和保护接零是防止电气设备意外带电造成触电事故的基本技术措施。本节主要介绍保护接地和保护接零的原理、应用和要求。

一、接地的基本概念

（一）接地及其分类

接地是指从电网运行或人身安全的需要出发，人为地把电气设备的某一部分与大地做良好的电气连接。根据接地的目的不同，接地可分为工作接地和保护接地。

1. 工作接地

工作接地是指由于运行和安全需要，为保证电力网在正常情况或事故情况下能可靠地工作而将电气回路中某一点实行的接地。如电源（发电机或变压器）中性点接地、电压互感器一次侧中性点的接地、两线一地系统的一相接地等，都属于工作接地。

2. 保护接地

保护接地是为了保障人身安全，避免发生触电事故，将电气设备正常情况下不带电的金属部分与大地作电气连接。采用保护接地后，可使人体触及漏电设备外壳时的接触电压明显降低，因而大大地减轻了触电的危险。

（二）中性线 N、保护线 PE 及保护零线 PEN

1. 中性线

中性线用符号 N 表示。中性线引自电源中性点，其功能有：

（1）用来通过单相负荷的工作电流；

（2）用来通过三相电路中的不平衡电流以及三次谐波电流；

（3）使不平衡三相负荷上的电压均等；

（4）当设备的金属外壳与之相连后，能防止人体间接触电。

2. 保护线

以防止触电为目的而用来与设备或线路的金属外壳、接地母线、接地端子、接地极、接地金属部件等作电气连接的导线或导体称为保护线。保护线用符号 PE 表示。

3. 保护零线

中性线 N 与大地有良好的电气接触时,此时,称 N 线为零线。当零线 N 与保护线 PE 共为一体,同时具有零线与保护线两种功能的导线称为保护零线或保护中性线,用符号 PEN 表示。

(三)IEC 对配电网接地方式的分类

国际电工委员会(IEC)第 64 次技术委员会将低压电网的配电制及保护方式分为 IT、TT、TN 系统三类。

1. IT 系统

IT 系统是指电源中性点不接地或经足够大阻抗(约 1 000 Ω)接地,电气设备的外露可导电部分(如设备的金属外壳)经各自的保护线 PE 分别直接接地的三相三线制低压配电系统。

2. TT 系统

TT 系统是指电源中性点直接接地,而设备的外露可导电部分经各自的 PE 线分别直接接地的三相四线制低压配电系统。

3. TN 系统

电源系统有一点(通常是中性点)接地,负载设备的外露可导电部分(如金属外壳)通过保护线连接到此接地点的低压配电系统,统称 TN 系统。依据中性点 N 和保护线 PE 的不同组合情况,TN 系统又分为 TN – C、TN – S、TN – C – S 三种形式。

(1)TN – C 系统。整个系统内中性线 N 和保护线 PE 是合用的,且标为 PEN,如图 3 – 3 – 1 所示。

(2)TN – S 系统。整个系统内中性线 N 与保护线 PE 是分开的,如图 3 – 3 – 2 所示。

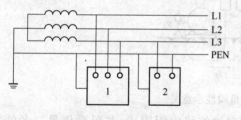

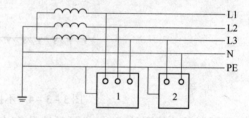

图 3 – 3 – 1   TN – C 系统
1—三相设备;2—单相设备

图 3 – 3 – 2   TN – S 系统
1—三相设备;2—单相设备

(3)TN – C – S 系统。整个系统内中性点 N 与保护线 PE 是部分合用的。即前边为 TN – C 系统(N 线与 PE 线是合一的),后边是 TN – S 系统(N 线与 PE 线是分开的,分开后不允许再合并),如图 3 – 3 – 3 所示。

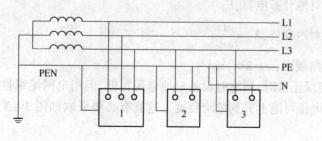

图 3 – 3 – 3   TN – C – S 系统
1—三相设备;2—单相设备;3—单相设备

二、保护接地

保护接地是一种技术上的安全措施。所谓保护接地就是把在故障情况下可能呈现危险的对地电压的金属部分同大地紧密地连接起来。保护接地应用很广，无论是流电或静电、无论是交流或直流、无论是低压或高压，也无论是一般环境或特殊环境，都经常采取接地措施，以保障安全便利工作。

（一）保护接地原理

如图3-3-4所示，在不接地的低压系统中，当一相碰壳时，接地电流I_d通过人体和电网对地绝缘阻抗形成回路。如每相对地绝缘阻抗相等，运用电工学的方法，可求得漏电设备对地电压为

$$U_d = \frac{3UR_r}{|3R_r + Z|} \tag{3-3-1}$$

式中　U——电网相电压，V；

　　　R_r——人体电阻，Ω；

　　　Z——电网每相对地绝缘阻抗，Ω。

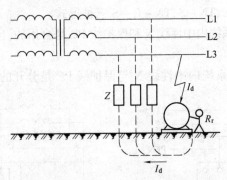

图3-3-4　不接地的危险性示意图

电网对地绝缘阻抗Z由电网对地分布电容和对地绝缘电阻组成，并可看作是二者的并联。一般情况下，绝缘电阻大于分布电容的容抗，如果把绝缘电阻看做是无限大，则对地电压为

$$U_d = \frac{3UR_r}{|3R_r + jX_C|} = \frac{3UR_r}{\sqrt{9R_r^2 + \frac{1}{\omega^2 C^2}}} \tag{3-3-2}$$

式中　C——每相对地分布电容，F；

　　　X_C——每相对地容抗，$X_C = \frac{1}{\omega C}$；

　　　ω——电源角频率，$\omega = 2\pi f$，rad/s。

当电网对地绝缘正常时，漏电时设备对地电压很低，但当电网绝缘性能显著下降，或电网分布很广时，对地电压可能上升到危险程度。这就有必要采取如图3-3-5所示的保护接地措施。

有了保护接地以后，漏电设备对地电压主要决定于保护接地电阻R_b的大小。由于R_b和R_r并联，且$R_b \leq R_r$，可以近似的认为对地电压为

$$U_d = \frac{3UR_b}{|3R_b + Z|} \qquad (3-3-3)$$

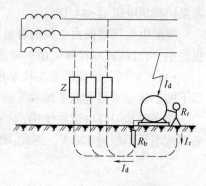

图 3-3-5　保护接地原理图

又因为 $R_b \leqslant |Z|$，所以设备对地电压大大降低。只要适当控制 R_b 的大小，即可以限制漏电设备对地电压在安全范围以内。

例如，对于长度 1 km 的 380 V 电缆电网，如人体电阻为 1 500 Ω，当发生漏电且人体触及设备时，人体承受的电压约为 127 V，通过人体的电流约为 84.5 mA，这对人是很危险的。在这种情况下，如果加上保护接地，且接地电阻 $R_b = 4$ Ω，则人体承受的电压降低为 0.415 V，通过人体的电流降低为 0.277 mA 对人没有危险了。

在不接地（对地绝缘）电网中，单相接地电流的大小主要取决于电网的特征，如电压的高低、范围的大小、敷设的方式等。一般情况下，由线路对地分布电容决定的电抗都比较大，而绝缘电阻还要大得多，数以兆欧计，计算时可看作是无限大。因此单相接地电流一般都很小，这就有可能采用保护接地把漏电设备对地电压限制在安全电压以下。但在接地电网中，这一规律是不一定成立的，这将在后面介绍。

（二）保护接地应用范围

保护接地适用于不接地电网。在这种电网中，无论环境如何，凡由于绝缘破坏或其他原因而可能呈现危险电压的金属部分，除另有规定外，都应采取保护接地措施，主要包括：

（1）电机、变压器、开关设备、照明器具及其他电气设备的金属外壳、底座及与其相连的传动装置；

（2）户内外配电装置的金属构架或钢筋混凝土构架，以及靠近带电部分的金属遮栏或围栏；

（3）配电屏、控制台、保护屏及配电柜（箱）的金属框架或外壳；

（4）电缆接头盒的金属外壳、电缆的金属外皮和配线的钢管。

此外，某些架空电力线路的金属杆塔和钢筋混凝土杆塔、互感器的二次线圈等，也应予以接地。

在干燥场所，交流额定电压 127 V 及以下、直流额定电压 110 V 及以下的电气设备，如无防爆要求，可不接地。

在木质或沥青等不导电地面的干燥房间内，交流 380 V 及以下和直流 400 V 及以下的电气设备不需接地，但当有可能同时触及电气设备和已接地的其他装置（如接地的金属管道）或有可能同时触及电气设备和绝缘不良的建筑构件时，仍应接地。

安装在已接地的金属构架或金属底座（包括控制台、配电屏等）上的电气设备可不接地。

如果电气设备在高处，工作人员必须登上木梯才能接近和进行工作时，由于人体触及意外带电体的危险性较小，而人体同时触及带电部分和设备外壳的可能性和危险性较大，一般不应采取保护接地措施。

（三）接地电阻值

接地电阻的大小主要是根据允许的对地电压来确定的。在 1 000 V 及以下的低压系统中，单相接地电流一般不超过数安。为限制设备漏电时外壳对地电压不超过安全范围，一般要

求保护接地电阻 $R_b \leq 4\ \Omega$。

当配电变压器或发电机的容量不超过 100 kV·A 时,由于电网范围较小,单相接地电流也较小,可以放宽对接地电阻的要求,取 $R_b \leq 10\ \Omega$。

1 000 V 以上的高压系统按单相接地短路电流的大小,分为接地短路电流 500 A 及 500 A 以下的小接地短路电流系统和接地短路电流 500 A 以上的大接地短路电流系统。

在小接地短路电流系统中,如果高压设备同低压设备共用一套接地装置,则要求漏电时设备对地电压不超过 120 V。因此,要求接地电阻

$$R_b \leq \frac{120}{I_b} \tag{3-3-4}$$

应当注意,即使接地电流 I_b 很小;R_b 也不得超过 10 Ω。一般电力变压器工作接地电阻不大于 4 Ω,能够满足共同接地的要求。如果高压设备和低压设备各有独立的接地装置,则要求漏电时设备对地电压不超过 250 V。因此,要求接地电阻

$$R_b \leq \frac{250}{I_b} \tag{3-3-5}$$

同样,也要求 R_b 不超过 10 Ω。

在大接地短路电流系统中,由于接地短路电流很大,很难限制设备对地电压不超过某一范围,而是靠线路上的速断保护装置切断接地故障。要求其接地电阻

$$R_b \leq \frac{2\ 000}{I_b} \tag{3-3-6}$$

但当接地短路电流 $I_d > 4\ 000$ A 时,可采用

$$R_b \leq 0.5\ \Omega$$

发电厂和变电所的接地具有综合接地的性质,即发电机或变压器的工作接地、其他设备的保护接地(或重复接地)、以及防雷接地共用一套接地装置。随着发电厂或变电所容量的不同,接地短路电流在很大的范围内变化,对地电压又决定于接地短路电流与接地电阻的乘积,也在很大范围内变化,以至接地电阻的大小不足以说明接地装置所能保证的安全程度。发电厂和变电所的接地可以从限制接触电压和跨步电压的角度去要求。

对于小接地短路电流系统,要求接触电压和跨步电压不超过 50 V。考虑到人脚底下土壤的电阻(一只脚下的可以近似地按 3ρ 考虑),接触电动势和跨步电动势应大于接触电压和跨步电压。当人体电阻为 1 500 Ω 时,可求得允许的接触电动势和跨步电动势分别为

$$E_j = 50 + 0.05\rho \tag{3-3-7}$$

$$E_k = 50 + 0.2\rho \tag{3-3-8}$$

式中 E_j——接触电动势,V;

E_k——跨步电动势,V;

ρ——土壤电阻率,Ω·m。

对于大接地短路电流系统,考虑到过电流保护装置动作很快,短路故障存在的时间很短,只考虑 0.03 ~ 3 s 范围内电流对人体的作用。对于体重 70 kg 的人体在这样短促的作用下,所能经受的最大电流可按下式考虑:

$$I_{ch} = \frac{165}{\sqrt{t}} \tag{3-3-9}$$

式中 I_{ch}——引起心室颤动的电流,mA;

t——电流通过人体的时间,s。

考虑到人脚底下土壤的电阻,当人体电阻为 1 500 Ω 时,可求得允许的接触电动势和跨步电动势分别为

$$E_j = \frac{250 + 0.25\rho}{\sqrt{t}}\ (V) \tag{3-3-10}$$

$$E_k = \frac{250 + \rho}{\sqrt{t}}\ (V) \tag{3-3-11}$$

按照接触电动势和跨步电动势的允许值,可以对接地装置提出适当的要求。

高压线路金属杆塔和混凝土杆的接地电阻一般不应超过 10 ~ 30 Ω,且土壤电阻率越高,允许接地电阻越大。低压线路杆塔接地电阻一般不应超过 50 Ω。

在高土壤电阻率地区,接地电阻难以达到要求数值时,可以采取提高接地电阻允许值、降低接地电阻施工法、网络接地等措施。

在高土壤电阻率地区,接地电阻允许值可以适当提高。例如:低压设备接地电阻允许达到 30 Ω,小接地短路电流系统中高压设备接地电阻允许达到 30 Ω,发电厂和变电所允许达到 15 Ω,大接地短路电流系统中发电厂和变电所接地电阻允许达到 5 Ω 等。

在高土壤电阻率地区,可采用下列施工方法降低接地电阻:

(1)外引接地法。将接地体引至附近的水井、泉眼、水沟、河边、水库边、大树下等土壤电阻率较低的地方,或者敷设水下接地网,以降低接地电阻。但应注意外引接地装置要避开人行道,以防跨步电压触电;穿过公路的外引线,埋设深度不应小于 0.8 m。

(2)化学处理法。即应用减阻剂来降低接地电阻。一种是用无反应型减阻剂,即将盐、硫酸铵、碳粉等和泥土一起分层填入接地体坑内,并在地面上留有小井,不定期补充稀盐水,以降低接地电阻。一种是用反应型减阻剂,即用预先配制的长效减阻剂处理土壤,这样能在几年内保持良好的效果。采用化学处理法,能将接地电阻降低为处理前的 40% ~ 60%,而且土壤电阻率越高,效果越显著。采用化学处理法要注意防止对接地体的腐蚀,接地体应采用镀锌元件。

(3)换土法。给接地体坑内换上电阻率低的土壤,以降低接地电阻。

(4)深埋法。如果周围土壤电阻率不均匀,可在土壤电阻率较低的地方深埋接地体以降低接地电阻。

(5)接地体延长法。延长接地体或采用其他形式的接地体,增加与土壤的接触面积,以降低接地电阻。

网络接地是在工作区域内,敷设网络状接地体(长孔网络或方孔网络),以等化该区域内大地各点之间的电位,降低接触电压和跨步电压,并把接触电压和跨步电压限制在允许范围之内。

(四)高压窜入低压的防护

如图 3-3-6 所示,如果因为高压线折断或绝缘损坏等原因致使高压系统意外地碰到低压系统,则整个低压系统的对地电压升高到高压系统的对地电压。这对整个低压系统的工作人员将是非常危险的。而且故障可能长时间存在,这就更增加了问题的严重性。

在不接地的低压电网中,为了减轻高压窜入低压的危险应当把低压电网的中性点或者一相经击穿保险器接地,如图 3-3-7 所示。

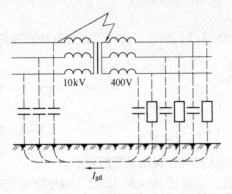

图 3 - 3 - 6 高压窜入低压的危险

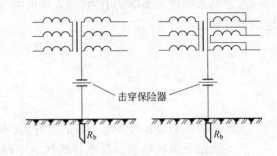

图 3 - 3 - 7 击穿保险器的连接

击穿保险器主要由两片铜制电极夹以带孔的云母片组成。其击穿电压不超过数百伏。JBO 型击穿保险器的击穿电压见表 3 - 3 - 1。

表 3 - 3 - 1 JBO 型击穿保险器的击穿电压   V

额定电压	220	380	500
击穿电压	351 ~ 500	501 ~ 600	601 ~ 1 000

正常情况下,击穿保险器处在绝缘状态,系统不接地;当高压窜入低压时,云母片带孔部分的空气间隙被击穿,故障电流经接地装置流入大地。这个电流即高压系统的接地短路电流,它可能引起高压系统过电流保护装置动作,切除故障,断开电源;如果这个电流不大,不足以引起高压保护装置动作,则可以通过选定适当的接地电阻,控制低压系统电压升高不超过 120V。这就要求接地电阻

$$R_b \leqslant \frac{120}{I_{gd}} \qquad\qquad (3 - 3 - 12)$$

式中 R_b ——接地电阻;Ω;

  I_{gd} ——高压系统单相接地短路电流,A。

一般情况下,$R_b \leqslant 4\ \Omega$ 是能满足上述条件的。

正常情况下,击穿保险器必须保持绝缘良好。否则,不接地系统变成接地系统,系统内的保护接地是不能保证安全的。因此,对击穿保险器要经常检查,或者像图 3 - 3 - 8 那样,接上两只电压表进行经常性的监视。正常时,两电压表读数各为相电压的一半,如果击穿保险器内部短路,失去绝缘能力,电压表 V1 读数降至零,电压表 V2 读数上升至相电压。为了不降低系统保护接地的可靠性,应当采用高内阻的电压表作监视。

(五)绝缘监视

在不接地电网中,发生一相接地故障时,其他两相对地电压可能升高到接近线电压,会增加绝缘的负担,还会大大增加触电的危险性。而且,一相接地的接地电流很小,线路和设备还能继续工作,故障可能长时间存在,这对安全是非常不利的。因此,在不接地电网中,需要对电网的绝缘进行监视。

低压电网的绝缘监视,是用三只规格相同的电压表来实现的,其接线如图 3 - 3 - 9 所示。电网对地绝缘正常时,三相平衡,三只电压表读数均为相电压,当一相接地时,该相电压表读数急剧降低另两相则显著升高。即使系统没有接地,而是一相或两相对地绝缘显著恶化时,三只

电压表也会给出不同的读数,引起工作人员注意。

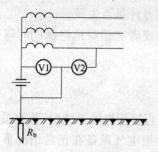

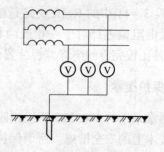

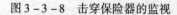

图 3 - 3 - 8　击穿保险器的监视　　　　　图 3 - 3 - 9　低压电网的绝缘监视

为了不降低系统保护接地的可靠性,应当采用高内阻的电压表。

高压电网也可以用类似的办法进行绝缘监视,其接线如图 3 - 3 - 10 所示。监视仪表(器)通过电压互感器同高压连接。互感器有两组低压线圈,一组接成星形,供绝缘监视的电压表用;一组接成开口三角形,开口处接信号继电器。正常时,三相平衡,三只电压表读数相同,三角形开口处电压为零,信号继电器不动作。当一相接地或一、两相绝缘明显恶化时,三只电压表出现不同的读数;同时,三角形开口处出现电压,信号继电器动作,发出信号。

上述绝缘监视装置是以监视三相对地平衡为基础的,对于一相接地的故障很敏感,但对于三相绝缘同时恶化,即三相绝缘同时降低的故障是没有反应的。其另一缺点是当三相绝缘都在安全范围以内,但相互间差别较大时,可能给出错误的指示或信号。由于这两种情况很少发生,一般情况下,上述绝缘监视装置还是适用的。

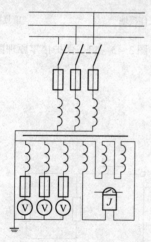

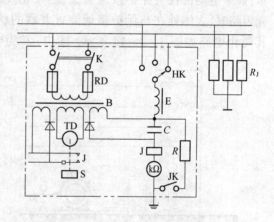

图 3 - 3 - 10　高压电网的绝缘监视　　　　图 3 - 3 - 11　绝缘电阻偏差计原理接线图

在低压电网中,为了很好地检查和监视电网的绝缘情况,可以采用绝缘电阻偏差计。绝缘电阻偏差计的原理接线如图 3 - 3 - 11 所示。经整流后的直流电接向电容器 C 的两端、经扼流线圈 E、电网对地绝缘电阻 R_J、千欧计、继电器线圈 J 等构成回路。电流直接反映绝缘电阻的大小。因此,经过适当分度,千欧计可直接给出电网绝缘电阻值。当电网对地绝缘能力降低到一定程度时,继电器 J 动作,通过信号装置发出绝缘低于标准的信号,同时,由同步电动机 TD 带动的时间计算器 S 开始工作,计算绝缘低于标准所持续的时间。

利用绝缘电阻偏差计,一般是测得三相对地绝缘电阻的并联值,如果电源和负载均可断开,则操作转换开关 HK,可以分别测得各相对地绝缘电阻。

图 3 – 3 – 11 中的 R、JK 支路是检查用的,用以检查偏差计是否失灵。

绝缘电阻偏差计对于一相或两相对地绝缘能力降低或者三相对地绝缘同时降低都有指示,是一种比较完善的绝缘监视装置。

三、保护接零

在通常采用的 380/220 V 三相四线制、变压器中性点直接接地的系统中,普遍采用保护接零作为技术上的安全措施。所谓保护接零,简单地说就是把电气设备在正常情况下不带电的金属部分与电网的零线紧密地连接起来。

(一)保护接零的原理和应用范围

在中性点直接接地的系统中,如果用电设备上不采取任何安全措施,则设备漏电时,触及设备的人体将近承受 220 V 的相电压,显然是很危险的。这就需要采取保护接零作为安全措施。

保护接零的原理如图 3 – 3 – 12 所示,当某相带电部分碰连设备外壳时,通过设备外壳形成该相线对零线的单相短路(即碰壳短路),短路电流 I_d 能促使线路上的保护装置(如熔断 RD)迅速动作,从而断开故障部分电源,消除触电危险。

应当注意,在这样接地的配电系统中,单纯采取保护接地是不能保证安全的。如图 3 – 3 – 13 所示,如果电动机仅有保护接地装置,当某相发生碰壳短路时,人体处在与保护接地装置并联的状态,其简化电路如图 3 – 3 – 14 所示。图中,U 为电网

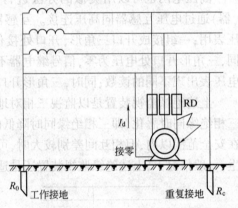

图 3 – 3 – 12　保护接零原理图

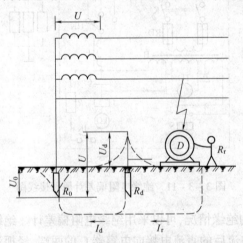

图 3 – 3 – 13　接地电网单纯采取保护接地的危险

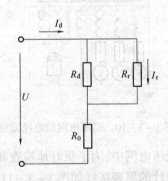

图 3 – 3 – 14　采取保护接地的简化电路图

相电压,R_d、R_0 和 R_r 分别为保护接地装置的接地电阻、变压器低压中性点接地电阻和人体电阻。这时,人体承受的电压即降在接地电阻 R_d 上的电压为

$$U_r = \frac{R_d R_r}{R_0 R_d + R_0 R_r + R_d R_r} U \tag{3-3-13}$$

在一般情况下,R_0 和 $R_d \ll R_r$,上式可简化为

$$U_r \approx \frac{R_d}{R_0 + R_d} U \tag{3-3-14}$$

通常低压配电系统的相电压为 220 V,而 R_0 和 R_d 一般不超过 4 Ω,如果都按 4 Ω 考虑,可以得到

$$U_r \approx \frac{4}{4+4} \times 220 = 110 \text{ V}$$

这个电压对人仍然是很危险的。这就是说,在接地系统中,单纯采取保护接地虽然比不采取任何安全措施时要好一些,但并没有彻底解决安全问题,危险仍然是存在的。

保护接零适用于低压中性点直接接地、电压 380/220 V 的三相四线制电网。在这种电网中,凡由于绝缘破坏或其他原因而可能呈现危险电压的金属部分,除另有规定外,均应接零。应接零和不必接零的设备或部位与保护接地所列的项目大致相同。

(二)重复接地

将零线上一处或多处通过接地装置与大地再次连接,称为重复接地。图 3 - 3 - 12 的 R_c 即重复接地。重复接地在降低漏电设备对地电压、减轻零线断线的危险性、缩短故障时间、改善防雷性能等方面起着重要作用。

1. 降低漏电设备对地电压

图 3 - 3 - 15 是没有装设重复接地的保护接零系统,当发生碰壳短路时,线路保护装置将迅速动作,切断电源。但从发生碰壳短路起,到保护装置动

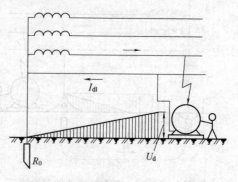

图 3 - 3 - 15　无重复接地的保护接零

作完毕的短时间内,设备外壳是带电的,其对地电压即短路电流在零线部分产生的电压降为

$$U_d = U_l = I_{d1} Z_l = \frac{U}{Z_x + Z_l} Z_l \tag{3-3-15}$$

式中　I_{d1}——单相短路电流;A;

Z_l——零线阻抗,Ω;

Z_x——相线阻抗,Ω;

U——电网相电压,V。

零线阻抗越大,设备对地电压越高。一般情况下,这个电压对人是危险的。

应当指出,企图用降低零线阻抗的办法来获得设备上的安全电压是不现实的。例如,如果要求设备对地电压 $U_d = 50$ V,则在 380/220 V 系统中,零线阻抗必须小于相线阻抗的 30%,或者说零线导电能力必须大于相线导电能力的 3.4 倍。这当然是很不经济,也是不现实的。

一般情况下,零线导电能力不应低于相线导电能力的 50%,即相当于零线阻抗不应高于相线阻抗的 2 倍。这时,如果发生碰壳短路,设备对地电压约为

$$U_d = \frac{Z_l}{Z_x + Z_l} U = \frac{2Z_x}{Z_x + 2Z_x} U = \frac{2}{3} \times 220 \approx 147 \text{ V}$$

由此可见,单纯接零还是有触电危险的。

在上述情况下,如像图 3 - 3 - 16 那样再加上重复接地,则设备对地电压可以降低,触电危险可以减轻。图中 R_c 是重复接地装置的接地电阻。这时,由于有了 R_c 零线对地电压重新分

布。接零设备的对地电压即接地电流 I_d 通过接地电阻 R_0 的电压降,即

$$U_d = U_c = I_d R_c = \frac{U_l}{R_c + R_0} R_c \tag{3-3-16}$$

显然,这时设备对地电压只占零线电压降的一部分。假定零线电压仍然为 147 V(实际上,由于有了 R_c 和 R_0 与零线并联,零线电压还应该低一些),并假定 $R_c = 10\ \Omega$、$R_0 = 4\ \Omega$,可求得设备对地电压

$$U_d = \frac{147}{10 + 4} \times 10 = 105\ \text{V}$$

这个电压虽然对人还有危险,但危险性相对减小了一些。

2. 减轻零线断线的危险性

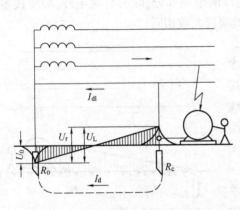

图 3 - 3 - 16　有重复接地的保护接零

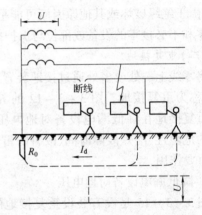

图 3 - 3 - 17　无重复接地时零线断线

图 3 - 3 - 17 表示没有重复接地的接零系统。如图所示,当零线断裂,断线处后面某一设备碰壳时,事故电流通过触及设备的人体和工作接地构成回路。因为人体电阻比工作接地电阻大得多,所以在断线处以后,人体几乎承受全部相电压。

如像图 3 - 3 - 18 那样,在零线上有重复接地情况就不一样了。这时,碰壳电流主要通过重复接地电阻 R_c 和工作接地电阻 R_0 成回路。在断线处以后,接零设备对地电压为

$$U_c = I_d R_c$$

在断线处以前,接零设备对地电压为

$$U_0 = I_d R_0$$

U_c 与 U_0 之和为电网相电压。因为 U_c 与 U_0 都小于相电压,所以危险程度减轻了一些。

在保护接零系统中。当零线断线时,即使没有设备发生碰壳短路,而是出现三相负荷不平衡,零线上也可能出现危险的对地电压。

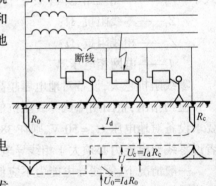

图 3 - 3 - 18　有重复接地时零线断线

在这种情况下,重复接地也有减轻或消除危险的作用。如图 3 - 3 - 19 所示,在两相停止用电,一相保持用电的情况下,电流将通过该相负荷、人体和工作接地成回路。因为人体电阻较大,所以大部分电压降在人体上,触电危险性很大。如果零线上或设备上有了重复接地(图

3-3-20），则人体承受的电压(设备对地电压)即重复接地电阻 R_c 上的电压降。一般来说，R_c 与负荷电阻和工作接地电阻相比不会太大，其上电压降也只占电网相电压的一部分。从而减轻或消除触电的危险。

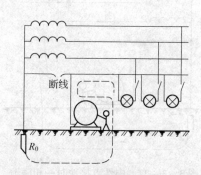

图 3-3-19　无重复接地三相负荷
不平衡零线断线

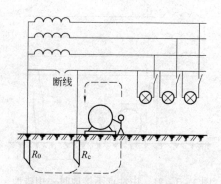

图 3-3-20　有重复接地三相负荷
不平衡零线断线

3. 缩短故障持续时间

因为重复接地和工作接地构成零线的并联分支，所以当发生短路时，能增加短路电流，而且线路越长，效果越显著，这就加速了线路保护装置的动作，缩短了事故持续时间。

4. 改善防雷性能

架空线路零线上的重复接地，对雷电流有分流作用，有利于限制雷电过电压，改善防雷性能。

重复接地可以从零线上直接接地，也可以从接零设备外壳上接地。

户外架空线路宜采用集中重复接地。架空线路终端，分支线长度超过 200 m 的分支处，以及高压线路与低压线路同杆敷设时，共同敷设段的两端均应在零线上装设重复接地。

以金属外皮作为零线的低压电缆，也要求重复接地。

车间内部宜采用环形重复接地。零线与接地装置至少有两点连接，除进线处一点外，其对角处最远点也应连接，而且车间周边长超过 400 m 者，每 200 m 应有一点连接。

每一重复接地电阻，一般不得超过 10 Ω；但在变压器低压工作接地的接地电阻允许不超过 10 Ω 的场合，每一重复接地的接地电阻允许不超过 30 Ω，但不得少于三处。

（三）工作接地

变压器低压中性点的接地即工作接地。工作接地在减轻故障接地的危险、稳定系统的电位等方面起着重要的作用。

1. 减轻一相接地的危险性

如图 3-3-21 所示，如果电网中性点不接地，当有一相碰地时，接地电流不大，设备仍能运转，故障可能长时间存在。但这时电流通过设备和人体回到零线而构成回路，这是很危险的。应当看到，发生上述故障时，不只是某一接零设备处在危险状态，而是由该变压器供电的所有接零设备都处在危险状态。同时，没有碰地的两相对地电压显著升高，大大增加了触电危险。

如果像图 3-3-22 那样，变压器中性点直接接地，即变压器有工作接地，上述危险就可减轻或基本消除。这时，接地电流 I_d 主要通过碰地处接地电阻 R_d 和工作接地电阻 R_0 构成回路，接零设备对地电压为

$$U_0 \approx I_d R_0 \approx \frac{U}{R_d + R_0} R_0 \qquad\qquad (3-3-17)$$

图 3 - 3 - 21　中性点不接地时一相碰地

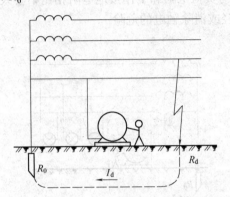

图 3 - 3 - 22　中性点接地时一相碰地

减小 R_0，可以限制 U_0 在某一安全范围以内，如图 3 - 3 - 23 所示。这时，未碰地两相对地电压升高为

$$U_3 = \sqrt{U^2 + U_0^2 - 2UU_0\cos 120°} = \sqrt{U^2 + U_0^2 + UU_0} \qquad (3-3-18)$$

通常规定 U_3 不超过 250 V；当 $U_3 = 250$ V 时，$U_0 = 52$ V。

在这种情况下，如果碰地处接地电阻 $R_d = 10 \sim 15 \ \Omega$，则要求工作接地电阻 R_0 在 3.1 ～ 4.65 Ω 之间，因此，规定 R_0 不得超过 4 Ω。在高土壤电阻率地区，降低中性点工作接地电阻比较困难，碰地处接地电阻又往往较大，允许把 R_0 提高到不超过 10 Ω。

2. 工作接地能稳定系统的电位，限制系统对地电压不超过某一范围，减轻高压窜入低压的危险。

如图 3 - 3 - 24 所示，当因绝缘损坏或其他原因高压电意外窜入低压边时，由于变压器有工作接地，低压零线对地电压升高为

$$U_0 = I_{gd} R_0 \qquad\qquad (3-3-19)$$

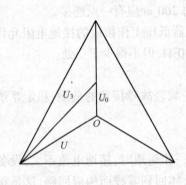

图 3 - 3 - 23　一相碰地时中性点位移图

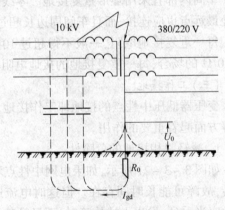

图 3 - 3 - 24　中性点接地时高压窜入低压

减小 R_0，同样可以限制 U_0 在某一安全范围之内。根据规定，U_0 不得超过 120 V。这就要求变压器工作接地电阻

$$R_0 \leqslant \frac{120}{I_{gd}} \qquad\qquad (3-3-20)$$

对于不接地的高压电网,单相接地电流一般不超过 30 A。因此,$R_0 \leq 4\ \Omega$ 是能满足要求的。

有些地方,对于比较简单的 380/220 V 三相四线制电网,采用中性点不接地的运行方式,电网中的用电设备则采用接地保护;并在送电端装设对接地故障极为灵敏的速断保护装置。那种情况是没有工作接地的。

应当注意,如果高压系统采用两线一地制供电,高压工作接地必须与低压工作接地分开,以免低压零线带电。如图 3-3-25 所示,当高压系统采用两线一地制供电,低压系统采用三相四线制供电时,配电变压器有两个工作接地,高压工作接地和低压工作接地。低压工作接地在正常情况下没有或只有很小的电流流过。低压零线基本上不带电,而高压工作接地正常时流过高压负荷电流 I_g,接地电阻 R_g 上有一定的电压降。按照规定,R_g 上的电压降不得高于 50 V,这就要求

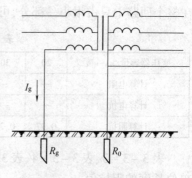

图 3-3-25　路面线一地制供电系统的工作接地

$$R_g \leq \frac{50}{I_g} \qquad (3-3-21)$$

因为高压工作接地可能出现 50 V 的对地电压,所以高、低压不能共用一套接地装置,不能将其接地装置连在一起,也不能相距太近,以免低压零线带电而产生有害的火花或引起人身事故。

(四)保护接零计算

前面已经说明,保护接零实质上就是当发生碰壳事故时,借零线形成单相短路,迫使线路上的保护装置迅速动作而切除故障。保护接零计算主要是验算接零线路单相短路电流与线路保护装置动作电流的适应性,即验算发生碰壳短路时,线路上的保护装置是否能及时动作,切断电源。

线路保护装置通常是熔断器和自动开关。其动作时间取决于线路电流的大小。电流越大,动作越快;电流越小,动作越慢。所以,从保障安全的角度考虑,希望单相短路电流大一些,也就是希望相零回路的阻抗小一些。但降低阻抗要求加大线路的截面,从而增加材料消耗,增加投资。既要考虑安全,又要考虑经济,二者之间需作合理安排。

另一方面,对于确定的线路,也就是确定了的短路电流,保护装置的动作电流调整得越小,动作越快;反之,动作越慢。从安全角度看,当然是把保护装置的动作电流调整得小一些好。但保护装置动作电流太小,会造成不必要的跳闸,妨碍正常工作。所以,选择或调整保护装置要照顾安全和运行两个方面的要求。

应当指出,单相短路电流决定于相零回路的阻抗,即决定于相零回路的设计。一般配电线路,都是按照长期允许负荷,按照机械强度、按照电压损失等项要求设计的。这样设计的线路,一般都有足够的截面,能保证足够的单相短路电流,满足保护接零的要求。因此,只是在线路很长等少数情况下,才有必要计算单相短路电流进行验算。

1. 单相短路电流

在三相四线系统中,单相短路电流可按下式计算:

$$I_{dd} = \frac{U}{|Z_b + Z_{xl}|} \qquad (3-3-22)$$

安全用电

式中　U——电源相电压，V；

　　　Z_b——变压器阻抗，Ω；

　　　Z_{xl}——相零回路阻抗，Ω。

为了计算方便，不同变压器和不同相零回路的阻抗都制有表格。

表3-3-2列出了变压器的计算阻抗值。当变压器容量超过560 kV·A时，变压器阻抗在整个回路中只占很小一部分，可以忽略不计。

表3-3-2　变压器计算阻抗值(Ω)

变压器容量/kV·A	20	30	50	100	180	320	560	750	1 000
计算电阻	—	—	—	—	—	0.009 52	0.004 82	0.003 38	0.002 4
计算电抗						0.073 9	0.049 6	0.043 5	0.038 93
计算阻抗	0.97	0.72	0.51	0.17	0.12	0.075 4	0.049 8	0.043 6	0.039 1

表3-3-3、表3-3-4、表3-3-5、表3-3-6和表3-3-7列出了不同形式相零回路单位长度的阻抗值。

表3-3-3　变压器出线处相零回路阻抗

变压器容量 /kV·A	相母线规格 /mm²	零母线规格 /mm²	相零回路阻抗/($\Omega \cdot km^{-1}$)		
			电阻	电抗	阻抗
100	50 铝导线	16 铝导线	2.462	0.638	2.556
180	30×4 铝排	25×4 扁钢	2.585	1.645	3.060
320	50×5 铝排	40×4 扁钢	1.582	1.155	1.960
560	80×6 铝排	25×4 铝排	0.358	0.468	0.590
	80×6 铝排	80×6 扁钢	0.751	0.775	1.080
750	100×6 铝排	30×4 铝排	0.295	0.446	0.535
	100×6 铝排	100×6 扁钢	0.595	0.667	0.893
1 000	100×10 铝排	40×4 铝排	0.213	0.428	0.478
	100×10 铝排	100×8 扁钢	0.459	0.605	0.760

表3-3-4　户外架空铝线相零回路阻抗

导线截面/(根数×mm²)	电阻/($\Omega \cdot km^{-1}$)	电抗/($\Omega \cdot km^{-1}$)	阻抗/($\Omega \cdot km^{-1}$)
4×16	4.7	0.743	4.76
3×25+1×16	3.68	0.730	3.76
3×35+1×16	3.44	0.719	3.52
3×50+1×16	3.11	0.707	3.19
3×50+1×25	2.09	0.649	2.20
3×70+1×25	1.87	0.684	1.99
3×70+1×35	1.63	0.673	1.77
3×95+1×25	1.73	0.674	1.86

续上表

导线截面/(根数×mm²)	电阻/(Ω·km⁻¹)	电抗/(Ω·km⁻¹)	阻抗/(Ω·km⁻¹)
3×95+1×35	1.49	0.662	1.63
3×95+1×50	1.16	0.651	1.33
3×120+1×35	1.41	0.656	1.56
3×120+1×50	1.08	0.643	1.26
3×150+1×50	0.84	0.634	1.10
3×150+1×70	0.66	0.631	0.913

表3-3-5 户内安装在绝缘子上的架空铝绝缘线相零回路阻抗

导线截面/(根数×mm²)	电阻/(Ω·km⁻¹)	电抗/(Ω·km⁻¹)	阻抗/(Ω·km⁻¹)
3×1.5+1×1.5	47.8	0.787	47.81
3×2.5+1×1.5	38.2	0.771	38.21
3×4+1×2.5	23.25	0.741	23.26
3×6+1×4	14.9	0.713	14.92
3×10+1×4	12.53	0.696	12.55
3×10+1×6	9.53	0.684	9.56
3×16+1×6	8.19	0.660	8.22
3×16+1×10	5.82	0.644	5.86
3×25+1×10	5.03	0.629	5.07
3×25+1×16	3.69	0.608	3.74
3×35+1×10	4.62	0.619	4.66
3×35+1×16	3.28	0.596	3.34
3×50+1×16	2.96	0.584	3.02
3×50+1×25	2.17	0.571	2.25
3×70+1×25	1.96	0.559	2.03
3×70+1×35	1.55	0.548	1.05
3×95+1×25	1.83	0.551	1.91
3×95+1×35	1.42	0.540	1.52
3×95+1×50	1.10	0.523	1.22
3×120+1×35	1.35	0.532	1.45
3×120+1×50	1.03	0.521	1.16
3×150+1×35	1.12	0.520	1.23
3×150+1×50	0.84	0.510	0.983
3×150+1×70	0.66	0.500	0.828

表3-3-6 户内架空敷设的相零回路阻抗   Ω·km⁻¹

相线截面/mm²	零线规格							
	钢轨+1×16	钢轨	1×70	1×50	1×35	1×25	1×16	4×40扁钢
30×4	1.245	1.47	0.990	1.072	1.318	1.6	2.340	2.54
40×4	1.114	1.169	0.930	1.045	1.238	1.490	2.20	2.218
50×5	1.048	1.112	0.875	0.987	1.180	1.456	2.058	2.07
50×6	0.990	1.055	0.858	0.968	1.152	1.431	2.028	1.905

安 全 用 电

续上表

相线截面 /mm²	零 线 规 格							
	钢轨 +1 ×16	钢轨	1 ×70	1 ×50	1 ×35	1 ×25	1 ×16	4 ×40 扁钢
60 ×6	0.978	1.042	0.844	0.952	1.138	1.420	2.005	1.885
80 ×6	0.870	0.962	0.815	0.940	1.110	1.390	1.980	1.61
100 ×6	0.854	0.950	0.792	0.900	1.090	1.368	1.955	1.59
100 ×8	0.946	0.945	0.785	0.890	1.078	1.352	1.945	1.58
100 ×10	0.810	0.916	0.772	0.85	1.070	1.342	1.933	1.48
150	1.230	1.251	0.964	1.07	1.275	—	—	2.42
120	1.285	1.325	—	1.170	1.325	—	—	2.7
95	1.392	1.430	—	1.184	1.392	1.680	—	2.86
70	1.540	1.578	—	—	1.505	1.795	—	3.18
50	1.760	1.820	—	—	—	1.970	2.580	3.62
35	1.970	2.220	—	—	—	—	2.860	3.86
25	2.390	2.541	—	—	—	—	3.210	4.7
16	3.030	3.220	—	—	—	—	3.826	5.38

注:表内所列相线全部为铝母线或铝芯线;

相线温度按 70 ℃ 计算,零线温度按 40 ℃ 计算。

表 3 - 3 - 7　铝线穿管敷设并利用电线管作导线时相零回路阻抗

导线截面/mm²	电线管直径/in	电阻/(Ω·km⁻¹)	电抗/(Ω·km⁻¹)	阻抗/(Ω·km⁻¹)
1.5	5/3	24.24	4.3	24.6
2.5	3/4	15.24	4.28	15.8
4	3/4	10.49	4.27	11.3
6	1	7.17	3.47	7.97
10	1	5.05	2.84	5.79
16	1 1/4	3.24	1.99	3.8
25	1 1/4	3.55	1.85	3.15
35	1 1/2	1.643	1.19	2.03
50	2	1.068	1.002	1.47
70	2	0.888	1.00	1.34
95	2 1/2	0.69	0.77	1.03
120	3	0.54	0.75	0.92
150	3	0.48	0.74	0.88

注:相线温度按 70 ℃ 计算,零线温度按 40 ℃ 计算。

相零回路阻抗亦可由下式求得

$$|Z_{xl}| = \sqrt{(R_x + R_1)^2 + (X_w + X_n)^2} \qquad (3-3-23)$$

式中 R_x——相线电阻，Ω；

R_1——零线电阻，Ω；

X_w——线路外感抗，Ω；

X_n——线路内感抗，Ω。

式中，电阻和电抗均可查表或计算得到。计算时，相线温度按 70 ℃ 考虑，零线温度按 40 ℃ 考虑。采用有色金属导线时，不必另外计算内感抗。

2. 保护装置动作电流

应当注意，在保护接零系统中，保护装置不仅仅是为了保护设备和线路，更重要的是为了在故障时迅速切断电源，保障人身安全。要求保护装置在正常情况下不应错误地切断线路，而在短路的情况下应能尽快地切断电源。

从安全角度看，不迅速切除故障是非常危险的。否则，可能导致线路和设备的烧毁，更严重的是可能在比较大的范围内引起触电事故。调查表明：有多起触电死亡事故是发生在故障存在时间太长的情况，还曾发现过线路先行损坏而保护装置尚未动作的事例。因此，必须缩短故障存在的时间。

对于熔断器，当通过电流为熔件额定电流的 1.2 ~ 1.3 倍时即可熔断，但熔断时间很长。当通过电流为熔件额定电流的 3 倍时，熔断时间为 40 ~ 50 s。当为 4 倍时，熔断时间为 10 ~ 15 s。当为 6 倍时，熔断时间为 5 s 左右。由此可见，随着短路电流的增加，熔断时间逐渐缩短。另一方面，短路电流愈大，导线截面也愈大，会增加有色金属的消耗。兼顾到安全要求和节约原则，把单相短路电流规定为熔件额定电流的 4 倍以上是恰当的，这就要求单相短路电流

$$I_{dd} \geqslant 4I_{re} \qquad (3-3-24)$$

式中 I_{re}——熔件的额定电流。

对于自动开关，一般要求短路电流为其瞬时(或短延时)动作过电流脱扣器整定电流的 1.1 倍时，就能可靠动作。瞬时的动作时间不超过 0.1 s，短延时的也仅 0.1 ~ 0.4 s。考虑到短路电流的计算误差和开关制造过程中产生的偏差，规定单相短路电流必须大于脱扣器整定电流 1.5 倍是恰当的，这就是要求单相短路电流

$$I_{dd} \geqslant 1.5I_{kz} \qquad (3-3-25)$$

式中，I_{kz} 为自动开关瞬时(或短延时)动作过电流脱扣器整定电流。

在不致错误切断线路，不影响线路正常工作的前提下保护装置动作电流愈小愈好，并应满足上列二式的要求。

为了不影响线路正常工作，保护装置应能躲过线路上的峰值电流而不动作。如异步电动机的启动电流高达额定电流的 5 ~ 7 倍，保护装置应能躲过启动电流，不妨碍电动机正常启动。

自动开关动作很快，应要求其瞬时(或短延时)动作过电流脱扣器的整定电流大于线路峰值电流。

熔断器动作都有一定的延时，如果峰值电流持续时间很短，允许熔件的额定电流小于峰值电流。对于不同的电气设备，对熔断器有不同的要求。

对于一台电动机，要求：

$$I_{re} \geqslant 1.5 ~ 2.5I_e \qquad (3-3-26)$$

式中，I_e 为电动机额定电流。

重载启动或全压启动取用较大的系数;轻载启动或减压启动取用较小的系数。

对于多台电动机,要求:

$$I_{re} \geq 1.5 \sim 2.5 I_{de} + \sum_{ }^{n-1} I_e \qquad (3-3-27)$$

式中　I_{de}——最大一台电动机的额定电流,A;

　　　$\sum^{n-1} I_e$——其他各台电动机额定电流之和,A。

对于没有冲击的载荷,要求:

$$I_{de} \geq I_f$$

式中,I_f 为负荷电流。

四、接地和接零的比较

保护接地和保护接零是维护人身安全的两种技术措施,二者是不相同的,但也有很相似的地方。

(一)保护接地和保护接零的不同之处

1. 保护原理不同。低压系统保护接地的基本原理是限制漏电设备对地电压,使其不超过某一安全范围;高压系统的保护接地除限制对地电压外,在某些情况下,还有促成系统中保护装置动作的作用。

保护接零的主要作用是借接零线路使设备漏电形成单相短路,促使线路上保护装置迅速动作,其次,保护接零系统中的保护零线和重复接地也有一定的降压作用。

2. 适用范围不同。保护接地适用于一般的低压不接地电网及采取了其他安全措施的低压接地电网。保护接地也能用于高压不接地电网。

保护接零适用于中性点直接接地的低压电网,不接地电网不必采用保护接零。

3. 线路结构不同。保护接地系统除相线外,只有保护地线。

保护接零系统除相线外,必须有零线;必要时,保护零线要与工作零线分开;其重复接地装置也应有地线。

(二)保护接地和保护接零的相似或相同之处

1. 在低压系统中,都是防止漏电造成触电事故的技术措施。

2. 要求采取接地措施与要求采取接零措施的项目大致相同。

3. 接地和接零都要求有一定的接地装置,如保护接地装置、工作接地装置和重复接地装置;而且,各接地装置接地体和接地线的施工、连接都基本相同。

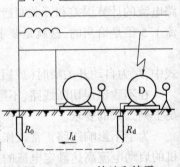

图 3 - 3 - 26　接地和接零
混用的危险

特别应当注意,由同一台变压器供电的采用保护接零的系统中,所有电气设备都必须同零线连接起来,构成一个零线网。

如果有个别设备离开零线网,而且采取保护接地措施则情况是相当严重的。

如图 3 - 3 - 26 所示,D 设备采取了接地措施而未接零。当 D 设备发生碰壳时电流通过 R_d 和 R_0 成回路,电流不会太大,线路可能不得断开,故障长时间存在。这时,除了接触该设备的人有触电危险外,由于零线对地电压升高到

$$U_0 = \frac{U}{R_d + R_0} R_0 \tag{3-3-28}$$

所有与接零设备接触的人都有触电危险。因此,除非另外采取了切实可靠的安全措施,这种情况是不允许的。

如果再把 D 设备的外壳同电网的零线连接起来,则 R_d 成为零线上的重复接地,对安全是有利的。

在同一车间内,如果电气设备分别由运行方式不同的两台变压器供电,则可根据具体情况,在各系统的电气设备上分别采取接零保护或接地保护,且接地装置可以共用。

五、接地装置和接零装置

接地装置和接零装置都是成套的安全装置。接地装置由接地体和接地线(包括地线网)组成。接零装置由接地装置和零线网(不包括工作零线)组成。

（一）自然接地体和人工接地体

利用自然接地体不但可以节约钢材、节省施工费用,还可以降低接地电阻。如果有条件,应当优先利用自然接地体,当自然接地体不能满足要求时,再装设人工接地体。但发电厂和变电所都要求有人工接地体。

凡与大地有可靠接触的金属导体,除另有规定外,均可作为自然接地体,如:

(1)埋设在地下的金属管道(流经可燃或爆炸性介质的管道除外)。

(2)钻管。

(3)与大地有可靠连接的建筑物及构筑物的金属结构。

(4)水工构筑物的金属桩。

(5)直接埋设在地下的电缆金属外皮(铝外皮除外)。

人工接地体多采用钢管、角钢、扁钢、圆钢或废钢铁制成。一般情况下,接地体垂直埋设,多岩石地区,接地体可水平埋设。

垂直埋设的接地体常采用直径 $\phi 40 \sim \phi 50$ mm 的钢管或 40 mm ×40 mm ×4 mm ~ 50 mm ×50 mm ×5mm 的角钢。垂直接地体的长度以 2.5 m 左右为宜。太短了增加接地电阻;太长了增加施工困难,增加钢材的消耗,而且接地电阻减小甚微。垂直接地体由两根以上的钢管或角钢组成,可以成排布置,也可以作环形布置或放射形布置。几种典型的布置如图 3 - 3 - 27所示。相邻钢管或角钢之间的距离以不超过 3 ~ 5 m 为宜。钢管或角钢上端用扁钢或圆钢连接成一个整体。垂直埋设角钢接地体的安装如图 3 - 3 - 28 所示。

水平埋设的接地体常采用 40 mm ×4 mm 的扁钢或直径 16 mm 的圆钢。水平接地体多作

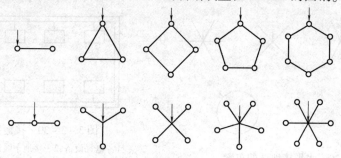

图 3 - 3 - 27　垂直接地体的布置

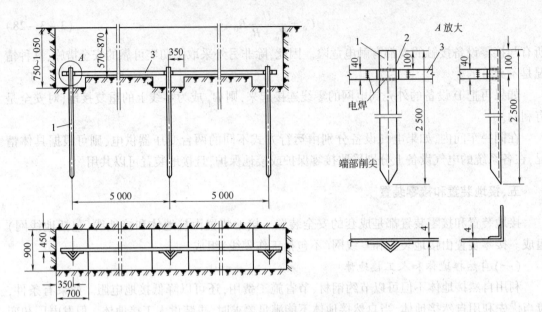

图 3 - 3 - 28　角钢接地体的安装

1—角钢接地体;2—卡板;3—连接扁钢

放射形布置,也可成排布置或作环形布置,几种典型的布置如图 3 - 3 - 29 所示。

(二)接地线和接零线

接地线和接零线均可利用以下自然导体:

(1)建筑物的金属结构(梁、柱子、桁架等);

(2)生产用的金属结构(行车轨道、配电装置的外壳、设备的金属构架等);

(3)配线的钢管;

(4)电缆的铅、铝包皮;

(5)上、下水管、暖气管等各种金属管道(流经可燃或爆炸性介质的除外)均可用作 1 000 V 以下的电气设备的接地线和接零线。

如果车间电气设备较多,宜敷设接地干线或接零干线(二者的区别在于前者只与接地体连接,后者除与接地体连接外,还需与电源变压器低压中性点连接)。如图 3 - 3 - 30 所示,各电气设备分别与接地干线(或接零干线)连接,而接地干线(或接零干线)与接地体连接。

接地干线宜采用 15 mm × 4 mm ~ 40 mm × 4 mm 扁钢沿车间四周敷设,离地面高度由设计

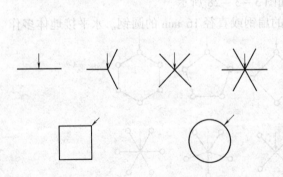

图 3 - 3 - 29　水平接地体的布置

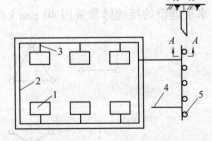

图 3 - 3 - 30　接地装置简图

1—电气设备;2—接地干线(或接零干线);

3—接地支线(或接零支线);4—接地体连接线;5—接地体

决定,并应保持在 200～250 mm 以上,与墙之间应保持 15 mm 以上的距离。

（三）接地装置和接零装置的安全要求

保持接地装置和接零装置可靠而良好的运行,对于保障人身安全具有十分重要的意义。接地装置和接零装置有如下安全要求。

1. 导电的连续性

必须保证电气设备至接地体之间或电气设备至变压器低压中性点之间导电的连续性,不得有脱节现象。采用建筑物的钢结构、行车钢轨、工业管道、电缆的金属外皮等自然导体作接地线时,在其伸缩缝或接头处应另加跨接线,以保证连续可靠。

自然接地体与人工接地体之间务必连接可靠,以保证接地装置导电的连续性。

2. 连接可靠

接地装置之间的连接一般采用焊接。扁钢搭焊长度应为宽度的 2 倍,且至少在三个棱边进行焊接,圆钢搭焊长度应为直径的 6 倍。不能采用焊接时,可采用螺栓或卡箍连接,但必须保持接触良好。在有振动的地方,应采取防松措施。

3. 足够的机械强度

为了保证足够的机械强度,并考虑到防腐蚀的要求,钢接零线、接地线和接地体的最小尺寸和铜、铝接零线和接地线的最小尺寸分别列入表 3-3-8 和表 3-3-9。

宜采用钢接地线或接零线,有困难时可采用钢、铝接地线或接零线。地下不得采用裸铝导体作接地线或接零线。

表 3-3-8　钢接零线、接地线和接地体的最小尺寸

材料种类	地 上		地 下
	屋 内	屋 外	
圆钢,直径/mm	5	6	6～8
扁钢,截面/mm²	24	48	48
厚度/mm	3	4	4
角钢,厚度/mm	2	2.5	4
钢管,管壁厚度/mm	2.5	2.5	3.5

表 3-3-9　铜、铝接零线和接地线最小尺寸

材料种类	铜/mm²	铝/mm²
明设的裸导体	4	6
绝缘导体	1.5	2.5
电缆接地芯或与相线包在同一保护外壳内的多芯导线的接地芯	1	1.5

携带式设备因经常移动,其接地线或接零线应采用 0.75～1.5 mm² 以上的多股软铜线。

4. 足够的导电能力和热稳定性

采用保护接零时,为了能达到促使保护装置迅速动作的单相短路电流,零线应有足够的导电能力。在不利用自然导体作零线的情况下,保护零线导电能力最好不低于相线的二分之一。

大接地短路电流系统的接地装置,应校核发生单相接地短路时的热稳定性,即校核是否能承受单相接地短路电流转换出来的大量热能的考验。

5. 防止机械损伤

接地线或接零线应尽量安装在人不易接触到的地方,以免意外损坏,但又必须是在明显处,以便于检查。

接地线或接零线与铁路交叉时,应加钢管或角钢保护,或略加弯曲向上拱起,以便在振动时有伸缩余地,避免断裂。穿过墙壁时,应敷设在明孔、管道或其他坚固的保护管中,与建筑物伸缩缝交叉时,应弯成弧状或另加补偿装置。

6. 防腐蚀

为了防止腐蚀,钢制接地装置最好采用镀锌元件制成,焊接处涂沥青油防腐。明设的接地线和接零线可以涂漆防腐。

在有强烈腐蚀性的土壤中,接地体应当采用镀铜或镀锌元件制成,并适当加大其截面积。

采用化学方法处理土壤时,要注意控制其对接地体的腐蚀性。

7. 地下安装距离

接地体与建筑物之间的距离不应小于1.5 m;与独立避雷针的接地体之间的距离不应小于3 m。

8. 接地支线不得串联

为了提高接地的可靠性,电气设备的接地支线(或接零支线)应单独与接地干线(或接零干线)或接地体相连,不应串联连接。接地干线(或接零干线)应有两处同接地体直接相连,以提高可靠性。

一般企业变电所的接地,既是变压器的工作接地,又是高压设备的保护接地,又是低压配电装置的重复接地,有时还是防雷装置的防雷接地,各部分应单独与接地体相连,不得串联。变配电装置最好也有两条接地线与接地体相连。

9. 适当的埋设深度

为减小自然因素对接地电阻的影响,接地体上端埋入深度,一般不应小于600 mm,并应在冻土层以下。

(四)接地电阻计算

接地电阻包括接地体的流散电阻和接地线的电阻。因为接地线的电阻比接地体的流散电阻小得多,可以忽略不计,所以,一般情况下,可以认为接地体的流散电阻就是接地装置的接地电阻。

接地电阻主要决定于接地装置的结构和土壤的导电能力。

1. 土壤电阻率

土壤的导电能力用土壤电阻率来衡量。土壤电阻率是边长1 cm的正立方体土壤的电阻。土壤电阻率越大,土壤导电能力越弱,反之,土壤导电能力越强。不同土壤的土壤电阻率相差很大。一些土壤和水的电阻率见表3-3-10。

表3-3-10　土壤和水的电阻率　　　　　　　　　$\Omega \cdot m$

种类	名　称	近似值	变动范围		
			较湿时(多雨区)	较干时(少雨区)	地下水含盐碱时
泥土	陶黏土	10	5~20	10~100	3~10
	泥炭、沼泽地	20	10~30	50~300	3~10
	捣碎的木炭	40	—	—	—
	黑土、园田土、陶土、白垩土	50	30~100	50~300	10~30
	黏土	60	30~100	50~300	10~30
	砂质黏土	100	30~300	80~1 000	10~30
	黄土	200	100~200	250	30
	含砂黏土、砂土	300	100~1 000	1 000以上	30~100
	多石土壤	400	—	—	—
	上层风化红色黏土、下层红色页岩	500(湿度30%)	—	—	—
	表层土加石、下层石子	600(湿度15%)	—	—	—

续上表

种类	名 称	近似值	变动范围		
			较湿时 (多雨区)	较干时 (少雨区)	地下水含 盐碱时
砂	砂子、砂砾	1 000	250 ~ 1 000	1 000 ~ 2 500	—
	砂层深度大于 10 m,地下水较深的草原或 地面深度不大于 1.5 m,底层多岩石地区	1 000	—	—	—
岩石	砾石、碎石	5 000	—	—	—
	多岩石地	5 000	—	—	—
	花岗岩	200 000	—	—	—
矿石	金属矿石	0.01 ~ 1			
混凝土	在水中	40 ~ 55			
	在湿土中	100 ~ 200			
	在干土中	500 ~ 1 300			
	在干燥的大气中	12 000 ~ 18 000			
水	海水	1 ~ 5			
	湖水、池水	30			
	泥水	15 ~ 20			
	泉水	40 ~ 50			
	地下水	20 ~ 70			
	溪水	50 ~ 100			
	河水	30 ~ 280			
	污秽的水	300			
	蒸馏水	1 000 000	—	—	—

　　土壤电阻率受土壤含水量、土壤温度、土壤中杂质的化学成分、土壤物理性质等因素的影响。其中,含水量和温度受季节影响很大。因此,随着季节变化,土壤电阻率也跟着变化。接地体埋设深度愈小,季节影响愈大。为了考虑这一影响,引进一个季节系数 ψ。季节系数 ψ 即可能出现的最大土壤电阻率与测量得到的土壤电阻率的比值。相应不同情况的季节系数见表 3 – 3 – 11。

表 3 – 3 – 11　土壤电阻的季节系数

土壤性质	深度/m	ψ_1	ψ_2	ψ_3
黏土	0.5 ~ 0.8	3	2	1.5
黏土	0.8 ~ 8	2	1.5	1.4
陶土	0 ~ 2	2.4	1.36	1.2
砂砾盖以陶土	0 ~ 2	1.8	1.2	1.1
园地	0 ~ 2	–	1.32	1.2
黄沙	0 ~ 2	2.4	1.56	1.2
杂以黄沙的砂砾	0 ~ 2	1.5	1.3	1.2
泥炭	0 ~ 2	1.4	1.1	1.0
石灰石	0 ~ 2	2.5	1.51	1.2

　　注:ψ_1 在测量前数天下过较长时间的雨时采用。

　　ψ_2 在测量时土壤具有中等含水量时采用。

　　ψ_3 在测量时土壤干燥或测量前降雨不大时采用。

2. 人工接地体的流散电阻

接地体的流散电阻是可以计算的,但由于土质情况复杂以及接地体形状复杂等原因,计算结果可能有相当大的误差。

垂直埋没、单一管形接地体的流散电阻可按下式计算:

$$R = 0.366 \frac{\rho}{l} \left(\lg \frac{2l}{d} + \frac{1}{2} \lg \frac{4t-l}{4t-3l} \right) \tag{3-3-29}$$

式中　R——接地体流散电阻,Ω;

　　　ρ——土壤电阻率,$\Omega \cdot m$;

　　　l——接地体长度,m;

　　　d——接地体直径,m;

　　　t——接地体上端离地面深度,m。

水平埋设、单一扁钢接地体的流散电阻可按下式计算:

$$R = 0.366 \frac{\rho}{l} \left(\lg \frac{4l}{b} + \lg \frac{\sqrt{16t^2 + l^2} + l}{4t} \right) \tag{3-3-30}$$

式中　l——接地体长度,m;

　　　b——接地体宽度,m;

　　　t——接地体埋设深度,m。

由多根单一接地体组成的复合接地体,由于互相影响,从每根单一接地体流散的电流受到限制,使得总的流散电阻大于各单一接地体流散电阻的并联值。因此,对复合接地体引进一个利用系数 η。所谓利用系数即单一接地体流散电阻并联值对总流散电阻的比值。对于结构相同的单一接地体,其总流散电阻

$$R_f = \frac{r}{n\eta} [\Omega] \tag{3-3-31}$$

式中　R_f——总流散电阻,Ω;

　　　r——单一接地体的流散电阻,Ω;

　　　n——单一接地体数。

显然,利用系数一般总是小于1的。系数列入表3-3-12~表3-3-16。

表 3-3-12　成排垂直敷设的管形接地体的利用系数

管子间距离与	管 子 根 数					
管子长度之比	2	3	5	10	15	20
1	0.84~0.87	0.76~0.86	0.67~0.72	0.56~0.62	0.51~0.56	0.47~0.50
2	0.90~0.92	0.85~0.88	0.79~0.88	0.72~0.77	0.66~0.73	0.63~0.70
3	0.93~0.95	0.90~0.92	0.85~0.88	0.79~0.83	0.76~0.80	0.74~0.79

注:该表数据未计入联结扁钢的影响。

表 3-3-13　环形垂直敷设的管形接地体的利用系数

管子间距离与	管 子 根 数					
管子长度之比	4	6	10	20	40	60	100
1	0.66~0.72	0.58~0.65	0.52~0.58	0.44~0.50	0.38~0.44	0.36~0.42	0.33~0.39
2	0.76~0.80	0.71~0.75	0.66~0.71	0.61~0.66	0.55~0.61	0.52~0.58	0.49~0.55
3	0.84~0.86	0.78~0.82	0.74~0.78	0.68~0.73	0.64~0.69	0.62~0.67	0.59~0.65

注:该表数据未计入联结扁钢的影响。

表 3 - 3 - 14 管子成排垂直敷设时联结扁钢的利用系数

管子间距离与管子长度之比	管 子 根 数					
	2	3	5	10	15	20
1	0.87	0.80	0.74	0.62	0.50	0.42
2	0.92	0.88	0.86	0.75	0.65	0.56
3	0.95	0.98	0.90	0.82	0.74	0.68

表 3 - 3 - 15 管子环形垂直敷设时联结扁钢的利用系数

管子间距离与管子长度之比	管 子 根 数						
	4	6	10	20	40	60	100
1	0.45	0.40	0.34	0.27	0.22	0.20	0.19
2	0.55	0.48	0.40	0.32	0.29	0.27	0.24
3	0.70	0.64	0.56	0.45	0.38	0.36	0.33

表 3 - 3 - 16 水平敷设的扁钢接地体的利用系数

并联敷设的扁钢数	每条扁钢的长度/m	并联敷设的扁钢间的距离/m				
		1	2.5	5.0	10.0	15.0
5	15	0.37	0.49	0.60	0.73	0.79
	25	0.35	0.45	0.55	0.66	0.73
	50	0.33	0.40	0.48	0.58	0.65
	75	0.31	0.38	0.45	0.53	0.58
	100	0.30	0.36	0.43	0.51	0.57
	200	0.28	0.32	0.37	0.44	0.50
10	15	0.25	0.37	0.49	0.64	0.72
	25	0.23	0.31	0.43	0.57	0.66
	50	0.20	0.27	0.35	0.46	0.53
	75	0.18	0.25	0.31	0.41	0.47
	100	0.17	0.23	0.28	0.37	0.44
	200	0.14	0.20	0.23	0.30	0.36
20	15	0.25	0.39	0.39	0.57	0.64
	25	0.14	0.23	0.33	0.47	0.57
	50	0.12	0.19	0.25	0.36	0.44
	75	0.11	0.16	0.22	0.31	0.38
	100	0.10	0.15	0.20	0.28	0.35
	200	0.09	0.12	0.15	0.22	0.27

注:该表数据相应于扁钢宽度 20 ~ 40 mm、埋设深度 0.3 ~ 0.8 mm 的情况。

以水平接地体为主,且边缘闭合的复合接地体,其流散电阻可按下式计算:

$$R = \frac{\sqrt{\pi}}{4} \frac{\rho}{\sqrt{A}} + \frac{\rho}{2\pi L} - \ln \frac{2L^2}{\pi t d \cdot 10^4} \qquad (3 - 3 - 32)$$

式中 A——接地网面积,m^2;

L——接地体总长(包括垂直接地体),m;

安全用电

t——水平接地体埋设深度,m;

d——水平接地体的直径或等效直径,m。

接地体流散电阻的理论计算比较复杂。实用上,广泛应用简化计算公式。一些接地体的流散电阻可按表 3 - 3 - 17 所列简化公式近似计算。

3. 自然接地体的流散电阻

电缆和长度 2 km 以上的地下管道的流散电阻可按下式计算:

$$R = K \sqrt{r r_\rho} \coth\left(\sqrt{\frac{r_\rho}{r}} \cdot l\right) \tag{3 - 3 - 33}$$

式中　r——沿电缆或管道直线方向每厘米土壤的流散电阻,一般采用 1.69ρ(ρ 为土壤电阻率,$\Omega \cdot cm$);

r_ρ——沿电线直线方向每厘米电缆外皮的电阻,Ω/cm;

l——电缆的长度,cm;

K——电缆外皮麻层对接地电阻影响的系数,一般取 1.2 ~ 1.8。

表 3 - 3 - 17　接地体流散电阻简化计算式

接地体类型		简化计算式	备　注
形式	特征		
单根垂直	长度 3 m 左右	$R \approx 0.3\rho$	ρ 土壤电阻率($\Omega \cdot m$)
单根水平	长度 60 m 左右	$R \approx 0.03\rho$	同上
n 根水平射线	$n \leqslant 12$,每根长约 60 m	$R \approx \dfrac{0.062}{n + 1.2}\rho$	同上
复合接地体	以水平接地体为主的接地网	$R \approx 0.5 \dfrac{\rho}{\sqrt{A}} \approx 0.28 \dfrac{\rho}{r}$ $R \approx \dfrac{\sqrt{x}}{4} \cdot \dfrac{\rho}{\sqrt{A}} + \dfrac{\rho}{L}$ 或 $\approx \dfrac{\rho}{4r} + \dfrac{\rho}{L}$	A—接地网面积(公式适用于 $A \geqslant 100 \ m^2$ 的接地网)(m^2); L—接地体总长(包括垂直接地体在内)(m); r—面积等于 A 的等值圆的半径(m)
线路杆塔或低压接地零线,从一端引入工频电流时的综合接地电阻	接地杆塔数或零线上的接地处大于 20 时	$R \approx \sqrt{R_\alpha + R_x}$	R_α—每基杆塔或零线每个接地点的接地电阻(Ω); R_x—每挡避雷线或每段零线的电阻(Ω)
直接埋入地中的 n 根金属管或有金属外皮的电缆	适用于长度 50 ~ 2 000 m、直径 500 mm 以下、埋设深度 0.2 ~ 1 m、土壤电阻率 2 000 $\Omega \cdot m$ 及以下	$R \approx \dfrac{(1.6 - 0.006d)\sqrt{\rho L}}{100\sqrt{n}}$	L—每根管道或电缆的长度(m); d—管道或电缆外皮的直径(mm); n—并联埋设管道和电缆的根数
板型接地体	平方地下	$R \approx 0.44 \dfrac{\rho}{\sqrt{A}}$	A—平板面积(m^2)
	平埋地下	$R \approx 0.22 \dfrac{\rho}{\sqrt{A}}$	
	直埋地下	$R \approx 0.253 \dfrac{\rho}{\sqrt{A}}$	

一束 n 根同样截面的电缆,其总流散电阻可用下式计算:

$$R_{总} = \frac{R}{\sqrt{n}} \tag{3-3-34}$$

长度 2 km 以下的地下管道的流散电阻可按下式计算：

$$R = 0.366 \frac{\rho}{l} \ln \frac{l^2}{dh} \tag{3-3-35}$$

式中　ρ——土壤电阻率，$\Omega \cdot cm$；

　　　d——管道直径，cm；

　　　l——管道长度，cm；

　　　h——埋设深度，cm。

（五）网络接地体

在接地短路电流很大，无法将接地体可能呈现的对地电压限制在安全范围以内，以及在其他安全要求较高的场合，可以采用网络接地体。把单一接地体互相联结起来，即构成最简单的网络接地体。如图 3-3-31 所示，网络接地体可以等化各点对地电压，减轻或消除接触电压和跨步电压触电的危险。

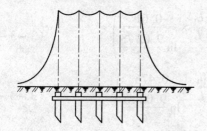

图 3-3-31　对地电压的等化

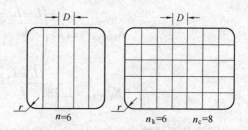

图 3-3-32　网络接地体

n—网络均压条数；D—网络均压条
间距离；r—圆弧半径

如图 3-3-32 所示，网络接地体分为长孔网络和方孔网络。网络内接触电势可按下式计算：

$$E_j = K_j I_{dd} R_d \tag{3-3-36}$$

式中　K_j——接触系数；

　　　I_{dd}——接地短路电流，A；

　　　R_d——接地装置的接地电阻，Ω。

接触系数决定于网络均压条数 n、接地体直径 d、占地面积 S 以及埋入深度 h 等因素。当埋入深度 $h = 0.6 \sim 0.8$ m 时，

$$K_j = K_n K_d K_S \tag{3-3-37}$$

式中，K_n、K_d、K_S 分别为考虑均压条数 n、接地体直径 d 和网络面积 S 影响的系数，其大小列入表 3-3-18。

表 3-3-18　计算接触系数 K_j 的各种系数

系数类别	长孔网络	方孔网络	备　　注
K_n	$\dfrac{0.79}{n} + 0.096$	$\dfrac{1.03}{n_d} + 0.047$	$n、n_d \leqslant 9$
	$\dfrac{0.545}{n} + 0.137$	$\dfrac{0.55}{n_d} + 0.105$	$n、n_d \geqslant 10$

系数类别	长孔网络	方孔网络	备　注
K_d	1.2 ~ 10d		d 的单位为 m
K_S	1.0		$S \leqslant 1\,600\,(m^2)$
	$1.23 - 0.23 \times \dfrac{40}{\sqrt{S}}$		$S > 1\,600\,(m^2)$

网络内接触电势过大时,可加埋金属导体提高均压效果,或铺设 10 ~ 15 cm 厚的卵石、砾石或沥青层,提高表面层土壤电阻率,以提高接触电势允许值。

网络外跨步电势可按下式计算:

$$E_k = K_k I_{dd} R_d \tag{3-3-38}$$

式中,K_k 为最大跨步系数。

跨步系数的计算比较复杂。对于四角呈圆弧状、圆弧半径 $r = \dfrac{D}{2}$ 的方形网络,当埋设深度分别为 0.6 m 和 0.8 m 时,最大跨步系数可按下式计算:

$$K_{k(0.6)} = 1.28 \left(\frac{L - L_1}{L} \times \frac{0.477}{S^{0.25}} + \frac{L_1}{L} \times \frac{0.61}{\ln \dfrac{9.02\sqrt{S}}{d}} \right) \tag{3-3-39}$$

$$K_{k(0.8)} = 1.28 \left(\frac{L - L_1}{L} \times \frac{0.41}{S^{0.25}} + \frac{L_1}{L} \times \frac{0.476}{\ln \dfrac{9.02\sqrt{S}}{d}} \right) \tag{3-3-40}$$

当网络外部的跨步电势超过允许数值时应当采取适当的措施,主要有:

(1)埋设互不连接的均压条。如图 3-3-33 所示,埋设均压条后,对地电压曲线陡度减小跨步电势降低。

(2)加帽檐式均压条。如图 3-3-34 所示,在网络外较网络深的地方埋设两条与网络连接在一起的均压条,亦能降低网络近处的跨步电势。

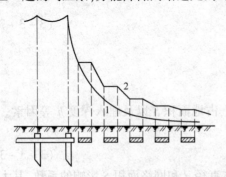

图 3-3-33　网络外埋设均压条
1—没有均压条时的对地电压曲线;
2—有均压条时的对地电压曲线

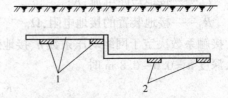

图 3-3-34　帽檐式均压条
1—网络均压条;
2—帽檐式均压条

(3)在地面铺设卵石、砾石或沥青层,以提高跨步电势的允许值。

采用等化对地电压的网络接地时,应注意防止高电压引出和低电压引入。由于网络可能呈现较高的对地电压,将网络内高电压引出网络外或者将网络外低电压引入网络内,都会带来触电危险;因此,对于中性点直接接地的三相四线制供电线路,中性点不应在变电所接地,而应在网络外接地;一端接地的通信线路应加装隔离变压器;引入网络内的金属管道或轨道应加装绝缘段等。

六、接地和接零的检查和测量

接地和接零的检查主要是接地线和接零线的外观检查;测量主要是接地电阻的测量和相零回路测量。检查和测量的周期,以每年一次为宜。接地电阻宜在每年 3 ~ 4 月份或其他土壤电阻率较高的季节测量。埋在有腐蚀性的土壤中的接地装置,每五年要挖开地面检查一下腐蚀情况。

（一）接地线（或接零线）外观检查

接地线（或接零线）外观检查主要包括以下内容:

（1）检查因绝缘损坏而可能呈现危险对地电压的金属部分是否已经接地（或接零）。对于新安装的设备、临时性设备、移动式设备、携带式设备要特别注意这一点。

（2）检查接地线（或接零线）与电气设备和接地干线（或接零干线）的连接是否牢固和接触良好。当用螺栓连接时,是否有弹簧垫圈防止松脱。

（3）检查接地线（或接零线）相互间是否焊接良好,迭焊长度与焊缝是否合乎要求。当利用电线管、封闭式母线外壳或行车钢轨等自然金属体作接地线（或接零线）时,各段之间是否有良好的焊接,有无脱节现象。

（4）检查接零线、接地线穿过建筑物墙壁、经过建筑物伸缩缝时,是否采取了适当的保护措施。

（5）在有腐蚀性物质的环境中,检查接零线、接地线表面是否涂有必要的防腐涂料。

除专门检查外,外观检查还应当与设备大修、小修同时进行,发现问题要及时处理。

（二）接地电阻测量

接地电阻可用电流表—电压表法测量,也可用专用仪器测量。

用电流表—电压表法测量接地电阻的接线如图 3 - 3 - 35 所示。图中,B 是测量用变压器,R_x 是被测接地体,S_y、S_L 分别为电压极、电流极与 R_x 之间的距离。接通电源后,电流沿 R_x 和电流极成回路。如果 S_y 和 S_L 都有足够的大小,能使 R_x 和电流极的对地电压曲线互不影响,并能使电压极位于 R_x 和电流极的对地电压曲线趋近于零的范围之外,则可根据电流表的读数 I_A 和电压表的读数 U_V 求得接地电阻

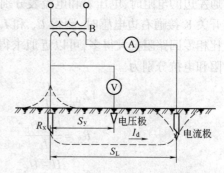

图 3 - 3 - 35　用电流表—电压表法测量接地电阻

$$R_x = \frac{U_V}{I_A} \qquad (3 - 3 - 41)$$

为了安全以及为了能把测量回路与电网分开,消除电网可能给测量带来的影响,测量用变压器应采用双线圈变压器。

为了测量结果更符合实际情况,希望测量时的接地电流不要太小。测量时的接地电流最好能保持在实际接地电流的20% 以上。因此,测量用变压器的容量一般要在 1 kV·A 以上。

电流极的流散电阻不宜太大,一般需用一根直径 40 ~ 50 mm、长 2. 5 m 左右的钢管。如果被测接地体流散电阻很低,电流极需用几根钢管组成。

为了减小测量误差,应采用高内阻的电压表;测量电压的电压极可用一根直径 25 mm、长

1 m 左右的钢管或圆钢。

接地电阻测量仪的种类很多,按其工作原理分为电桥型、流比计型、电位计型和晶体管型等几种类型。用接地电阻测量仪测量的方法及安全注意事项参第七章第一节,这里不再赘述。

（三）相零回路测量

在保护接地系统中,为了线路上的保护装置在漏电时能迅速切断电源,必须保证足够的单相短路电流。因此相零回路的阻抗必须限制在一定的范围以内。虽然相零回路阻抗可以计算求出,但计算结果往往很不准确。更重要的是单纯计算不能发现回路中隐藏的缺陷。因此有必要测量相零回路阻抗。

测量相零回路阻抗有断开电源和不断开电源两种测量方法。

断开电源的测量方法如图 3 - 3 - 36 所示。开关打开以切断电源。以下其他开关必须合上以接通相线。变压器 T 一次侧为 220 V,二次侧为 12 V、36 V 均可。变压器 T 二次侧的一头接向零线,另一头接向负载边的一条相线。如果在测量终端将该相与设备外壳短接,合上开关时,将有电流沿该相线和零线流通。通过电压表和电流表读出的数值 U 和 I,可以求出被测部分的相零回路阻抗,测量应尽量靠近配电变压器,以使测量结果更接近实际情况。用这种方法测得的阻抗不包括被测系统配电变压器的阻抗。如果计算短路电流,还应当加上变压器的阻抗。

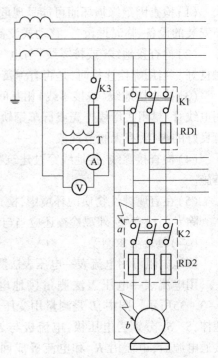

不断开电源的测量方法如图 3 - 3 - 37 所示。在被测处相线与设备外壳之间串进一套测量装置。当开关 K 两边都不接通时,电压表测得 U;当开关 K 接通左边的电阻时,电压表和电流表分别测得 U_R 和 I_R;开关 K 接通右边电感时,测得 U_X 和 I_X。如果 R 和 X 比相零回路阻抗大得多,可以近似求得相零回路的电阻和电抗分别为

$$|Z_{xl}| = \frac{U}{I} \qquad (3-3-42)$$

图 3 - 3 - 36　断开电源测量相零回路阻抗

$$R_X = \frac{U - U_R}{I_R}$$

$$X_{xl} = \frac{U - U_X}{I_X}$$

由此可求得相零回路阻抗

$$|Z_{xl}| = \sqrt{R_{xl}^2 + X_{xl}^2} \qquad (3-3-43)$$

这种方法测得的是相零回路包括变压器在内的全部阻抗。当电网电压波动较大时,测量结果误差较大。

因为用这种方法测量时不断开电源,所以要特别注意安全。

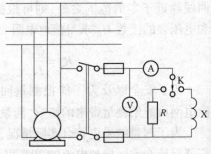

图 3 - 3 - 37　不断开电源测量
相零回路阻抗

除测量相零回路阻抗之外,为了检查零线、接零线、接地线各部是否完整和接触良好,还可

以采用低压试灯的方法。这种检查方法的原理如图 3 - 3 - 38 所示。在外加低电压的作用下，电流沿试灯和 a、b 两点之间的零线构成回路。如果试灯很亮，则说明 a、b 两点之间的零线良好，如果试灯不亮、发暗或不稳定，则说明 a、b 两点之间的零线断裂或接触不好。图中试灯可用电流表代替，借电流表的指示来判断。外加低压电源可以用低压直流电源，也可以用从双线圈变压器取得的 12 V 或 36 V 低压交流电源。

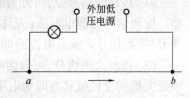

图 3 - 3 - 38　用试灯法检查零线

用这种方法虽然不能测量得到相零回路阻抗，而且反应情况也不十分准确，但这种方法很简单，应用比较广泛。

第四节　漏电保护装置

本节主要了解漏电保护装置的分类、结构和工作原理；看懂常见几种漏电保护装置的原理图；掌握漏电保护器误动作和拒动作的原因。

下列用电设备应安装漏电保护装置：

(1)属Ⅰ类的移动式电气设备及手持式电动工具；

(2)安装在潮湿、强腐蚀性等环境恶劣场所的电气设备；

(3)建筑施工工地的电气机械设备及电动工具；

(4)暂设临时用电的电气设备；

(5)宾馆、饭店及招待所的客房内插座回路；

(6)机关、学校、企业、住宅等建筑物内的插座回路；

(7)游泳池、喷水池、浴室的水中照明设备；

(8)安装在水中的供电线路和设备；

(9)医院里直接接触人体的电气医用设备；

(10)其他需要安装漏电保护器的场所。

对一旦发生漏电切断电源时，会造成事故或重大经济损失的下列电气装置或场所，应安装报警式漏电保护器：

(1)公共场所的通道照明、应急照明；

(2)消防用电梯及确保公共场所安全的设备；

(3)用于消防设备的电源，如火灾报警装置、消防水泵、消防通道照明等；

(4)用于防盗报警的电源；

(5)其他不允许停电的特殊设备和场所。

一、漏电保护的分类和主要参数

电气装置按用途可分为漏电保护装置、电气联锁装置和信号报警装置。漏电保护装置也叫漏电保护器或漏电保安器。它主要用于防止由于间接接触和由于直接接触引起的单相触电事故。它还可以用于防止因电气设备漏电而造成的电气火灾爆炸事故，以及用于监测或切除各种一相接地故障。漏电保护装置主要用于 1 000 V 以下的低压系统。

(一)分类、工作原理和基本结构

1. 分类

漏电保护器有多种分类方法。主要分类方法如下。

(1)按检测信号分,可分为电压型和电流型。电流型还可以分为零序电流型和泄漏电流型。检测信号为漏电电压(壳体对地电压)的即为电压型;检测信号为零序电流的即为零序电流型;检测信号为泄漏电流的即为泄漏电流型。

(2)按放大机构分,可分为电子式和电磁式。有电子放大机构的即为电子式,无放大机构或放大机构是机械式的即为电磁式。

(3)按极数分,可分为单极、二极、三极、四极。极数决定于触头对数,即可通断的线数。漏电保护器有几对触头或者说控制几根线,即为几极。

(4)按相数分,可分为单相和三相。用于保护单相设备或单相电路的,即为单相漏电保护器;用于保护三相设备或三相电路的,即为三相漏电保护器。

(5)按漏电动作电流分,可分为高灵敏度、中灵敏度和低灵敏度。

(6)按动作时间分,可分为快速型、定时限型和反时限型。

(7)按漏电保护装置有无中间机构,可分为直接传动型和间接传动型漏电保护装置。

(8)按漏电保护装置的安装部位分,可分为用于线路或设备的漏电保护装置和安装于变压器中性点接地线上的漏电保护装置。后者可称为中性点式漏电保护装置。

2. 原理

如图 3 – 4 – 1 所示,设备漏电时,出现两种异常现象,一是三相电流的平衡遭到破坏,出现零序电流,即 $i_o = i_a + i_b + i_c$;二是某些正常情况下不带电的金属部分出现对地电压,即 $U_d = I_o R_d$。

漏电保护装置就是通过检测机构取得这两种异常信号,经过中间机构的转换和传递,然后促使执行机构动作,并通过开关设备断开电源。对于高灵敏度的漏电保护装置,异常信号很微弱,中间还需要增设放大环节。

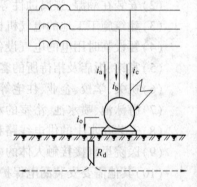

图 3 – 4 – 1 设备漏电示意图

3. 基本结构

漏电保护器的基本结构由三部分组成,即检测机构、判断机构和执行机构。当有人触电或设备漏电时,一般会出现漏电流和漏电压。因为电气设备在正常工作的情况下,从电网流入的电流和流回电网的电流总是相等的,但当电气设备漏电或有人触电时,流入电气设备的电流就有一部分直接流入大地或经过人体流入大地,这部分流入大地并且经过大地回到变压器中性点的电流就是漏电电流。有了漏电电流,从电气设备流入电网的电流和从电网流入电气设备的电流就不相等了。另外,电气设备正常工作时,壳体对地电压是为零的,在电气设备漏电时,壳体对地电压就不为零了,而出现的对地电压就叫漏电电压。检测机构的任务就是将漏电电流或漏电电压的信号检测出来,然后送给判断机构。判断机构的任务就是判断检测机构送来的信号大小,是否达到动作电流或动作电压,如果达到动作电流或动作电压,它就会把信号传给执行机构。执行机构的任务就是按判断机构传来的信号迅速动作,实现断电。

在检测机构和判断机构之间,一般还加有放大机构,这是因为检测机构检测到的信号都非常微弱,有时必须经放大机构放大后才能送给判断机构,实现判断动作。另外,为了增加漏电保护器的可靠性,有时还加有检查机构。即人为输入一个漏电信号,检查漏电保护器是否动作。如果动作,说明漏电保护器工作正常,如果不动作,则应及时检查。

检测机构一般采用电流互感器或灵敏继电器;判断机构一般采用自动开关或接触器;放大机构大多采用电子元件,也有的采用机械元件;检查机构一般采用按钮开关和限流电阻。

(二)漏电保护器的参数

动作参数是漏电保护装置最基本的参数。

电压型漏电保护器的主要参数是漏电动作电压和动作时间。电流型漏电保护器的主要参数是漏电动作电流和动作时间。

1. 额定漏电动作电压值

漏电动作电压即为漏电时能使漏电保护器动作的最小电压。动作电压以不超过安全电压为宜;但当动作时间不超过 5 s 时,可参照表 3 - 4 - 1 选取。表 3 - 4 - 1 中可能的接触电压一栏中有四种皮肤状态。

表 3 - 4 - 1 漏电保护装置的动作时间

最大持续时间/s	流经人体的电流/mA	可能的接触电压/V			
		皮肤情况			
		BB₁	BB₂	BB₃	BB₄
>5	25	80	50	25	12
5	25	80	50	25	12
1	43	115	75	40	20
0.5	56	130	90	50	27
0.2	77	170	110	65	37
0.1	120	230	150	90	55
0.05	210	320	220	145	82
0.03	300	400	280	190	110

注:BB_1 状态——干燥、无汗的皮肤,电流途径为单手至双足。

BB_2 状态——潮湿的皮肤,电流途径为单手至双足。

BB_3 状态——润湿的皮肤,电流途径为双手至双足。

BB_4 状态——浸入水中的皮肤,只考虑体内电阻。

2. 额定漏电动作电流值

电流型漏电保护器的额定漏电动作电流是能使漏电保护器动作的最小电流。漏电动作电流分为 0.006A、0.01 A、(0.015 A)、0.03 A、(0.075 A)、0.1 A、(0.2 A)、0.3 A、0.5 A、1 A、3 A、5 A、10 A、20 A 十几个等级,其中带括号者不推荐优先使用。漏电动作电流小于或等于 0.03 A 为高灵敏度;大于 0.03 A 且小于或等于 1 A 的为中灵敏度;大于 1A 属低灵敏度。

为避免误动作,要求漏电保护装置的不动作电流不低于额定漏电动作电流的 1/2。

3. 漏电动作时间

漏电保护装置的动作时间指动作时最大分断时间。漏电保护装置的动作时间应根据保护要求确定,有快速型、定时限型和反时限型。动作时间小于 0.1 s 的为快速型;动作时间在 0.1~2 s 的为定时限型;反时限型是在额定漏电动作电流值时,漏电时间不超过 1 s,在 2 倍额定动作电流值时,漏电动作时间不超过 0.2 s,在 5 倍额定动作电流值时,漏电动作时间不超过 0.03 s。

安全用电

以防止触电事故为目的的漏电保护器,应采取高灵敏度、快速型。动作时间为 1 s 以下者,额定漏电动作电流和动作时间的乘积应不大于 30 mA · s。这是选择漏电保护器的基本要求。

(三)漏电保护装置的选用

选用漏电保护装置应当考虑多方面的因素。其中,首先是正确选择漏电保护装置的漏电动作电流。在浴室、游泳池、隧道等触电危险性很大的场所,应选用高灵敏度、快速型漏电保护装置(动作电流不宜超过 10 mA)。如果安装场所发生人身触电事故时,能得到其他人的帮助及时脱离电源,则漏电保护装置的动作电流可以大于摆脱电流;如果是快速型保护装置,动作电流可按心室颤动电流选取;如果是前级保护,即分保护前面的总保护,动作电流可超过心室颤动电流;如果作业场所得不到其他人的帮助及时脱离电源,则漏电保护装置动作电流不应超过摆脱电流。在触电后可能导致严重二次事故的场合,应选用动作电流 6 mA 的快速型漏电保护装置。为了保护儿童或病人,也应采用动作电流 10 mA 以下的快速型漏电保护装置。对 I 类手持电动工具,应视工作场所危险性的大小,安装动作电流为 10 ~ 30 mA 的快速型漏电保护装置。选择动作电流还应考虑误动作的可能性。漏电保护器应能避开线路不平衡的泄漏电流而不动作,还应能在安装位置可能出现的电磁干扰下不误动作。选择动作电流还应考虑保护器制造的实际条件。例如,由于纯电磁式产品的动作电流很难达到 40 mA 以下,而不应追求过高灵敏度的电磁式漏电保护装置。在多级保护的情况下,选择动作电流还应考虑多级保护选择性的需要,总保护宜装设灵敏度较低的或有少许延时的漏电保护装置。

用于防止漏电火灾的漏电报警装置宜采用中灵敏度漏电保护装置。其动作电流可在 25 ~ 1 000 mA 内选择。

连接室外架空线路的电气设备应选用冲击电压不动作型漏电保护装置。

对于电动机,保护器应能躲过电动机的启动漏电电流(100 kW 的电动机可达 15 mA)而不动作。保护器应有较好的平衡特性,以避免在数倍于额定电流的堵转电流的冲击下误动作。对于不允许停转的电动机应采用漏电报警方式,而不应采用漏电切断方式。

对于照明线路,宜根据泄漏电流的大小和分布,采用分级保护的方式。支线上选用高灵敏度保护器,干线上选用中灵敏度保护器。

在建筑工地、金属构架上等触电危险性大的场合,I 类携带式设备或移动式设备应配用高灵敏度漏电保护装置。

电热设备的绝缘电阻随着温度的变化在很大的范围内波动。例如,聚乙烯绝缘材料 60 ℃ 时的绝缘电阻仅为 20 ℃ 时的几十分之一。因此,应按热态漏电状况选择保护器的动作电流。

对于电焊机,应考虑保护器的正常工作不受电焊的短时冲击电流、电流急剧的变化、电源电压的波动的影响。对于高频焊机,保护器还应具有良好的抗电磁干扰性能。

对于有非线性元件而产生高次谐波以及有整流元件的设备,应采用零序电流互感器二次侧接有滤波电容的保护器,而且互感器铁芯应选用剩磁低的软磁材料制成。

漏电保护装置的极数应按线路特征选择。单相线路选用二极保护器,仅带三相负载的三相线路或三相设备可选用三极保护器,动力与照明合用的三相四线和三相照明线路必须选用四极保护器。

漏电开关的额定电压、额定电流、分断能力等性能指标应与线路条件相适应。漏电保护装置的类型应与供电线路、供电方式、系统接地类型和用电设备特征相适应。

二、几种常见的漏电保护装置

(一)电压型漏电保护装置

电压型漏电保护装置是以反映漏电设备外壳对地电压为基础的,其基本接线如图 3 - 4 -
2 所示。作为检测机构的电压继电器 KA 一端接地,另一端

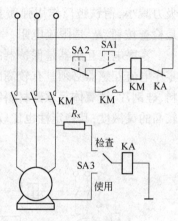

使用时直接接于电动机的外壳。当电动机漏电,电动机对地
电压达到危险数值时,继电器迅速动作,切断作为执行机构
的接触器 KM 的控制回路,从而切断电动机的电源。图中 R_x
是限流电阻;双掷开关是检查用的,也可以用复式按钮代替。
为了灵敏可靠,继电器应有很高的阻抗。由于继电器有很高
的阻抗,对继电器接地的要求可以降低。

电压型漏电保护装置适用于设备的漏电保护,可以用于
接地系统,也可以用于不接地系统;可以单独使用,也可以与
保护接零或保护接地同时使用。但要注意,继电器的接地线
和接地体应与设备重复接地或保护接地的接地线和接地体
分开,否则,保护装置将失效。

图 3 - 4 - 2 电压型漏电
保护装置接线

图 3 - 4 - 3 和图 3 - 4 - 4 是从图 3 - 4 - 2 演变出来的两
种接线,其特点是省去了继电器的接地。前者是将继电器接地的一端改为接向电动机星形绕
组的中性点;后者是将继电器接地的一端改为接向一个辅助星形负荷的中性点。

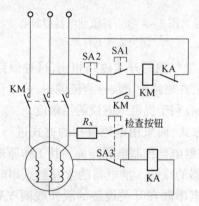

图 3 - 4 - 3 接电动机中性点的电压型漏电保护   图 3 - 4 - 4 接辅助中性点的电压型漏电保护

电压型漏电保护装置结构简单,但对直接接触电击不起防护作用。

(二)零序电流型漏电保护装置

零序电流型漏电保护装置以电网中零序电流的一部分(通称残余电流)作为动作信号。
这种漏电保护装置采用零序电流互感器作为取得触电或漏电信号的检测元件。零序电流型漏
电保护装置有纯电磁式结构的,有带电子放大环节的。后者有的采用分立元件,有的采用集成
元件。

1. 电磁式漏电保护装置

电磁脱扣型漏电保护装置的原理如图 3 - 4 - 5 所示。这种保护以极化电磁铁 YA 作为
中间机构。这种电磁铁由于有永久磁铁而具有极性。而且,在正常情况下,永久磁铁的吸
力克服弹簧的拉力使衔铁保持在闭合位置。图中,三相电源线穿过环形的零序电流互感器

安全用电

TA,构成互感器的一次侧,与极化电磁铁连接的线圈构成互感器的二次侧。设备正常运行时,互感器一次侧三相电流在其铁芯中产生的磁场互相抵消,互感器二次侧不产生感应电势,电磁铁不动作。设备发生漏电时,出现零序电流,互感器二次侧产生感应电势,电磁铁线圈中有电流流过,并产生交变磁通,这个磁通与永久磁铁的磁通叠加,产生去磁作用,使吸力减小,衔铁被反作用弹簧拉开,脱扣机构 Y 动作,并通过开关设备断开电源。图中 SB 是检查按钮,R_x 是限流电阻。

零序电流互感器是保护器的检测元件。因为保护器的动作电流一般只有数十毫安,所以,零序电流互感器必须具有较高的灵敏度。互感器的铁芯可用铁镍合金(坡莫合金)、非晶态材料、硅钢片、铁氧体等软磁材料制成。铁镍合金的磁导率比普通硅钢片的高数百倍,容易获得较高的灵敏度,其稳定性也比较好,是比较理想的铁芯材料,但价格较高。

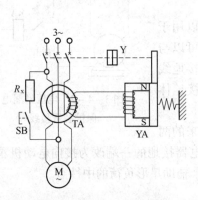

图 3 - 4 - 5　电磁脱扣型漏电
保护装置的原理图

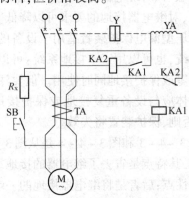

图 3 - 4 - 6　灵敏继电器型漏电
保护装置工作原理图

极化电磁铁的磁路是常闭磁路。与工作时有明显空气隙的开式磁路相比,这种磁路的磁阻小很多。因此,其驱动功率很小,灵敏度很高。同时,在磁路中增加一直流偏磁,可以调整铁芯材料的工作点,使之在磁导率较高的部位工作,这也有利于提高电磁铁的灵敏度。

电磁式漏电保护装置也可以不采用机械脱扣的方式,而采用电磁脱扣的方式进行工作。这时,极化电磁铁的衔铁应带动电气接点,并通过中间继电器控制电源开关。其工作原理如图 3 - 4 - 6 所示。零序电流互感器 TA 的二次侧接继电器的线圈。继电器的常开触点串联在中间继电器 KA2 的线圈电路中。中间继电器的常闭触点串联在开关设备的脱扣线圈 YA 的电路中。设备漏电时,继电器动作,并通过中间继电器和开关设备断开电源。

纯电磁式漏电保护装置的动作电流在选用性能良好的材料、采用先进工艺方法的条件下,可以设计到 30 mA。

2. 电子式漏电保护装置

在检测元件与执行元件之间增设电子放大环节,即构成电子式漏电保护装置。图 3 - 4 - 7 所示为一种比较简单的电子式漏电保护装置的线路图。其电流互感器有两个线圈,L1 是一次线圈,约 2 ~ 4 匝;L2 是二次线圈,约 200 匝;放大器由晶体三极管 VT1 和 VT2 等元件组成;晶体二极管 VD3 和 VD4 起过电压保护作用;继电器 J 是执行元件。这种漏电保护装置的动作电流可以达到 20 mA 以下。

图 3 - 4 - 8 所示为一种采用集成元件的电子式漏电保护装置的线路图。其基本原理与图 3 - 4 - 7 相似。采用集成元件使电子电路部分的体积减小,元器件的密集度和电路的可靠性

大大提高,是电子式漏电保护装置的发展方向。

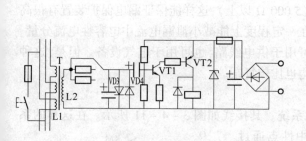

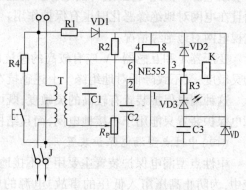

图 3-4-7 晶体管放大型漏电保护装置线路图　图 3-4-8 采用集成元件的漏电保护装置线路图

电子式漏电保护装置的主要特点是:灵敏度很高,动作电流可以设计到 5mA;整定误差小,动作准确;容易取得动作延时,动作时间容易调节,便于实现分段保护。电子式漏电保护装置应用元件较多,结构比较复杂;由于电子元件承受冲击能力较弱,放大器与零序电流互感器之间宜装设相电压保护环节;当主电路缺相时,电子式漏电保护装置可能失去电源而丧失保护性能,为此,可以采用图3-4-9所示三相整流的电子式漏电保护装置或其他专门形式的漏电保护装置。

(三)泄漏电流型漏电保护装置

泄漏电流型漏电保护装置除能反映零序电流外,还能反映泄漏电流的大小。这种漏电保护装置的接线如图3-4-10所示。图中,继电器 KA 由整流器 A1 和 A2 供给直流电源;直流

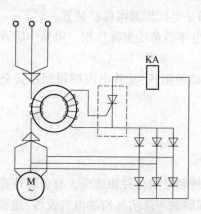

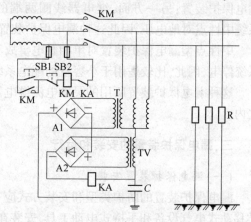

图 3-4-9 三相整流的电　　　图 3-4-10 泄漏电流型漏电保护装置接线
子式漏电保护装置

电流经零序电压互感器 TV、变压器 T 和线路对地绝缘电阻 R 构成回路;电容器 C 和 TV、T 一起构成滤波器。通过继电器线圈的电流主要决定于整流器 A1 和 A2 的输出电压,以及线路对地绝缘电阻的大小。整流器 A1 以变压器 T 作为电源,其输出电压基本上是固定不变的。整流器 A2 的输出电压决定于互感器 TV 原边的电压,即决定于各相对地绝缘电阻的不平衡程度。不平衡程度越大,输出电压也越大。因此,当设备漏电或有人单相触电,或各相对地绝缘显著不平衡时,互感器 TV 输出零序电压,整流器 A2 输出直流电压,从而使继电器动作,通过接触器切断电源。如果没有设备漏电,也没有人单相触电,各相对地绝缘也没有显著的不平衡,但各相对地绝缘电阻显著降低,由于泄漏电流显著增加,也可以引起继电器动作,通过接触

器切断电源。由此可见,这种漏电保护装置不仅在有人单相触电时或发生漏电时有保护作用,而且在电网对地绝缘恶化时也有保护作用。在这种装置中,接入千欧计或信号继电器,还可以监视电网对地绝缘情况。

变压器 T 和互感器 TV 应有较高的感抗(5 000 Ω 以上),这样能保证漏电保护装置有很高的灵敏度,又不致降低对地绝缘。上述感抗在一定程度上能减小泄漏电流中电容性电流分量。

这种漏电保护装置有较高的灵敏度,既可用于供电线路,也可用于电气设备。但是,这种漏电保护装置只能用于不接地电网,而且结构也比较复杂。

(四)中性点型漏电保护装置

中性点型漏电保护装置主要用于不接地系统。其接线如图 3 - 4 - 11 所示。在这样的系统中,为防止高压窜入低压的事故,电源的中性点通过击穿保险器 F 接地。作为检测机构和中间机构的灵敏继电器 KA 的线圈并联在击穿保险器的两端。系统正常运行时,零序电流可以忽略不计,继电器不动作。当有人单相触电,或一、两相接地,或一、两相对地绝缘能力降低到一定程度时,有零序电流通过继电器线圈,继电器迅速动作,通过作为执行机构的接触器 KM 切断电源。图中,K_x、SA3 是检查支路;K_x 是限流电阻,SA3 是检查按钮。由于流过继电器线圈的电流是该系统中全部的零序电流,因此这种漏电保护装置可看作是零序电流型漏电保护装置;另一方面,继电器线圈两端的电压是该系统中性点对地电压,因此这种漏电保护装置也可看做是电压型漏电保护装置。

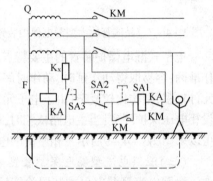

图 3 - 4 - 11 　中性点型漏电保护装置接线

中性点型漏电保护装置对单相触电事故和设备漏电事故都能发挥作用。但动作后造成全系统停电,因此,比较适用于小容量的配电系统。

这种漏电保护装置所用的灵敏电流继电器应有很高的阻抗,动作电流应限制在安全范围之内。

三、漏电保护装置的安装和运行

(一)漏电保护装置安装

漏电保护装置的防护类型和安装方式应与环境条件和使用条件相适应。有金属外壳的Ⅰ类移动式电气设备和手持式电动工具、安装在潮湿或强腐蚀等恶劣场所的电气设备、建筑施工工地的电气施工机械设备、临时性电气设备、宾馆类的客房内的插座、触电危险性较大的民用建筑物内的插座、游泳池或浴池类场所的水中照明设备、安装在水中的供电线路和电气设备,以及医院中直接接触人体的电气医用设备(胸腔手术室的除外)等均应安装漏电保护装置。

对于公共场所的通道照明电源和应急照明电源、消防用电梯及确保公共场所安全的电气设备、用于消防设备的电源(如火灾报警装置、消防水泵、消防通道照明等)、用于防盗报警的电源,以及其他不允许突然停电的场所或电气装置的电源,漏电时立即切断电源将会造成事故或重大经济损失。在这些情况下,应装设不切断电源的漏电报警装置。

从防止电击的角度考虑,使用安全电压供电的电气设备,一般环境条件下使用的具有双重绝缘或加强绝缘结构的电气设备,使用隔离变压器供电的电气设备,在采用不接地的局部等电位联结措施的场所中使用的电气设备,以及其他没有漏电危险和电击危险的电气设备可以不安装漏电保护装置。

漏电保护装置的安装应符合生产厂产品说明书的要求。

装有漏电保护装置的电气线路和设备的泄漏电流必须控制在允许范围内。所选用漏电保护装置的额定不动作电流应不小于电气线路和设备的正常泄漏电流最大值的1.5倍。当电气线路或设备的泄漏电流大于允许值时,必须更换绝缘良好的电气线路或设备。当电气设备装有高灵敏度的漏电保护装置时,电气设备单独接地装置的接地电阻可适当放宽,但应限制预期的接触电压在允许范围内。安装漏电保护装置的电动机及其他电气设备在正常运行时的绝缘电阻值不应低于 0.5 MΩ。

安装漏电保护装置前,应仔细检查其外壳、铭牌、接线端子、试验按钮、合格证等是否完好。

用于防止触电事故的漏电保护装置只能作为附加保护。加装漏电保护装置的同时不得取消或放弃原有的安全防护措施。

安装带有短路保护的漏电开关,必须保证在电弧喷出方向留有足够的飞弧距离。漏电保护装置不宜装在机械振动大或交变磁场强的位置。安装漏电保护装置应考虑到水、尘等因素的危害,采取必要的防护措施。

安装漏电保护装置后,原则上不能撤掉低压供电线路和电气设备的基本防电击措施,而只允许在一定范围内做适当的调整。

(二)漏电保护装置接线

漏电保护装置的接线必须正确。接线错误可能导致漏电保护装置误动作,也可能导致漏电保护装置拒动作。

接线前应分清漏电保护装置的输入端和输出端、相线和零线,不得反接或错接。输入端与输出端接错时,电子式漏电保护装置的电子线路可能由于没有电源而不能正常工作。

组合式漏电保护装置控制回路的外部连接线应使用铜导线,其截面积不应小于 1.5 mm²,连接线不宜过长。

漏电保护装置负载侧的线路必须保持独立,即负载侧的线路(包括相线和工作零线)不得与接地装置连接,不得与保护零线连接,也不得与其他电气回路连接。在保护接零线路中,应将工作零线与保护零线分开;工作零线必须经过保护器,保护零线不得经过保护器,或者说保护装置负载侧的零线只能是工作零线,而不能是保护零线。TN-S 系统中,四极式漏电保护装置的正确接线如图 3-4-12 所示。

图 3-4-13 所示为几种典型的错误接线。图中凡虚线部分都是错误的。总保护不能像 a

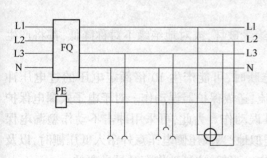

图 3-4-12　四极式漏电保护装置的正确接线

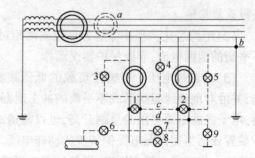

图 3-4-13　漏电保护装置的错误接线

那样采用三极式漏电保护器。否则,如果各相负荷不平衡,不平衡的零序电流将导致保护器动作。b 处将重复接地与 N 线连起来,虽然大部分不平衡的零序电流经保护装置返回电源,但小部分零序电流经重复接地电阻和工作接地电阻构成回路,使得相线及工作零线上的电流之和不为零,而可能导致保护器动作。

c,d 的连接,将使得流经一条支路相线(或零线)上的负荷电流经两台保护器返回零干线(或相干线),两台保护器都可能误动作。图中,除 1、2 两盏灯的接法是正确的外,3、4、5、6、7、8、9 灯的接法都是错误的。

应当指出,漏电保护器后方设备的保护线不得接在保护器后方的零线上,否则设备漏电时的漏电电流经保护器返回,保护器拒动作。

(三)漏电保护器误动作和拒动作

误动作是指线路或设备未发生预期的触电或漏电时漏电保护装置的动作;拒动作是指线路或设备已发生预期的触电或漏电时漏电保护装置拒绝动作。误动作和拒动作是影响漏电保护装置正常投入运行、充分发挥作用的主要问题之一。

1. 误动作

误动作的原因是多方面的。有来自线路方面的原因,也有来自保护器本身的原因。误动作的主要原因及分析如下。

(1)接线错误在 TN 系统中,除 PE 线外,N 线和 PEN 线都必须同相线一起穿过互感器铁芯。如 N 线未与相线一起穿过保护器,一旦三相不平衡,保护器即发生误动作;保护器后方的零线与其他零线连接或接地,或保护器后方的相线与其他支路的同相相线连接,或负荷跨接在保护器电源侧和负荷侧,则接通负荷时,也都可能造成保护器误动作。

广泛采用的三相四线制接地电网中,动力和照明是由同一台变压器供电的。三相负荷由三条相线供电;单相负荷由一条火线和一条零线供电,如图 3 - 4 - 14 所示。如果单相负荷不平衡,将会产生不平衡的零序电流。如果没有重复接地(即图中的 R_c),由于 I_1、I_2、I_3 和 I_0 都穿过零序电流互感器的铁芯,且 $I_1 + I_2 + I_3 + I_0 = 0$,互感器二次侧不产生动作信号,保护装置不动作。如果有了重复接地,则另有一部分零序电流 I_Δ 经 R_c 和 R_0 构成回路,以致 $I_1 + I_2 + I_3 + I_0 = I_\Delta$ $\neq 0$。这种情况虽然是正常的,而且 I_Δ 也可能很小,但是,I_Δ 的出现足以引起保护装置误动作。因此,安装电源总的漏电保护时,中性线上不得装设重复接地。

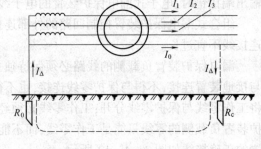

图 3 - 4 - 14　电流型总保护图

(2)绝缘恶化。保护器后方一相或两相对地绝缘破坏,或对地绝缘不对称降低,都将产生不平衡的泄漏电流,导致保护器误动作。

(3)冲击过电压。带感性负载的低压线路分断时,可能产生 10 倍额定电压的过电压冲击,并沿对地绝缘阻抗形成不平衡的冲击泄漏电流,造成保护器误动作。对于电子式漏电保护器,电子线路电源电压的急剧升高,也可能造成其误动作。为此,可采用冲击不动作型漏电保护装置或适当提高漏电保护装置的动作电流。类似地,当高压侧电压意外窜入低压侧时,以及在线路上出现雷电过电压时,保护装置也可能动作。当然,这种动作有时是必要的。

(4)不同步合闸。发生不同步合闸时,首先合闸的一相可能产生足够大的泄漏电流,使保护器误动作。

(5)大型设备启动。大型设备的堵转电流很大,如保护器内零序电流互感器的平衡特性不好,则启动时互感器一次侧的漏磁可能造成保护器误动作。

（6）偏离使用条件。环境温度、相对湿度、机械振动等超过保护器设计条件时可造成其误动作。

（7）保护器质量低劣。元件质量不高或装配质量不高均会降低保护器的可靠性和稳定性,并导致误动作。

（8）附加磁场。如保护器屏蔽不好,或附近装有流经大电流的导体,或装有磁性元件或较大的导磁体,均可能在互感器铁芯中产生附加磁通导致误动作。

2. 拒动作

拒动作比误动作少见,但拒动作造成的危险性比误动作大。拒动作的主要原因及分析如下。

（1）接线错误。用电设备外壳上的保护线（PE 线）接入保护器将导致设备漏电时拒动作。

（2）动作电流选择不当。保护器动作电流选择过大或整定过大将造成保护器拒动作。

（3）产品质量低劣。互感器二次回路断路、脱扣元件黏合等质量缺陷均可造成保护器拒动作。

（4）线路绝缘阻抗降低或线路太长。由于部分电击电流不沿配电网工作接地或保护器前方的绝缘阻抗,而沿保护器后方的绝缘阻抗流经保护器返回电源,将导致保护器拒动作。

（四）漏电保护装置使用和维护

运行中的漏电保护装置外壳各部及其上部件、连接端子应保持清洁,完好无损。连接应牢固,端子不应变色。漏电保护开关的操作手柄应灵活、可靠。

漏电保护装置安装完毕后,应操作试验按钮检验漏电保护器的工作特性,确认可以正常动作后才允许投入使用。使用过程中也应定期用试验按钮试验其可靠性。为了防止烧坏试验电阻,不宜过于频繁地试验。

运行中漏电保护装置外壳胶木件最高温度不得超过 65 ℃,外壳金属件最高温度不得超过 55 ℃。保护装置一次电路各部绝缘电阻不得低于 1.5 MΩ。

如果运行中的漏电保护装置突然掉闸,需查明原因,排除故障后再合闸送电。

【案　　例】违规用电酿成惨剧

事故经过

1997 年 12 月 21 日,在某大厦工地,杂工陈某发现潜水泵开动后漏电开关动作,便要求电工把潜水泵电源线不经漏电开关接上电源,起初电工不肯,但在陈某的多次要求下照办。潜水泵再次启动后,陈某拿一条钢筋欲挑起潜水泵检查是否沉入泥里,当陈挑起潜水泵时,当即触电倒地,经抢救无效死亡。

事故原因

操作工陈某由于不懂电气安全知识,在电工劝阻的情况下仍要求将潜水泵电源线直接接到电源,同时,在明知漏电的情况下用钢筋挑动潜水泵,违章作业是造成事故的直接原因。电工在陈某的多次要求下违章接线,明知故犯,留下严重的事故隐患,是事故发生的重要原因。

事故教训

（1）必须让职工知道自己的工作过程以及工作的范围内有哪些危险、有害因素、危险程度以及安全防护措施。陈某知道漏电开关动作了,影响他的工作,但显然不知道漏电会危及他的人身安全,不知道在漏电的情况下用钢筋挑动潜水泵会导致其丧命。

（2）必须明确规定并落实特种作业人员的安全生产责任制。特种作业危险因素多，危险程度大，不仅危及操作者本人的生命安全，也会危及他人。本案电工有一定的安全知识，开始时不肯违章接线，但经不起同事的多次要求，明知故犯，违章作业，留下严重的事故隐患，没有负起应有的安全责任。

（3）应该建立事故隐患的报告和处理制度。漏电开关动作，表明事故隐患存在，操作工报告电工处理是应该的，但他不应该只是要求电工将电源线不经漏电开关接到电源上。电工知道漏电，应该检查原因，消除隐患，绝不能贪图方便。

评　述

同本案相似的违章操作很常见，如当熔断器烧断时用铜线代替熔断器，冲压机的双手控制影响操作速度时将其中一个短路，改为单手控制等。违章的种类很多，后果都很相似，导致死亡事故或者重伤事故。随着生产的发展，生产设备的先进性和安全性不断提高，为安全生产提供了好的基础，但违章操作仍然是目前事故多发的主要根源。由此可见，设备和生产技术的高科技不能代替或弥补职工的低素质，更不能代替或弥补管理的低水平。使职工能安全地操作器械，是每个单位长期而艰巨的安全生产任务。很多单位通过完善操作规程和工作标准来规范职工操作行为，无可否认，这是必需的，而且是好经验，但仅仅如此，还是不够的。如果职工对安全的重要性认识不足，再好的行为规范对他们来说也只是一纸空文，如果职工不知道如何防止事故发生，行为规范也只不过是教条和形式，结果都是职工没有按行为规范的要求去操作。正如本案例的情形，当漏电开关动作影响操作，他们就不用漏电开关。也如很多职工那样，当不允许用铜丝代替熔断器时，他们就用铁丝代替熔断器。操作行为受很多因素影响，重要的是必须树立"安全第一"的安全价值观念和预防为主的思维方式。

复习思考题

1. 按检测信号可把漏电保护装置分为哪两类？说明其基本原理？

2. 电压型漏电保护装置可适用于哪些范围？检测继电器的接地线和接地体为什么要与设备的接地线与接地体分开？动作电压应在什么范围内选取？

3. 以防止触电为目的漏电保护装置其动作电流和动作时间一般在什么范围内取值？

4. 漏电保护装置发生误动作和拒动作的原因有哪些？

5. 漏电保护器在使用和维护中有哪些注意事项？

6. 哪些场合应安装不切断电源的漏电报警装置？

第四章
电气设备及线路的安全技术

本章主要学习掌握高压供电设备的安全技术、低压用电设备的安全技术、电气线路的安全技术等。电气设备及装置归纳起来可分为变配电室及变配电设备、车间电气设备、输配电线路和其他电气设备几部分。为了保证正常生产和人身、设备安全,在考虑电气装置的安全要求时,也要结合企业的不同特点,采取相应的措施。

第一节　变配电室和变配电设备的安全要求

变配电室集中大量高低压电气设备,被称为企业的动力枢纽,是电气安全工作的要害部门。变配电设备主要包括电力变压器、油开关、隔离开关、跌落式熔断器、互感器、并联电容器及母线等。下面就其主要安全要求,分别加以简要介绍。

一、变配电室的安全要求

变配电室包括变压器室、高低压配电室、高低压电容器室、控制室、值班室等。其中,变压器室应为一级防火建筑,其余均应为二级防火建筑。由于有些企业负荷比较集中,一般应把变配电室附设在车间周围靠近负荷中心的辅房内。如果车间比较分散,亦可设置独立的变电所。

变配电室的安全要求,应做到"四防"、"一通",即防火、防汛、防雨雪渗漏、防小动物进入和良好的通风。具体要求如下:

(1)变配电室应设置有效的消防器材和火警报警装置。在变配电室的所有建筑物内,不允许存放杂物及易燃易爆物品,室外周围也不准堆放易燃易爆物品。同时,室外各通道应保证消防车辆等畅通无阻。

(2)变配电设备应有完善的屏护装置,户内栅栏高度不应低于 1.2 m,户外栅栏高度不应低于 1.5 m。配电设备的遮栏高度不应低于 1.7 m。遮栏网孔应不大于 20 mm×20 mm。

(3)高压配电室长度超过 7 m 时,低压配电室长度超过 8 m 时,应设两个向外开的防火门,并布置在配电室两端,搬运门宽度不小于 1.5 m。固定式高低压开关柜的操作通道,当开关柜单列布置时应不小于 1.5 m,双列布置时应不小于 2 m。

(4)低压配电装置的长度大于 6 m 时,其屏后应设两个通向本室或其他房间的出口。如果两个出口间的距离超过 15 m,尚应增设出口。低压配电装置屏后离墙净距应不小于 0.8 m。屏后通道内裸导体部分高度低于 2.3 m 的,应加遮护,遮护后离地高度不应低于 1.9 m。跨越屏前通道的裸导体高度不应低于 2.5 m。低压配电屏的两端有通道时,应设防护遮栏。

(5)安装油浸式电力变压器的变压器室和室外变电所,应设置适当的消防设备和事故蓄油设施。装在室外变电所的变压器,每台油量为 600 kg 及以上者,应在变压器的下面铺设厚度至少为 250 mm 的碎石层,碎石层的面积至少应超过变压器的外廓尺寸 1 m。

（6）独立或附设变电所的变压器室。是属于容易沉积可燃纤维的场所,应设置容量为 100% 变压器油量的排油设施,或设置能将油排到安全处所的设施。

（7）高压电容器组一般装设在单独的房间内。低压电容器组一般设在环境正常的车间或低压配电室内,电容器数量较多时亦可集中装设在单独的房间内。高、低压电容器室应有良好的自然通风。如果自然通风不能保证室温在 40 ℃ 以下,可采用机械通风。电容器室与高低压配电室相连时,中间应用防火墙隔开,并应采用双开弹簧门。日光能直接照射的电容器室应安装百叶窗。电容器室内应有温度计,温度计一般装设在靠近电容器组通风条件较差而便于观察的地点。电容器组的布置不宜超过三层。下层电容器的底部距地高度,室内不小于 0.3 m,室外不小于 0.4 m。电容器外壳之间(宽面)的净距,不宜小于 0.1 m。

二、电力变压器的安全要求

电力变压器是变配电室最主要的电气设备,一般是用来把供电线路高压交流电变换为低压交流电,供给动力设备和照明设备用电。

变压器是由一个共同的铁芯(磁路)把两个或两个以上连接到不同电路上的线圈交连在一起,如图 4-1-1 所示。通常把接于电源电路的线圈称为一次线圈。接于负载电路的线圈称为二次线圈。当一次线圈接入交流电源时,就在铁芯中产生交变磁通。这些交变磁通既穿过一次线圈,又穿过二次线圈,根据电磁感应定律,就在二次线圈中感应出交变电动势。

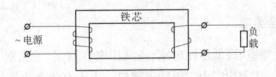

图 4-1-1　变压器的基本原理

交变电动势的大小,与一、二次线圈的匝数比和电源电压有着对应的关系。如果二次线圈接上负载,在负载中就会流过交变电流,因此,变压器的一、二次线圈并没有电路的直接连接,但通过电磁感应,却在电源电路和负载电路之间实现了电压的变换和能量的传递。

铁芯和线路是变压器的基本组成部分,称为变压器器身。此外,油浸式电力变压器的主要部件有油箱、油枕、绝缘套管、分接开关、防爆管、呼吸器等。

变压器的安全要求主要如下:

（1）800 kV·A 及以上的油浸式变压器和 400 kV·A 及以上的车间内油浸式变压器,应装设瓦斯保护,轻瓦斯动作于信号,重瓦斯动作于跳闸。400 kV·A 及以上的配电变压器,其高压侧应装设过电流保护和电流速断保护。1 000 kV·A 及以上的变压器还应装设温度保护。对变压器引出线、套管及内部的故障,应按规定装设电流速断或纵联差动保护装置作为主保护。

（2）400 kV·A 以上,绕组为 Y/Y 连接,低压侧中性点接地的变压器,对低压侧单相接地短路,应在低压侧中性线上装设零序电流保护或采用高低压侧三相式过电流保护,保护装置带时限动作于跳闸。当变压器低压侧有分支线时,宜利用分支线过电流保护,有选择地切除各分支回路的故障。

（3）100 kV·A 及以上变压器,当数台并列运行或单独运行并作为其他负荷的备用电源时,应根据可能过负荷的情况,装设过负荷保护。保护装置应接于一相电源上,带时限作用于信号。

(4)变压器的安装,应考虑能在带电的情况下检查油枕和套管中的油位,观察油温及吸湿剂颜色,检查瓦斯继电器以及采取油样等。新安装的变压器,应按规定进行各项检查和试验,经验收合格方可投入运行。为了防止变压器油劣化过速,运行中的变压器,其上层油温不宜经常超过85 ℃。

(5)自然冷却的油浸式电力变压器,可以根据冷却空气的温度和昼夜负荷率的不同,允许在高峰负荷期间,作适当的过负荷运行,允许过负荷倍数和允许持续时间须按照《变压器运行规程》规定执行。在事故情况下变压器过负荷的允许值,应遵守制造厂的规定。无制造厂的规定时,对于自冷和风冷的油浸式电力变压器,可参照表4-1-1规定运行。

表4-1-1　允许的事故过负荷

事故过负荷对额定负荷之比	1.3	1.6	1.75	2.0	2.4	3.0
事故过负荷允许持续时间/min	120	36	15	7.5	3.6	1.5

(6)运行中的变压器,高压侧电压不得与规定的额定值相差±5%以上,否则应利用分接头进行调整。变压器在变换分接头时,必须切断电源,在停电情况下进行。变换分接头时,要注意分接头位置的正确性。变换分接头以后,宜用欧姆表或电桥检查回路的完整性和其接触电阻的均一性。

(7)单相用电设备应均匀地接在三相网络上,以降低三相负荷电流的不平衡度,供电网络的电流不平衡度应小于20%。两台以上变压器并列运行应符合下列条件:

1)接线组别相同;

2)电压比相等;

3)短路电压相等。

同时,必须经过定相以后才允许并列运行,并应根据经济运行原则决定并、解台数。不同容量变压器并列运行时,其容量比一般不宜超过3∶1。

(8)运行中的变压器应定期观察有无漏油或渗油现象,油温及油位指示是否正常,油色有无加深变黑现象。变压器音响是否正常,套管是否清洁、有无裂纹和放电痕迹,接头是否过热,防爆隔膜是否完好,集污器内有无积水和污物,瓦斯继电器是否充满油,接地线有无松动等。变压器如果出现下列情形、均应立即停下检修:①变压器内部音响很大、很不均匀,有爆裂声;②在正常冷却和负荷不变的条件下,变压器油温过高,并不断上升;③油枕喷油或防爆管喷油;④漏油致使油面降落而低于油位指示计下限刻度,并继续下降;⑤油色突然变深,并出现碳质;⑥套管有严重裂纹,并有放电现象。

(9)变压器自动跳闸时,应查明跳闸的原因。如果不是由于内部故障所引起,而是由于过负荷、外部短路或保护装置二次回路的故障所造成,则变压器不经外部检查,重新投入运行,否则须进行外部检查,查明有无内部故障的征象,并测量线圈的绝缘电阻,待查明变压器跳闸原因并确认变压器正常后才准重新投入运行。变压器着火时,应首先切断电源,然后打开放油阀,将油放入油坑,同时用灭火器灭火。

(10)变压器的检修分大修和小修两种,大修一般5~10年进行一次,小修每年进行一次。运行中的变压器,预防性试验周期一般为1~3年;10 kV及以下变压器的预防性试验项目如下。

1) 测量高压、低压线圈的绝缘电阻值和吸收比；

2) 绝缘油试验；

3) 线圈连同套管的交流耐压试验。

11. 变压器油每年底进行一次耐压试验。10 kV 及以下电压等级的变压器，每两年做一次油的简化试验。变压器在大修后也应进行油的简化试验。35 kV 及以上电压等级的变压器，每年至少做一次油的简化试验。

三、油开关和隔离开关的安全要求

(一) 油 开 关

油开关又称油断路器，它用于 1 kV 以上的高压电路中正常负荷下接通和切断电路，以及在发生短路时自动切断电路。油开关可分为多油开关和少油开关两种。其安全要求如下：

1. 多油开关中的油用来熄灭切断电路时在触头间发生的电弧，并作为绝缘之用，所以多油开关的油量较多，体积较大，灭弧时产生的热油和析出的气体形成很大压力。容易引起爆炸和失火。因此对多油开关应选用合理，维修及时。多油开关的排气管有防爆作用，必须保持完好。

2. 少油开关在企业变配电室内广泛应用的是 SN10 – 10 型，这种少油开关通常分相组装在高压开关柜中、油箱中的油只作为熄弧介质之用，不作为绝缘。载流部分的绝缘是利用空气和有机绝缘材料，所以少油开关中的油量甚少，一般只有几公斤。因油量少，而油箱结构又很坚固，所以少油开关可认为是防爆和防火的，比多油断路器较为安全。但少油开关由于外壳带电，在安装时要注意保证足够的安全距离。

3. 油开关及其操动机构应固定牢靠，并保证触头接触良好，三相接触同时，操动机构的传动装置、辅助开关及闭锁装置等动作灵活可靠，并有良好接地。

4. 油开关运行中应无漏油、渗油现象，保持适当的油位。油位太低，会给灭弧造成困难；油位太高，析出的气体在油箱中得不到空间缓冲，压力太大，可能引起油箱爆炸起火。经过多次带负荷跳闸或事故跳闸的少油开关，在检修或试验时应更换新油。

(二) 隔离开关

隔离开关又称隔离刀闸。其主要作用是在有电压而无负荷的情况下隔离高压电源，保证电气设备停电或检修时在线路中有一个明显的断开点，确保运行和检修的安全。当回路中未装油开关时，可使用隔离开关进行下例操作：① 拉开或合上电压互感器或避雷器；② 拉开或合上电压不超过 10 kV、容量不超过 315 kV·A 的空载变压器；③ 拉开或合上电容电流不超过 5A 的无负荷电力电路。

隔离开关没有灭弧装置，所以不允许带负荷操作。如果错误地用它来切断负荷或带负荷合闸，将会造成严重的后果。同时，油开关和隔离开关在配合使用时，必须十分注意操作的顺序。断电时，先拉开油开关，后拉开隔离开关；通电时，先合上隔离开关，后合上油开关。为了防止误操作，应在油开关和隔离开关的操作机构上装设机械的或电气的闭锁装置，以确保安全。

四、跌开式熔断器的安全要求

跌开式熔断器 (跌落式保险)，用于要求不高的户外场所，一般安装在高压架空配电线路上，作为 10 kV 及以下的配电线路和小容量电力变压器的过载和短路保护，也可用来拉合空载架空线路及空载变压器。

跌落式熔断器的熔丝装于一个在电弧下能产生气体的绝缘筒中,利用断开时所形成的气流来吹熄电弧。熔丝熔断后,熔断管会自动跌落,把电弧拉长而熄灭,同时将电路分断,成为明显的断开点。

使用跌落式熔断器,除了应选择合适的型号、规格和合适的熔断丝外,在安装过程中还应保证导电部分接触良好,注意使熔断管与垂直线保持 25°～30° 的夹角,以利于熔断丝熔断时,熔断管跌落而熄灭电弧。

在拉开跌落式熔断器时,应先拉开低压侧各分路开关和总开关;然后拉开跌落式熔断器。为了防止相间电弧短路,在拉开跌落式熔断器时,应先拉开中相,然后拉开两个边相。合上时的操作顺序,与拉开时相反。

五、互感器的安全要求

就基本结构和工作原理而言,互感器就是一种特殊的变压器:用于变换电流的叫做电流互感器;用于变换电压的叫做电压互感器。

互感器的主要作用是:①使仪表、继电器与高压主回路隔离,这样既避免了主回路的高压直接引入仪表、继电器,使工作人员免受高压威胁,又避免了仪表、继电器的故障直接影响主回路,提高了变配电系统的安全性和可靠性;②用来扩大仪表量限和继电器使用范围。互感器的安全要求如下:

(1)为了防止主回路的高压意外地窜入互感器的二次侧(即仪表、继电器等二次回路),危及人身和设备的安全,无论是电流互感器还是电压互感器,其二次侧线圈和外壳必须可靠接地。

(2)为了防止短路烧毁电压互感器,在电压互感器的一次侧和二次侧应分别装设高、低压熔断器。同时在运行中应注意电压互感器的二次侧绝不允许短路。

(3)在检修中,应注意防止经电压互感器二次侧反馈送电到高压设备,以免造成人身及设备事故。

(4)在运行中,电流互感器的二次侧绝不允许开路。电流互感器的二次侧开路,会在二次侧产生幅值很高的电压,对人身和仪表等造成严重威胁,同时,还可能造成铁芯过饱和而发热,使互感器烧毁。因此,要求电流互感器的二次回路必须连接可靠,禁止在电流互感器的二次回路中装设开关和熔断器。如果由于其他原因要拆除二次回路中的仪表、继电器或其他元件,也必须先将该部分短接.然后才能进行拆除工作。

六、并联电容器的安全要求

一般企业的自然功率因数一般只有 70% 左右,按电力部门规定,必须进行人工补偿,把功率因数提高到 90% 以上。并联电容器就是一种专门用来提高功率因数的电力电容器,它并联在线路上,以其容性的无功功率来补偿感性负荷(例如变压器、感应电动机、日光灯等)的无功功率。使线路的功率因数得以提高。线路的电压损耗和电能损耗得以减少,同时可提高电力系统的供电能力。

企业内部并联电容器的补偿方式,分为集中补偿、分散补偿和成组补偿三种。集中补偿是将并联电容器集中装设在变配电室的高压或低压母线上;分散补偿是将并联电容器分散地装设在各个车间或单个用电设备的附近;成组补偿是将并联电容器组装设在车间变电所的低压母线上。集中补偿的低压电容器,应按要求装设自动投切装置。

并联电容器的安全要求如下:

(1)并联电容器之间应采用软导线连接,以防导管拉裂漏油。同时,所有连接线应保证接触良好,以防止高频振荡的电弧产生。电容器的外壳及支架,均应有接地保护措施。

(2)运行中的电容器,应设有短路保护装置。用熔断器保护时,熔丝额定电流不应大于电容器额定电流的 1.5～2.0 倍;用自动开关保护时,自动开关动作电流不应大于电容器额定电流的 1.2～1.3 倍。

(3)运行中的电容器断电以后,其残留电压可达电压极大值的 2 倍以上,为了避免意外伤人,必须通过放电设备进行放电。高压电容器可以用电压互感器作为放电设备;低压电容器一般采用白炽灯泡作为放电设备。放电负荷应根据电容器容量的大小进行验算,对于 380 V 低压电网,应保证由电网电压峰值 $\sqrt{2}U$ 放电到 65 V 的时间不大于 30 s。放电回路不得装设熔断器和开关。为了确保人身安全,电容器放电时间应在 1 min 以上。人体在接触断电的电容器之前,应该再用导线将所有电容器的两端直接放电。

(4)并联电容器组在运行中,每班至少巡视检查一次。当发生下列情况时,均应立即停止使用:①电源电压超过电容器额定电压的 1.1 倍;②环境温度超过 40 ℃;③电容器严重喷油或燃烧、爆炸;④套管闪络放电;⑤接头严重过热或熔化;⑥电容器内部放电并有严重的异常响声;⑦电容器外壳严重鼓胀。此外,电容器熔丝熔断或开关掉闸后,在原因未查明之前,不允许强行试送。

(5)为了防止电容器组失去电压后在带电荷的情况下立即重合而造成损失,电容器组宜安装失压保护装置;电容器组每次从网络断开后,其放电应自动进行;电容器组重新合闸前,应先放电 3 min。

七、母线的安全要求

母线也称汇流排。是用来汇集和分配电流的导体。母线在工厂变配电室中是可靠元件,但是一旦发生故障,造成的后果是极其严重的。

电气装置中的母线材料采用铜、铝和钢。铜的电阻率较小,机械强度足够大,所以在大电流的强电装置中,宜用铜母线。铝的电阻率比铜略大,机械强度比铜小得多,但铝母线比铜母线便宜得多,所以在一般中小型企业的变配电装置中得到广泛采用。钢的电阻率较大,并且用于交流电路时有较大的能量损耗,所以钢母线极少采用,有时用在小容量的高压装置中,也可用在控制板、配电板等电流较小的低压交流设备中。母线的安全要求如下:

(1)母线的截面除了应满足正常运行中发热和机械强度的要求外,还应满足短路时电动稳定度和热稳定度的要求。

(2)母线的连接可采用搭接、压接和焊接三种形式,其中搭接方法简便、费用较少、足够可靠。所以得到普遍采用。母线连接的工艺应按照有关施工手册规定进行,以免接头发热引起事故。铜、铝母线在干燥的室内可以直接连接,而在室外或潮湿的室内,为了防止电化效应,保证接触良好。应采用铜、铝过渡接头。

(3)母线一般采用绝缘子作为绝缘和支撑。母线固定在绝缘子上时,应使它在热胀冷缩过程中可以自由地作纵向移动。

(4)为了使工作人员便于识别、硬母线一般按 U、V、W 三相分别涂以黄、绿、红色油漆。同时,涂漆还可以起到散热和防腐的作用。此外,中性汇流母线不接地者涂以紫色,接地者应涂以紫色带黑色条纹。

（5）母线安装应符合表 4-1-2 所示屋内外装配式配电装置的距离规定。

表 4-1-2　屋内外装配式配电装置最小允许距离　　　　mm

电压等级 距离种类	户内低压	户内高压			户外高压		
		6 kV	10 kV	35 kV	6 kV	10 kV	35 kV
不同相导体间及带电部分至接地部分间	15~30	100	125	300	200	200	400
带电部分至板状遮栏	50	130	155	330	—	—	—
带电部分至网状遮栏	100	200	225	400	300	300	500
带电部分至栅栏	800	850	875	1050	950	950	1150
无遮栏裸导体至地（楼）	2500	2500	2500	2600	2700	2700	2900
出线套管至屋外、通道的路面	3500	4000	4000	4000			

第二节　车间电气设备的安全要求

企业车间电气设备繁多,触电危险性较大、因此电气设备的安全运行十分重要。车间电气设备可分为动力设备、照明装置、弱电设备三部分。下面分别简要介绍这些电气设备的安全要求。

一、动力设备的安全要求

动力设备应具备防火、防潮、防尘性能。就触电危险程度而言,车间电气设备多、工作人员多、分布广等特点,所以应加强对触电事故的防范。为此,车间内所有动力设备均应有可靠有效的保护接地装置,这是重要的电气安全技术措施。

（一）电动机的安全要求

电动机是车间常见的动力设备。其作用是把电能转换为机械能,以带动设备运转。在各种形式的电动机中,鼠笼式感应电动机用得最广。在一些需要调速的风机、水泵等设备上,也用绕线式感应电动机和直流电动机。电动机的安全要求如下:

1.机器连续运转时间长,负荷一般较稳定的设备,选用电动机时,除了应考虑防火、防潮、防尘性能,选用封闭式电动机外,还要求电动机的功率应留有一定的裕量。

2.带负荷启动的设备,启动时间较长,因此作为短路保护的熔断器熔丝额定电流应按重载启动的要求选取,一般可按电动机额定电流的 2.5~3.5 倍配置。部分设备由于转动惯量太大,启动时间过长,应将熔断器熔断丝额定电流适当增大为电动机额定电流的 5 倍左右,才能有效地避免由于一相熔丝烧断形成长期缺相运转而烧毁电动机。

3.电动机应采用热继电器作为过负荷和断相保护。一段情况下,热元件通过整定电流时,继电器不动作;通过 1.2 倍整定电流时,动作时间约 20 min;通过 1.5 倍整定电流时,动作时间约 2 min;通过 6 倍整定电流时,动作时间仍大于 6 s。因此,热继电器的动作电流整定为电动机额定电流的 0.95~1.05 倍即可。运行中热继电器动作,应检查机械故障,禁止随意调整其整定值或将热继电器退出运行,以避免造成故障扩大,甚至烧坏电动机。

4.同一车间内集中大量同一类型的电动机,这些电动机由少数干线分别供电,因此必须注意各级熔断器的配合。以保证发生事故时有选择性地切断电源,不致因个别电动机发生故障而造成大片停电,影响同一线路上其他机器的正常运行。

5. 所有电动机必须具备足够的绝缘能力,电压为 380 V 的新投入运行的电动机。其绝缘电阻不应低于 0.5 mΩ;使用中的电动机,其绝缘电阻不应低于 1 000 Ω/V 的水平。否则,应进行检查、清扫或烘干处理。

6. 电动机在运行中,应注意电流不得超过额定值,各部位温度不超过规定温度,振动和噪声不得过大,各部零件齐全,安装稳固,外壳接地可靠,运转灵活等。

（二）开启式负荷开关的安全要求

开启式负荷开关,亦称胶盒开关或闸刀开关,是常用的电器设备。由于开启式负荷开关没有专门的灭弧装置,手动分断的速度较慢,因此断流能力有限,不宜用于大容量的电气线路,一般只用它来控制 4kW 及以下的三相电动机和照明等设备。其安全要求如下:

1. 对于照明负荷,开启式负荷开关的额定电流只要大于负荷电流即可。对于动力负荷,开关的额定电流应大于负荷电流的 3 倍。

2. 由于开启式负荷开关的断流能力有限,以致在分断大电流时,往往会有很大的电弧向外喷射,引起相间短路,甚至灼伤操作人员,引起火灾,因此在易燃的车间内和其他易燃场所,应禁止使用。

（三）封闭式负荷开关的安全要求

封闭式负荷开关,亦称铁壳开关,也是一种常用的开关电器。由于它采用了储能分合闸方式,大大提高了触刀的通断速度。又在断口处设置灭弧罩,并将整个开关本体装在一个防护钢壳内,从而有救地改善了开关的断流能力。此外,封闭式负荷开关设有连锁装置,它可以保证开关合闸时不能打开箱盖,而当箱盖开启的时候,开关不能合闸,所以在使用中比较安全。

封闭式负荷开关一般在动力、照明、电热线路的配电设备中用于非频繁接通和分断电路,也可用来控制 10 kW 及以下的三相电动机。作为电动机控制开关使用时,其额定电流应大于电动机额定电流的 3 倍。封闭式负荷开关的额定电流应不小于所配用熔断器的额定电流。此外,其外壳须可靠接地,这也是保证使用安全的必要措施。

（四）自动开关的安全要求

自动开关,又称空气开关,是低压配电网络中非常重要的一种保护电器,也可用来不频繁地接通、断开电路和控制电动机。当电路发生过载、短路及失压故障时,它能自动切断故障电路,有效地保护电气设备。由于自动开关断流能力强,保护性能完善,操作方便,使用安全、因此得到了广泛的应用。

自动开关一般分框架式(也称万能式)和塑料外壳式(亦称装置式)两种结构形式。框架式主要用作配电网络的保护开关;塑料外壳式除可用作配电网络的保护开关外,还可用作动力、照明、电热设备的控制开关。自动开关的安全要求如下:

1. 自动开关应按规定垂直安装,并保证与母线的接触良好。在运行中,自动开关的灭弧罩必须完好无损。灭弧罩若有损坏,应进行更换,以免灭弧性能下降,造成事故。

2. 在选用自动开关时应注意满足下列一般要求

（1）自动开关的极限分断能力等于线路的最大短路电流。

（2）自动开关的额定电压、额定电流大于或等于线路的额定电压、计算负载电流。

（3）自动开关失压脱扣器额定电压等于线路额定电压。

（4）自动开关过电流脱扣器额定电流大于或等于线路计算负载电流。

（5）线路末端单相对地短路电流与自动开关瞬时(或短延时)脱扣器整定电流之比大于或等于 1.5 。

3. 配电用自动开关选用时有关整定值的规定

(1)长延时动作电流整定值 = (0.8 ~ 1)导线允许载流量。

(2)短延时动作电流整定值≥1.1(I_f + 1.35KI_m)。I_f 为线路的计算负载电流;K 为电动机的启动电流倍数;I_m 为最大一台电动机的额定电流。

(3)无短延时时,瞬时电流整定值≥1.1(I_f + K_1KI_m)。K_1 为电动机启动电流的冲击系数,一般为1.7 ~ 2。如有短延时,则瞬时电流整定值≥1.1 倍下级开关进线端的计算短路电流值。

(4)三倍长延时动作电流整定值的可返回时间≥线路中最大启动时间。

4. 电动机保护用自动开关选用时有关整定值的规定

(1)长延时电流整定值 = 电动机额定电流值。

(2)6 倍长延时电流整定值可返回时间≥电动机的实际启动时间。

(3)瞬时整定电流:鼠笼式为8 ~ 15 倍脱扣器额定电流;绕线式为3 ~ 6 倍脱扣器额定电流。

5. 照明用自动开关选用时有关整定值的规定

(1)长延时电流整定值≤线路计算负载电流。

(2)瞬时电流整定值≥6 倍线路计算负载电流。

(五)熔断器的安全要求

熔断器,俗称保险,是一种结构最简单,使用最方便,价格又最低廉的保护电器。它主要由熔体和绝缘座组成。熔断器串联在低压电路中,主要用作电气设备和线路的短路保护。选用时要求符合选择性保护的原则,并要求设备和线路的单相短路电流应大于最近处熔断器熔体额定电流的4 倍。常用的低压熔断器,有瓷插式熔断器、无填料封闭管式熔断器、有填料封闭管式熔断器、螺旋式熔断器和快速熔断器等。其安全要求如下:

1. 车间配电网络,如果短路电流较大,就要选用具有高分断能力的熔断器。在经常发生故障的生产现场,应考虑选用更换熔体方便的"可拆式"熔断器。熔断器必须装在有密闭保护的开关箱(盒)或熔断器盒里面。

2. 用熔断器保护单台鼠笼式异步电动机时,在不经常启动或启动时间不长的场合下,熔体的额定电流应为电动机额定电流的1.5 ~ 2.5 倍。在经常启动或启动时间较长,以及线路中有热继电器作过载保护时,为了有效防止启动时熔丝熔断,造成单相运转,则上述倍数可加大到3 ~ 4 甚至5 倍。如果数台电动机共用一个总的熔断器来保护,则熔体的额定电流应为容量最大的一台电动机额定电流的1.5 ~ 2.5 倍再加其余各台电动机额定电流之和。在负载电流比较平稳或无冲击负荷的配电线路上,则可按额定负载电流来确定熔体额定电流。

3. 为了保证熔断器保护动作的选择性,当上下级采用同一型号的熔断器时,其电流等级以相差两级为宜。

4. 无填料封闭管式熔断器经过几次切断短路电流后,熔管内层会逐渐变薄,灭弧效能也会降低,此时就应把旧的熔管换成新的,以防发生爆炸事故。

5. 在运行中,应注意熔体的额定电流不可大于熔断器的额定电流。熔断器的各部分应接触良好,熔体不应有机械损伤,更换熔体或熔管必须在不带电的情况下进行。

动力设备的安全要求,除了以上所述之外,还应注意做到:车间内部的动力配电箱、电控箱及其他电气装置均应采用封闭、防尘结构,设备的布置应不妨碍工人巡回和车间运输。所有电机、电器、配电箱、电控箱及其他电气装置均应按周期进行维护检修,做到内外整洁,无尘埃及油污堆积,部件齐全,接地可靠,防护装置完备。安装牢固,动作无误,绝缘良好,温升正常。同时,应按规定做好每班的正常巡视工作,及时发现隐患,消除事故苗头。

二、照明装置的安全要求

车间照明,分为工作照明和事故照明两种。前者是用来保证被照明场所正常工作时所需照度的照明;后者是当工作照明由于电气事故而熄灭后,为了继续工作或从生产现场疏散人员,维持治安所需的照明。照明装置的安全要求如下:

1. 工作照明可采用白炽灯或荧光灯作为光源。荧光灯与自然光源接近,发光效率高,符合劳动保护的要求,在厂矿企业得到普遍采用,但它也有启动困难和频闪效应等缺陷,因此除在布置照明配电时应注意克服光源显著的频闪现象外,在被照加工对象处于旋转状态的机修等部门,不允许采用荧光灯,应采用白炽灯或碘钨灯。

2. 在照度要求特别高的工作面上,应加强局部照明。局部照明一般采用 36 V 电压。在工作地点狭窄,行动不便,周围有接地的大块金属面(例如在锅炉内或其他金属容器内工作)而增加触电危险的恶劣条件下,则手提照明灯的电源电压不应超过 12 V。

3. 车间内的照明装置,应采取保护接零措施。保护接零线与工作零线必须分开,同时应注意保护接零线的接触良好和连续性。

4. 灯具安装应牢固可靠。室内吊灯灯具安装高度一般应大于 2.5 m,受条件限制时可减为 2.2 m;如果还要降低,应采取适当的安全措施。当灯具在桌面上方或人碰不到的地方时,高度可减为 1.5 m。户外照明灯具安装高度不应小于 3 m,墙上灯具安装高度允许减为 2.5 m。

5. 车间照明配电箱应采用封闭式结构,安装高度以不小于 1.5 m 为宜。为了防止火灾,150 W 以上的灯泡不宜采用胶木灯头,而应采用瓷灯头。事故照明平时应与工作照明共用电源,当发生事故工作照明电源被切断时,事故照明一般应能自动切换,改由蓄电池或其他独立的电源供电。

6. 为了与工作照明相区别,事故照明灯具应有特殊的标志。

第三节　输配电线路的安全要求

输配电线路主要起输送和分配电能的作用。由输配电线路引起的电气事故,在全部电气事故中占相当大的比例,对生产和人民生命财产的威胁很大。输配电线路的安全要求,集中反映在导线截面、线路间距和布线方式三个方面。

一、导线截面的安全要求

为了保证电气线路经济合理、安全可靠地运行,新线设计和老线改造时,应按经济电流密度选择导线截面。同时,导线截面必须满足机械强度和电压损失两方面的要求。我国规定的导线和电缆经济电流密度见表 4 - 3 - 1,按机械强度允许的导线最小截面见表 4 - 3 - 2。

表 4 - 3 - 1　我国规定的导线和电缆经济电流密度　　　　　　　　A/mm^2

线路类别	导线材料	年最大负荷利用小时		
		3 000 以下	3 000 ~ 5 000	5 000 以上
架空线路	铝	1.65	1.15	0.90
	铜	3.00	2.25	1.75
电缆线路	铝	1.92	1.73	1.54
	铜	2.50	2.25	2.00

表4－3－2　按机械强度允许的导线最小截面

导　线　用　途			导线允许最小截面/mm²		
			铝线	铜线	铜芯软线
灯头引线	民用建筑物内		1.5	0.8	0.4
	工业建筑	室内	2.5	0.8	0.5
		室外	2.5	1.0	1.0
架设在绝缘支件上的低压绝缘导线,其支持点间距为S	$S\leqslant1$ m	室内	1.5	1.0	
		室外	2.5	1.5	
	$S\leqslant4$ m	室内	2.5	1.0	
		室外	2.5	1.5	
	$S\leqslant6$ m	室内	4.0	2.5	
		室外	8.0	2.5	
移动式用电设备用导线	生活用				0.2
	生产用				1.0
低压户外架空线,其挡距为S	$S\geqslant25$ m		16	16	
	$S<25$ m		10	8	
穿管导线			2.5	1.0	1.0
低压接户线	长度在10 m以下		4.0	2.5	
	长度在25 m及以下		6.0	4.0	
6~10 kV户外架空线	居民区		35(25)	16	
	非居民区		25(16)	16	
6~10 kV接户线			25	16	

注:表中带括号的数字为钢芯铝绞线数据

　　某一截面的导线按发热条件允许的长期工作电流,除与负载的性质(连续、非连续或短时工作制)有关外,还与环境温度,允许温升、敷设方式、导线本身的种类和其他因素有关。因此,按发热条件选择导线时,应根据具体情况决定。

二、线路间距的安全要求

　　为了防止人体触及或接近带电导线,为了防止火灾和各种短路事故的发生,导线与地面、导线与其他设施和建筑物、树木以及导线与相邻导线之间,均应保持适当的安全距离,简称间距。间距的大小,主要取决于电压的高低和导线的种类。

　　(一)架空线路的间距

　　1.架空线路与地面(或水面)的间距,不应小于表4－3－3所列数值。

表4－3－3　架空线路导线与地面(或水面)的间距

线路经过地区	最小间距/m		
	35 kV	6~10 kV	<1 kV
居民区及工业企业	7	6.5	6
非居民区	6	5.5	5
交通困难区(车辆不能到达)	5	4.5	4

表4－3－4　架空线路导线与建筑物的最小间距

线路电压/kV	35	6~10	<1
垂直间距/m	4	2	2.5
水平间距/m	3~3.5	1.5~2	1~1.5

2. 架空线路不得跨越用易燃材料作屋面的建筑物。架空线路在跨越其他建筑物时,其导线与建筑物的距离不应低于表4-3-4所列数值。如果线路经过无门窗的墙旁,水平间距可取表4-3-4中较小的数值;如果线路经过有门窗的墙旁,水平间距应取表4-3-4中较大的数值,并须在窗上装设防护网,防止室内伸出材料、物体而接触架空线路。

3. 架空线路导线与街道或厂区树木的最小间距,不应低于表4-3-5中所列数值。

4. 在企业内部,有时往往把几种线路同杆架设,这必须取得有关部门的同意,并且做到电力线路必须位于弱电线路的上方,高压线路必须位于低压线路的上方。几种线路同杆架设时,不同线路的间距不应低于表4-3-6所列数值。

表4-3-5 架空线路导线与街道或厂区树木的间距

线路电压/kV	35~110	6~10	<1
垂直间距/m	3.0	1.5	1.0
水平间距/m		2.5	1.0

表4-3-6 同杆线路的最小间距

线路种类	线路的最小间距/m	
	直线杆	分支(或转角)杆
6~30 kV 与 6~10 kV	0.8	0.45/0.6
6~10 与低压	1.2	1.0
低压与低压	0.6	0.3
低压与弱电	1.2	

注:表中0.45为与上层横担间距,0.60为与下层横担间距。

5. 架空线路导线与导线之间的最小间距,不应低于表4-3-7所列数值。

表4-3-7 架空线路导线与导线之间的最小间距

线路电压/kV	档 距 /m								
	≤40	<50	<60	<70	<80	<90	<100	<110	<120
6~10	0.6	0.65	0.7	0.75	0.85	0.9	1.0	1.05	1.15
低压	0.3	0.4	0.45	0.5	—	—	—	—	—

6. 架空线路与其他工程设施交叉接近时的最小间距,不应低于表4-3-8所列数值。

表4-3-8 架空线路与其他工程设施交叉接近时的最小间距

设施名称			线路电压/kV	
			6~10	<1
铁路	垂直间距(至铁轨顶面)		7.5	7.5
	水平间距(电杆外缘至轨道中心)	交叉时	5	5
		平行时	杆高加3	杆高加3
道路	垂直间距		7	6
	水平间距(电杆至道路边缘)		0.5	0.5
弱点线路	垂直间距		2.0	1.0
	水平间距(两线路边导线间)		2.0	
电力线路	<1 kV	垂直间距	2	1
		水平间距(两线路边导线间)	2.5	2.5
	6~10 kV	垂直间距	2	2
		水平间距(两线路边导线间)	2.5	2.5
	35 kV	垂直间距		
		水平间距(两线路边导线间)	5	5

续上表

设　施　名　称			线路电压/kV	
			6~10	<1
管　道	垂直间距	电力线在上方	3	1.5
		电力线在下方	—	1.5
	水平间距(边导线至管道)		2	1.5

7. 6~10 kV 架空接户线对地间距不应小于 4 m,低压接户线对地间距不应小于2.5 m。

8.沿墙敷设的低压线路导线对地高度不得小于 3 m,导线之间距离不得小于0.2 m。

（二）户内低压线路的间距

户内低压线路敷设方式繁多,间距要求也不相同。

1.户内低压照明线与地面的最小间距,不应低于表4-3-9所列数值。裸线采用网状遮栏保护时,与地面的最小间距可以减低为2.5 m。

表4-3-9　户内低压照明线与地面的最小间距　m

敷设类别	水槽板	塑料线直接沿墙敷设	瓷夹板明线	瓷柱支持敷设	塑料护套线	有绝缘支撑的裸线
水平敷设	0.15	2.0	2.0	2.0	0.15	3.5
垂直敷设	0.15	1.3	1.3	1.3	0.15	3.5

2.户内低压线路与工业管道的最小间距,不应低于表4-3-10所列数值。

表4-3-10　户内低压线路与工业管道的最小间距　mm

布线方式		导线穿金属管	电缆	明敷绝缘导线	配电设备
煤气管	平行	100	500	1 000	1 500
	交叉	100	300	300	—
蒸汽管	平行	1 000(500)	1 000(500)	1 000(500)	500
	交叉	300	300	300	—
暖热水管	平行	300(200)	500	300(200)	100
	交叉	100	100	100	—
通风管	平行	—	200	100	100
	交叉	—	100	100	—
上下水管	平行	—	200	100	—
	交叉	—	100	100	—

（三）电缆线路的间距

电缆线路有明设和暗设两种。暗设有沿电缆沟或电缆隧道敷设的,也有直接埋地敷设的。直接埋地敷设的电缆,其埋设深度一般不应小于0.7 m。

1.直接埋地电缆与工程设施的最小间距,不应小于表4-3-11所列数值。

表 4 –3 –11　直接埋地电缆与工程设施的最小间距　　　　　　　　m

敷 设 条 件	平行敷设	交叉敷设
与建筑物地下基础之间	0.6	—
与电杆之间	1.0	—
10 kV 及以下的电力电缆之间(或与控制电缆之间)	0.1	0.5
10 ~ 30 kV 电力电缆之间(或与其他电缆之间)	0.25	0.5
不同部门使用的电缆(包括通信电缆)之间	0.5	0.5
与热力管道之间	2.0	0.5
与可燃气体及易燃、可燃液体管道之间	1.0	0.5
与水管、压缩空气管道之间	0.5	0.5
与道路之间	1.5	1.0
与普通铁路路轨之间	3.0	1.0
控制电缆与控制电缆之间	0.05	—

电缆与道路、铁路交叉时应穿保护管,保护管两端应伸出路面或轨道 2 m 以上。电缆与热力管道交叉时应穿石棉水泥保护管,保护管两端应超出热力管 1 m 以上。

2. 沿电缆沟和隧道敷设的低压电缆,应满足表 4 –3 –12 所列的间距要求。

表 4 –3 –12　沿电缆沟和隧道敷设的电缆与其他设施的最小间距　　　　　mm

敷 设 条 件	隧道高度	电缆沟深度	
	≥1 000 mm	600 mm 以下	600 mm 以上
两边有电缆架时水平净距通道宽	1 000	300	500
一边有电缆支架,支架对对面墙壁	300	300	450
电力电缆支架层间(10 kV 及以下)	200	150	150
控制电缆支架层间	100	100	100
电力电缆之间水平净距	35	30	35

三、布线方式的安全要求

在企业中,动力及照明布线正确与否,与电气安全有很大关系。一般而言,在潮湿、腐蚀、易燃、易爆的场所采用暗敷线路;在比较干燥和要求不高的场所可采用明敷线路。布线方式的安全要求如下:

1. 无论采用明敷线路或暗敷线路(地沟、埋地),均应尽量避免和地下管道交叉重叠,以免导线受到热、湿的侵蚀而发生故障,影响供电。如果上述情况无法避免,则要在布线时考虑适当的隔热、防潮措施。

2. 禁止在通风沟、除尘沟内布置任何电气线路,以防止发生火灾和爆炸事故。

3. 湿度较大车间和场所,电气线路及设备应具有防潮、防腐蚀性能。

4. 尘杂较多车间和场所,电气线路应采用封闭式结构,并应具有防尘、防火性能。

5. 按导线使用环境确定布线方式,可参见表 4 –3 –13。

6. 若生产车间振动大、潮湿、易燃等,由于铝导线的化学性能、机械性能较差,因此在此类生产车间和其他类似场合不宜使用铝导线布线。同时,处于这种环境的所有电气线路均应穿焊接钢管、电线管或硬塑料管加以保护。

表 4 - 3 - 13　按导线使用环境确定布线方式

导线类型	敷设方式	场所性能									
		干燥	潮湿	特别潮湿	高温	振动	多尘	腐蚀	易燃	易爆	室外
塑料护套线	直　敷	△	√	×	×	—	√	√	—	×	×
绝　缘　线	瓷夹布线	△	△	×	△	×	×	×	×	×	×
	鼓形绝缘子布线	△	—	—	△	△	—	×	×	×	√
	针式绝缘子布线	√	△	×	△	△	×	×	×	×	√
	焊接钢管布线	△	△	√	△	√	△	△	√	√	√
	电线管布线	△	△	△	△	√	△	△	√	×	△
	硬塑料管布线	△	△	△	—	△	△	√	√	×	△
	木槽板布线	△	△	×	×	△	×	×	×	×	×
裸导线	绝缘子明敷	√	√	—	√	√	√	×	√	×	×

注:表中"△"表示适合采用;"√"表示可以采用;"×"表示不允许采用;"-"表示不适合采用。

四、临时线路的安全要求

正常生产用的电气设备和照明,不准安装临时线。因临时性生产,试验的需要,允许安装临时线,但必须办理申请手续,经企业劳动保护和保卫部门同意后才能安装。同时,要明确规定安装、使用、拆除时间,严格按照临时线管理制度执行。

安装临时线,必须满足规定的安全要求,主要要求如下:

(1)应用绝缘良好、完整无损、截面不小于 2.5 mm² 的多芯坚韧护套电缆时,可采取悬空架设和沿墙敷设。悬空架设时,户内电线离地不低于 2.5 m,户外不低于 3.5 m,并不得使用金属捆扎。必须放在地上的部分临时线,应采取导线不受外力损伤的可靠保护措施。

(2)控制开关不得放在地上,必须装在墙上或杆架上,并采取防雨措施。

(3)临时使用的开关、电动机等必须安装熔断器,金属外壳必须接地或接零,严禁将动力线直接接在电源线上。

(4)临时线使用期限一般不超过 1 个月,到期不能拆除时应再办理审批手续。

(5)企业电气部门对临时线应加强检查、维护,以保证临时线的安全使用。

第四节　其他电气设备的安全要求

一、插座、插头的安全要求

在生产、生活用电中,由插座、插头供电的电气设备发生触电事故的例子很多,因此必须十分注意插座、插头的选用、安装、维护工作。

插座是一种低压电源装置,它与相同形式的插头配合使用。插座的主要作用,是通过插头把用电设备与电源连接起来。插座一般有明式和暗式两种,按孔眼可分两极、三极、四极三种类型。在单相三极和三相四极插座中,有一个较大的插孔是接地插孔,它的插套比较高。这是为了保证插头插入时接地插头首先接触到接地插套,而拔出插头时接地插脚最后拔离接地插套而设计的,以求保障使用者的人身安全。单相二极插座出于没有这样的接地插孔,因而使用范围有很大的局限性。

插头是一种连接插座与用电设备的电器。由于插头总是与相同型式的插座配合使用的,因此其型式和种类与插座相同。单相三极、三相四极插座头为有接地极的插头,其接地插脚要比其他插脚粗而且长,把它与电气设备的金属外壳连接,通过插座可靠接地,可防止电气设备电源碰壳或漏电而引起的触电事故。扁脚插头及插座具有安全可靠、使用寿命长、成本低、加工简单等优点。

插座及插头的安全要求如下:

(1)插头、插座必须符合相应的国家标准。安装使用前,必须经过严格检查,不合格的不准安装或使用。

(2)插座必须保证一定的安装高度。明装插座规定安装高度为 1.3~1.5 m;暗装插座安装高度可取 0.2~0.3 m。

(3)使用插座时,开关和熔断器必须接在火线上。

(4)插头、插座的带电零件不得外露。

(5)严防接地插脚过短或接地插套过松。

(6)严防插头、插座内的线头松脱或绝缘破损而造成短路或碰壳漏电。

(7)插头、插座的外壳应始终保证良好的绝缘。

(8)使用插头、插座必须保证正确接线,见图 4-4-1。

图 4-4-1(a)为单相二极,适用于外壳绝缘或外壳不需要接地的用电设备;图 4-4-1(b)为单相三极,适用于具有金属底座及外壳且底座及外壳需要接地的用电设备;图 4-4-1(c)为三相四极,适用于外壳需要接地的以三相电源供电的用电设备。

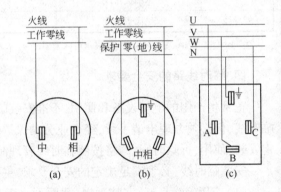

图 4-4-1　插座的正确接线及使用范围
(a)单相二极;(b)单相三极;(c)三相四极

错误的接线方法必须严格禁止,见图 4-4-2 错误的插座接线;图 4-4-3 零线断时造成用电设备外壳带电;图 4-4-4 电源接反时造成用电设备外壳带电。

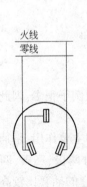 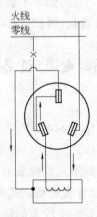 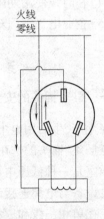

图 4-4-2　插座接线　　　　图 4-4-3　零线断　　　　图 4-4-4　电源接反

二、电焊机的安全要求

最常见的电焊机是交流弧焊机。交流弧焊机实际上是一种特殊的变压器,其特点是无载时在焊钳与工件之间有足够的电弧点火电压(约60~75 V),有负载(即起弧)时电压就下降,在额定负载时约30 V。短路电流不太大。为了适应不同焊件和不同规格的焊条,要求能调节焊接电流的大小。电焊机的安全要求如下:

(1)电焊机机壳应装设有效的保护接地或接零装置。为了避免高压窜入低压而造成危害,电焊机二次线圈也应接地,但必须注意接焊钳线的一端不能接地,否则可能造成危险的短路电流。交流弧焊机的原理及正确接地或接零方式,如图4-4-5所示。

(2)电弧燃烧时,由于工作电压仅30V左右,一般不会发生触电事故,而当电弧熄灭,特别是更换焊条时,焊钳与工件之间的电压高达60~75V,对人的威胁就比较大。为了防止触电事故的发生,电焊工人应戴帆布手套,穿胶底鞋;在金属容器或管道内工作时,还

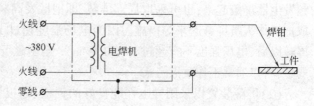

图4-4-5 交流弧焊机的原理及接地(零)方式

应戴上头盔、护肘等防护用品。在电焊机运行中,不得直接触及带电部分。严禁徒手操作或更换焊条。

(3)由于焊钳线和接工件导线需要经常移动,为了防止损坏漏电,应采用护套软绝缘线,在使用中应注意不使其绝缘烧坏或轧伤。

(4)电焊机的电源线上应装设单独的开关和短路保护装置,有时还要装设过热保护。开关和保护装置应设在电焊机附近便于操作和维修的地点。

(5)固定使用的电焊机的电源线布线,与其他固定设备电源线布线要求相同。移动使用的电焊机的电源线。应按临时接线处理,导线应采用护套软电缆,须保持适当高度,且不宜过长。

(6)为了减少电焊机的空载损耗,改善电网功率因数,保证操作人员人身安全,每台电焊机必须按规定装设熄弧自动断电装置。

(7)电焊机焊接时电弧中心部分的温度高达5 000~6 000 ℃,且火花飞溅很远,因此应十分注意防火防爆。在生产车间或易燃场所使用电焊机时,应向技术安全和消防部门申请同意,有专业人员在场监护,并采取充分的防火安全措施;在易爆场合,严禁使用电焊机。

三、高频设备的安全要求

高频是一项新技术,在高频加热、无线电工程、医疗等方面得到广泛的应用。高频是射频电磁场的一个频段,射频电磁场是一种频率很高的电磁波,按频率大小大体分为高频、超高频和特高频三个频段,见表4-4-1。

表4-4-1 射频电磁场的频段和波段

频 段	高 频			超高频		特高频(微波)		
频率	0.1 以下	0.1~1.5	1.5~6	6~30	30~300	300~3 000	3 000~30 000	30 000 以上
波长/m	3 000 以上	3 000~200	200~50	50~10	10~1	1~0.1	0.1~0.01	0.01 以下
波段	长波	中波	中短波	短波	超短波	分米波	厘米波	毫米波

工业企业经常用到的高频设备是高频加热设备。其中,用于淬火、焊接、熔炼的感应加热设备,频率为数千千赫,用于木材、塑料、半导体加工的是介质容量加热设备,频率为数十兆赫。高频加热设备的应用,提高了生产水平,改善了劳动条件,但也出现了一些新的问题,从安全角度看,主要是高频对人体伤害的问题。

高频对人体的伤害是高频电磁场造成的,伤害程度受电磁场强弱、频率高低、作用时间和人体条件等因素的影响。伤害的主要症状是头晕、乏力、失眠、多梦、健忘及其他神经系统的表现。工作厂地上高频电磁场的主要来源是高频振荡器、振荡电路的耦合电容器、高频馈电线和工作元件(例如高频淬火的感应器)。高额设备的安全要求如下:

(1)对高频伤害的主要安全措施是屏蔽。根据具体情况,可以采取整体屏蔽,即把整个高频发生器屏蔽起来;也可采取局部屏蔽,即把散发高频电磁场的各元件分别屏蔽起来,还可采取把工作人员屏蔽起来等措施。因为电场强度超过 10 V/m 就会对人体造成伤害,所以经过屏蔽以后,电场强度不宜超过 5~10 V/m 。至于磁场强度,一般都较电场弱,经屏蔽后已经很弱了,所以通常不作重点考虑。

(2)屏蔽装置以采用导电性能良好的铝板、钢板为佳,也可以采用网眼细小的网状屏蔽,屏蔽装置各部分之间应保持良好的接触,还应可靠接地。接地线的截面应当大一些,长度应当小一些,一般以不超过电磁波波长的 1/4 为宜,接地线应当平直,宜用多股线或多层铜皮做成,还应在几个点与接地体连接起来。接地电阻一般不超过 10~20 Ω 即可。

(3)为了确保人身和设备的安全,使用高频设备应该严格做到以下各点:

1)高频设备上的电气闭锁应灵敏可靠。必须定期调校设备的保安电器元件的工作性能,保证动作可靠准确。

2)高频设备的外壳必须可靠地接地。

3)高频设备工作时,必须关好所有机门。

4)停电维修时,必须断开室内配电盘上的开关,并挂上"有人检修,不准合闸"的标示牌。打开高频设备机门后,必须首先用放电棒对振荡管阳极高压回路、栅极回路及稳压器谐振电容等处进行充分放电。

5)高频设备四周应铺一层宽 1 m、耐压 35 kV 的绝缘橡胶板。

6)遇有必须带电测试的情况(例如调整稳压器、测量电压等),操作者必须穿戴绝缘手套和绝缘胶鞋,并由两人以上在现场工作,一人操作,一人监护。

7)接触高额设备的人员,应该学会人工呼吸法和具备触电急救常识。

四、电梯的安全要求

电梯是一种间歇性电力驱动起重机械,用来进行载人和运货。电梯主要由原动机、传动装段、工作机三部分组成。原动机一般是采用双速异步电动机;传动装置一般由滑轮减速器、联轴器、滚筒构成;工作机即轿厢部分。电动机运转时,滚筒上的钢丝绳带动两侧的轿厢和对重,轿厢上升则对重下降,轿厢下降则对重上升。电梯在停站前,电动机由快速转为慢速,以使轿厢在慢速运转下实现准确平层。

(一)电梯的安全保护装置

电梯的自动化程度较高,电气控制线路复杂,运行中产生故障的因素多。为了确保其安全使用,应设置如下必要安全保护装置。

1.轿厢门和厅门的安全联锁装置

为了避免在电梯运行中工作人员和乘梯人员被轿厢轧伤或摔入井道,造成伤亡事故,电梯的轿厢门和各层厅门必须装设机械的和电气的安全联锁装置,保证轿厢门和各层厅门均在关闭的条件下,才能启动运行。否则,主回路不能得电,电梯无法开动。

2. 超速保护装置

电梯如果电气失控或曳引钢丝绳断脱,就可能造成轿厢超速下降而猛烈"蹲底"的严重事故。为此,必须采取安全保护措施,常见的是采用安全钳装置。当电梯超速下降时,安全钳动作,使轿厢轮钳在导轨上,不再向下运动。另一方面,安全钳动作时,带动电气联锁开关,使控制回路断开,电梯曳引电动机失电制动。在安全钳及其电气联锁开关未复位以前,电梯应不能启动运行。

3. 行程保护装置

电梯除了在各层站应设置平层装置外,为了防止轿厢冲顶或"蹲底"事故的发生,在上下端站还必须装置1~2级越层限位开关保护和极限终端开关保护。当电梯下行或上行时,如果平层装置不起作用,电梯继续下降或上升,则越层限位开关动作,使电梯失电制动;若越层限位开关失效,电梯仍继续下降或上升,则紧接着极限终端开关动作,将电梯总电源切断,电梯进行紧急制动。

(二)电梯的安全使用要求

为了确保电梯安全使用,除采用上述必要的安全保护装置外,尚须建立严格的管理制度,提出严格的安全要求。

1. 电梯司机应经有关部门批准,由经过专业培训的专职人员担任。

2. 电梯的维修人员应由经有关部门批准的技术熟练的专职人员担任,要求按规定进行经常性的管理、维护和检查。

3. 除专职的维修人员和电梯司机外,其他任何人不得擅自检修、开动电梯,开闭厅门和轿厢门,否则按故意违章处理。

4. 电梯若停止使用7天以上,须经详细检查,方可投入使用。

(三)电梯的周期维修制度

为了保证电梯的安全运行,应建立正确的周期维修制度。一般规定如下:

(1)每周对主要安全设施和电气控制部分进行一次检查。

(2)每月对电动机绝缘、越层限位开关及其他安全联锁开关的可靠性进行一次检查,并对电动机及电气元件进行清洁工作。

(3)每季度对较重要的安全设施(例如安全钳及其联动开关)进行一次检查。

(4)每年组织有关人员对电梯进行一次全面技术检查,检查所有电气零部件及安全设施的工作状况。除每周、月、季的检查内容外,还包括对极限终端开关进行越层检查,对电气控制屏进行全面检查,对所有电气设备金属外壳的接地或接零装置进行检查和对电气设备的耐压绝缘进行检查等。

五、手持式电动工具的安全要求

手持式电动工具的种类较多,使用范围很广,但由于在使用时要经常移动,振动也大,所以容易发生碰壳或漏电故障;加之操作者一般双手紧握工具,且工作场所条件也往往较差,因而触电危险性很大。

手持式电动工具按触电保护方式,可分为Ⅰ类工具、Ⅱ类工具和Ⅲ类工具。Ⅰ类工具在防止触电方面,除靠基本绝缘外,还包含对可触及的导体外壳或零件采取接地保护的安全预防措施;Ⅱ类工具采取双重绝缘的附加安全预防措施;Ⅲ类工具采取安全低电压供电和在工具内部不会产生比安全低电压高的电压来保证使用的安全可靠。

手持式电动工具的安全要求如下:

(1)在一般场所,为了保证使用的安全,应选用Ⅱ类工具。如果使用Ⅰ类工具,必须采取其他安全保护措施,例如装设漏电保护器或采用安全隔离变压器等,否则,使用者必须戴绝缘手套,穿绝缘鞋或站在绝缘垫上。

(2)在潮湿的场所或金属构架等导电性能良好的作业场所,必须使用Ⅱ类或Ⅲ类工具。如果使用Ⅰ类工具,必须装设额定漏电动作电流小于 30 mA、动作时间小于 0.1 s 的漏电保护器。

(3)在特殊环境如温热、雨雪以及存在爆炸性或腐蚀性气体的场所,使用的手持式电动工具必须符合相应防护等级的安全技术要求。

(4)企业购置手持式电动工具,必须经电气部门验收,并由电气部门统一管理,立卡登记、检查、维修。

(5)手持式电动工具的电源线,必须采用多股铜芯橡套软电缆或护套软线,其中绿/黄双色线在任何情况下都只能用作保护接地线或接零线。电源线中间不得有接头,不得任意接长或拆换。

(6)手持式电动工具使用的插头、插座,必须符合相应的国家标准。三极插座的保护接地插孔,应单独用导线接至接地线或接零线,严禁在插座内用导线直接与接地线或接零线连接起来。

(7)手持式电动工具的绝缘部分经过拆换或检修时,除测量绝缘电阻外,尚须进行绝缘耐压试验。试验电压值规定为:Ⅰ类工具 950 V,Ⅱ类工具 2 800 V、Ⅲ类工具 380 V。试验时间维持 1 min 。

(8)工具如果不能修复,应办别报废销账手续,并应采取措施严防重新利用。

(9)企业中使用的其他手持式电动工具,例如电剪、电晕斗、手砂轮、电扇等,也应参照上述要求,加强安全技术管理和检查维修工作,以避免由此而发生触电伤亡事故。

复习思考题

1.导线和设备的选择应考虑哪些安全事项?

2.电气设备(或者线路)在运行超过其额定值(或安全载流量)将发生什么问题?

3.供电回路中,断路器与隔离开关的作用有何不同?

4.某变电所值班人员在巡视中发现油断路器的油位中已看不到油位,并有显著漏油现象,他立刻将该断路器拉闸,此举对否?

5.在某电动机馈电线路采用塑料绝缘铜线穿金属管敷设,导线截面为 10 mm², 环境温度为 30 ℃,试问导线的安全载流量应为多少?

6.在变压器运行中必须监视、巡视检查的项目有哪些? 在何种情况下应立刻停止变压器的运行。

7.高压断路器在运行中应注意哪些安全事项? 出现哪些情况油断路器必须立即停用。

8. 隔离开关的操作要领是什么?

9. 如何在运行中带电启、停电流互感器?

10. 电容器自电网断开后,未经放电前,为什么工作人员不可触及外壳?

11. 运行中的电动机应监视哪些项目? 出现哪些情况应立即断电检查?

12. 低压配电箱的安装有哪些安全技术要求?

13. 照明装置有哪些安全技术要求?

14. 使用移动式及手持式电动工具应注意哪些安全事项?

15. 使用家用电器的安全技术措施是什么?

第五章
电气设备的防火与防爆

第一节　消防基本知识

一、基本概念

火灾和爆炸往往造成重大的人员伤亡和巨大的经济损失。机电设备,特别是电气设备起火成灾的事例是很多见的,引起火灾的电气原因是仅次于一般明火的第二位原因。

火灾是失去控制且造成损失的燃烧。燃烧一般是指某些可燃物质在较高温度时,与空气(氧)或其他氧化剂进行剧烈化合而发生的放热发光的现象。有些物质的燃烧的火焰温度高达 2 000 ~ 3 000 ℃,破坏力极大,燃烧产物也会给人带来很大的危险。例如:7% ~ 10% 的 CO_2 能使人窒息而死亡,0.5% 的 CO 经 20 ~ 30 min 能使人死亡,0.05% 的 SO_2 或 0.05% 的 NO 和 NO_2 短时间即致人死亡,烟尘和烟雾也有很大危险。按可燃物的性质,火灾可分为固体材料火灾、液体或液化固体火灾、气体或液化气泄漏火灾和金属粉尘燃爆火灾。

爆炸是物质潜能在瞬间的突然释放或急剧转化,且伴有高压、体积剧增、高温、巨响等现象。爆炸可分为物理爆炸和化学爆炸。化学爆炸伴有剧烈的化学反应,又可分为炸药爆炸、气体、蒸汽爆炸和粉尘、纤维爆炸。传播速度数十厘米每秒至数十米每秒的为轻爆,10 m/s 至数百米每秒的为爆炸。形成化学爆炸的的条件是存在爆炸性混合物和一定能量的引燃源。气体爆炸性混合物的爆炸温度可达 2 000 ℃以上。

电气火灾是指电气方面原因形成的火源,包括发电装置、用电设备以及传输线路引起的火灾和爆炸。如由于某些原因造成变压器、电力电缆、油开关的爆炸起火;配电线路短路或过载引起的火灾等。

消防工作是包括防火和灭火在内的,同火灾作斗争的一项专门工作。消防工作方针是"预防为主,防消结合","以防为主,以消为辅"。火灾是无形的,我们应对的措施就应该在于防患,以不变应万变,尽量做到防患于未然。

公安部现已将火灾标准由原来的特大火灾、重大火灾、一般火灾三个等级调整为特别重大火灾、重大火灾、较大火灾和一般火灾四个等级。特别重大、重大、较大和一般火灾的等级标准分别为:

特别重大火灾是指造成 30 人以上死亡,或者 100 人以上重伤,或者 1 亿元以上直接财产损失的火灾;

重大火灾是指造成 10 人以上 30 人以下死亡,或者 50 人以上 100 人以下重伤,或者 5 000 万元以上 1 亿元以下直接财产损失的火灾;

较大火灾是指造成 3 人以上 10 人以下死亡,或者 10 人以上 50 人以下重伤,或者 1 000 万元以上 5 000 万元以下直接财产损失的火灾；

　　一般火灾是指造成 3 人以下死亡,或者 10 人以下重伤,或者 1 000 万元以下直接财产损失的火灾。(注:"以上"包括本数,"以下"不包括本数。)

　　火警是指个人烧毁财务、直接损失折款不超过 50 元,国家和集体单位烧毁财务、直接损失折款不超过 100 元,且没有人员死亡和重伤的意外火灾情况。

二、发生火灾的原因

　　电气设备发生火灾和爆炸的原因是多种多样的,但总的来说,主要是由于以下因素产生的。

　　(一)直接原因

　　1. 明火。指敞开外露的火焰、火星及灼热的物体等。明火有很高的温度和很大的热量,是引起火灾的主要火源。

　　2. 电火花。是引起易燃气体、蒸汽和粉尘爆炸的主要火源之一,电火花的来源有:开关断开拉弧、熔丝熔断、电气短路等。

　　3. 雷电。在雷击时,强大的电压、电流所产生的热量以及电火花。

　　4. 化学能。指有些化学反应释放出的热量。能引起反应物自燃或导致其他物质的燃烧。

　　(二)思想、管理上的原因

　　1. 重视不够,缺乏必要的安全规章制度或执行制度不严,缺乏定期的安全检查以及经常的安全教育工作。

　　2. 操作人员责任心不强,思想麻痹,违章作业或缺乏安全操作知识,不清楚防火、灭火的知识。

　　3. 设备设计或工艺方法不妥当,不符合防火安全技术要求。

　　并不是上述原因出现就必然发生火灾或爆炸,必须同时具备以下三个条件(简称燃烧三要素)才能发生:

　　(1)可燃物。不论固体、液体、气体,凡能与空气中的氧或其他氧化物起剧烈反应的物质,一般都称为可燃物,如木材、植物油、矿物油、酒精、氢气、乙炔、甲烷、钠、镁等。

　　(2)助燃物。凡能帮助和支持燃烧的物质叫助燃物,如空气(氧)、氯、溴、高锰酸钾、氯酸钾等,一般情况下,空气中的氧含量在 21% 左右,经试验测定,当空气中氧含量低于 14% ~ 18% 时,可燃物一般不会燃烧。

　　(3)火源。凡能引起可燃物质燃烧的热能源均可称为火源,如明火、摩擦、电火花、聚集的日光等。

　　可燃物和助燃物的相互反应是燃烧的内因;适当的温度,及达到燃点的温度是燃烧的外因。只要可燃物和助燃物结合,受到火源的激发,便会发生燃烧甚至爆炸,失去任一条件,便不会发生燃烧。

三、防火的基本方法

　　根据物质燃烧的原理和灭火实践经验,防止火灾的基本方法主要是:控制可燃物、隔绝空气、消除火源、阻止火势及爆炸波的蔓延,具体可见表 5 - 1 - 1。

安全用电

表5－1－1　防火方法及原理

防火方法	防火原理	具体施用方法举例
控制可燃物	破坏燃烧的基础	1. 控制单位储运量 2. 加强通风,降低可燃气体、粉尘的浓度至爆炸下限以下 3. 用防火漆涂料浸涂可燃材料 4. 及时清除撒漏在地面或染在车船体上的可燃物等
隔绝空气	破坏燃烧的助燃条件	1. 密封有可燃物质的容器设备 2. 将钠存放在煤油,黄磷存放在水中,二硫化碳用水存放,镍储存在酒精中等
消除着火源	破坏燃烧的激发能源	1. 危险场所禁止吸烟,穿带钉子的鞋,用油气灯照明,应采用防爆灯及开关 2. 经常润滑轴承,防止摩擦生热 3. 玻璃涂白漆,防止阳光直射 4. 接地防静电 5. 安装避雷针防雷击等
阻止火势、爆炸波的蔓延	不使新的燃烧条件形成,防止火灾扩大,减小火灾损失	1. 在可燃气体管路上安装阻火器、安全水封 2. 有压力的容器设备安装防爆膜、安全阀 3. 在建筑物之间留防火间距,筑防火墙 4. 危险货物车厢与机车隔离

四、灭火的基本方法

　　一切灭火措施,都是为了破坏已经燃烧的一个或几个燃烧条件的必要条件,从而使燃烧停止下来,具体方法见表5－1－2。

表5－1－2　灭火基本方法

灭火方法	灭火原理	具体施用方法举例
隔离法	使燃烧物和未燃烧物隔离,限定灭火范围	1. 搬迁未燃烧物 2. 拆除毗邻燃烧处的建筑物、设备等 3. 隔绝燃烧气体、液体的来源 4. 放空未燃烧的气体 5. 抽走未燃烧的液体或放入事故槽 6. 堵截流散的燃烧液体等
窒息法	稀释燃烧区的氧量,隔绝新鲜空气进入燃烧区	1. 往燃烧物上喷射氮气、二氧化碳 2. 往燃烧物上喷洒雾状水、泡沫 3. 用砂土埋燃烧物 4. 用石棉被、湿麻袋捂盖燃烧物 5. 封闭着火的建筑物和设备孔洞等
冷却法	降低燃烧物的温度至燃点之下,从而停止燃烧	1. 用水喷洒冷却 2. 用砂土埋燃烧物 3. 往燃烧物上喷泡沫 4. 往燃烧物上喷二氧化碳

五、电力系统中防火(爆)的重要意义

在电力系统中,防火(爆)工作是一项十分重要的工作,各企业常把火灾事故当作工作重点来对待,这是因为:

(1)在电力系统中大量燃料,如煤、原油、天然气等都是可燃物。若不遵守防火要求,随时都有发生火灾的危险。例如:原油及粉的自燃着火、煤炭粉系统的爆炸、油罐爆炸、天然气调压站爆炸、锅炉炉膛爆炸以及燃油锅炉尾部再燃烧等。

(2)电力系统的主要设备,如汽轮机、变压器等,其中都有大量的油;氢冷发电机组的氢气系统内有大量的氢气,这些都是易燃和易爆物,容易引起火灾。

(3)在电力系统中,使用的电缆数目相当大,电缆的绝缘体易着火燃烧。

火灾一旦发生,其危害是相当严重的。火灾往往会把设备烧坏,以致全厂或整个系统停电,需较长时间才能恢复,进而造成大批工矿企业停电,停产,损失严重可想而知。

六、消防与治安管理处罚条例及刑法

在我国的相关法律法规中,对消防安全和管理工作均给予相当的重视。在《中华人民共和国治安管理处罚条例》第26条中,有关消防管理方面的8项规定指出:"违反消防管理,有下列第1项到第4项行为之一的,处100元以下的罚款或者警告。"

1. 在有易燃易爆物品的地方违反禁令,吸烟、使用明火的;
2. 故意阻碍消防车通行、消防舰航行或者扰乱火灾现场秩序,尚不够刑事处罚的;
3. 拒不执行火场指挥员指挥,影响灭火救灾的;
4. 过失引起火灾,尚未造成严重损失的;
5. 指使或强令他人违反消防安全规定而冒险作业,尚未造成严重后果的;
6. 违反消防安全规定占用防火间距,或者搭棚、盖房、挖沟、砌墙堵塞消防车通行的;
7. 埋压、圈占或者损坏消火栓、水泵、蓄水池等消防设施,或者将消防器材、设备挪作他用,经公安机关通知不加改正的;
8. 有重大安全隐患,经公安机关通知不加改正的。

刑法中有关消防内容的条文有:

刑法第109条:破坏电力、煤气或者易燃、易爆设备,危害公共安全,尚未造成严重后果的,处3年以上,10年以下有期徒刑。

刑法第111条:破坏交通工具、交通设备、电力煤气设备、易燃易爆设备造成严重后果的,处10年以上有期徒刑、无期徒刑或死刑。

刑法第115条:违反爆炸性、易燃性、放射性、毒害性、腐蚀性物品的管理规定,在生产、储存、运输、使用中发生重大事故,造成严重后果的,处3年以下有期徒刑或者拘役;后果特别严重的,处3年以上、7年以下有期徒刑。

第二节　灭火设施和器材

一、自动喷水灭火系统的介绍

喷水灭火系统是按适当的间距和高度,装置一定数量的供水灭火系统,主要由喷头、阀门、报警控制装置和管道附件等组成。它广泛地应用于各种用水灭火场所。

喷水灭火系统按组成部件和工作原理的不同可分为6种类型,主要有湿式系统、干式系统、预作用系统、雨淋系统、水喷雾系统和水幕系统等。这里主要介绍其中的两种。

(一)湿式喷水灭火系统

1. 组成

由湿式报警装置、闭式喷头、管道等组成,在报警阀上、下管道内经常充满水,如图 5 - 2 - 1 所示。

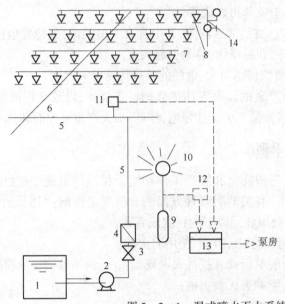

1—水池;
2—水泵;
3—总控制室;
4—湿式报警阀;
5—配水干管;
6—配水管;
7—配水支管;
8—闭式喷头;
9—延迟器;
10—水力警铃;
11—水流指示器;
12—压力开关;
13—湿式报警控制器;
14—末端试水装置

图 5 - 2 - 1 湿式喷水灭火系统

2. 特点及适用场所

与其他喷水灭火系统相比,这种系统的结构最简单、使用可靠、灭火速度快、控制率高,因此使用最广泛,使用量占自动喷水灭火系统的 75% 以上。该系统适于能用水灭火的建筑物、构筑物内,如高层建筑、企业厂房、物资仓库等。

3. 工作原理

火灾发生时,闭式喷头的感温元件在温度升高达到预定的动作温度范围时,喷头即自动打开喷头灭火。这时因管网内水的流动形成压差,湿式报警阀打开,驱动水力警铃报警。同时,水流显示器、压力开关动作并发出信号送给湿式报警控制箱,通过声、光信号报警,显示火灾发生的具体位置,启动水泵保证供水,接通应急广播、消防照明、引导指示器等。这一系列动作在喷头开始喷水后大约 30 s 内即可完成。

(二)水喷雾灭火系统

1. 组成

由喷雾喷头、管道、控制装置等组成。发生火灾时,系统管道内的给水是通过火灾探测系统控制雨淋阀来实现的,并设有手动开启阀门装置,如图 5 - 2 - 2 所示。

2. 适用场所

水喷雾灭火系统常用于保护可燃气体储罐、液体储罐及油浸电力变压器等。它能控制和扑灭上述对象发生的火灾,也能阻止邻近的火灾蔓延危及这些对象。

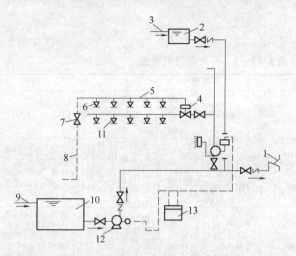

1—水泵结合器；
2—高位水箱；
3—进水管；
4—雨淋阀；
5—传动管；
6—闭式喷头；
7—手动阀；
8—排水管；
9—进水管；
10—水池；
11—喷雾喷头；
12—消防泵；
13—控制管

图 5 - 2 - 2　水喷雾灭火系统示意图

二、常用灭火器的适用范围及其使用方法

常用灭火器是由筒体、喷头、喷嘴等部件组成的，借助驱动压力可将所充装的灭火剂喷出，达到灭火的目的。灭火器由于结构简单、操作方便、轻便灵活，因此使用面广，是扑灭初起火灾的重要消防器材。

（一）灭火器分类

灭火器的种类很多，按其移动方式可分为手提式和推车式；按驱动灭火器的动力来源可分为储气瓶、储压式、化学反应式；按所充装的灭火器可分为充泡沫、干粉、卤代烷、二氧化碳、酸碱、清水等类型。

（二）灭火器型号编制方法

我国各种灭火器的型号编制方法见表 5 - 2 - 1。

表 5 - 2 - 1　各种灭火器的型号编制方法

类　　别	组　成	代　号	特　征	代号含义	主要参数	
					名　称	单位
灭火器 M（灭）	水 S（水）	MS	酸碱	手提式酸碱灭火器	灭火剂充装量	L
		MAQ	清水，Q（清）	手提式清水灭火器		
	泡沫 P（泡）	MP	手提式	手提式泡沫灭火器		L
		MPZ	舟车式，Z（舟）	舟车式泡沫灭火器		
		MPT	推车式，T（推）	推车式泡沫灭火器		
	干粉 F（粉）	MT	手提式	手提式干粉灭火器		kg
		MFB	背负式，B（背）	背负式干粉灭火器		
		MFT	推车式，T（推）	推车式干粉灭火器		
	二氧化碳 T（碳）	MT	手提式	手提式二氧化碳灭火器		kg
		MTZ	鸭嘴式，Z（嘴）	鸭嘴式二氧化碳灭火器		
		MTT	推车式，T（推）	推车式二氧化碳灭火器		
	1211Y （1）	MY	手提式	手提式 1211 灭火器		kg
		MYT	推车式	推车式 1211 灭火器		

（三）灭火器适用范围

各种灭火器的适用性见表 5 - 2 - 2。

表 5 - 2 - 2　灭火器适用性表

灭火器类型 灭火机理 火灾种类	水型		干粉型		泡沫型	卤代烷型		二氧化碳
	清水	酸碱	磷酸铵盐	碳酸氢钠	化学泡沫	1211	1301	
A类火灾（系指固体可燃物燃烧的火，如木材、棉、毛、麻、纸张等）	最适用。水能冷却并穿透燃烧物而灭火，可有效防止复燃		适用粉剂能附着在燃烧物的表面层，起到窒息火焰作用，隔绝空气，防止复燃	不适用	适用。具有冷却和覆盖燃烧物的表面，与空气隔绝的作用，对纤维物品的火灾的扑灭能力较差	可用，目前世界各国均认为它具有扑灭A类火的能力，经过试验证明了这一点		不适用
B类火灾（系指甲、乙、丙类液体燃烧的火，如汽油、煤油、柴油、甲醇、乙醚、丙酮）	不适用		最适用。干粉灭火剂能快速窒息火焰，具有中断燃烧过程的连锁反应的化学活性		最适用。覆盖燃烧物的表面，使燃烧物表面与空气隔绝，扑灭油层厚实，灭火效能可靠，防止复燃	适用,卤代烷类灭火剂能快速窒息火焰，抑制燃烧连锁反应而中止燃烧。灭火不留残渍,不污染,不损坏设备		适用。二氧化碳靠气体堆积在燃料表面，稀释并隔绝空气
C类火灾（系指可燃气体燃烧的火，如煤气、天然气、甲烷、丙烷、乙炔、氢气等）	不适用		最适用,喷射干粉剂能快速扑灭气体火焰,具有中断燃烧过程的连锁反应的化学活性。注意:必须切断气源		不适用	最适用。卤代烷灭火剂能抑制燃烧中止燃烧,灭火不留残渍,不污染,不损坏设备		适用。二氧化碳室灭火,不留残渍,不损坏设备
E类火灾（系指燃烧时带电的火）	不适用		适用。干粉灭火剂电绝缘性能符合标准要求,但磷酸铵盐干粉能附着在电器设备上形成硬壳层,冷却后不易清除		不适用	最适用。卤代烷灭火剂绝缘性能符合标准要求,不导电,不污损仪器设备		适用。窒息灭火,不留残渍,不损坏仪器设备

下面介绍几种常用灭火器的原理、使用及维护。

1. 泡沫灭火器

筒身内悬挂装有硫酸铝水溶液的玻璃瓶或聚乙烯塑料制的瓶胆。筒身内装有碳酸氢钠与发泡剂的混合溶液。使用时将筒身颠倒过来,如图 5 - 2 - 3 所示。碳酸氢钠与硫酸溶液混合后发生化学作用,产生二氧化碳气体泡沫由喷嘴喷出。使用时,必须注意不要将筒盖、筒底对着人体,以防万一爆炸伤人。泡沫灭火器只能立着放置。

泡沫灭火器适用于扑灭油脂类、石油类产品及一般固体物质的初始火灾。筒内溶液一般每年更换一次。

2. 二氧化碳灭火器

二氧化碳灭火器液态灌入钢瓶内,在 20 ℃时钢瓶内的压力为 6 MPa,使用时液态二氧化碳从灭火器喷出后迅速蒸发,变成固体二氧化碳,又称干冰,其温度为 - 78 ℃。固体雪花状的二氧化碳在燃烧物体上迅速挥发而变成气体。当二氧化碳气体在空气中的含量达到 30% ~ 35% 时,物质燃烧就会停止。

二氧化碳灭火器主要适用于扑救贵重设备、档案材料、仪器仪表、额定电压 600 V 以下的电器及油

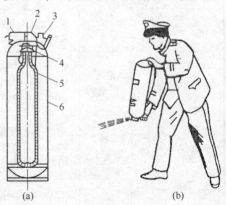

图 5 - 2 - 3　泡沫灭火器示意图

（a）普通式结构；（b）使用方法

1—喷嘴；2—桶盖；3—螺母；4—瓶胆盖；

5—瓶胆；6—筒身

脂等的火灾。但不适于扑灭金属钾、钠的燃烧。它分为手轮和鸭嘴式两种手提灭火器,大容量的有推车式。

鸭嘴式灭火器的用法:一手拿喷嘴对准火源,一手握紧鸭舌,气体即可喷出,如图 5-2-4 所示。二氧化碳导电性差,电压超过 600 V 必须先停电后灭火,二氧化碳怕高温,存放点温度不应超过 42 ℃。使用时不要用手摸金属套管,也不要使喷筒对着人,以防冻伤。喷射方向应顺风。

二氧化碳灭火器一般每季检查一次,当二氧化碳质量比额定质量少 1/10 时,即应灌装。

3. 干粉灭火器

干粉灭火器主要适用于扑救石油及其产品、可燃气体和电器设备的初起火灾,如图 5-2-5 所示。

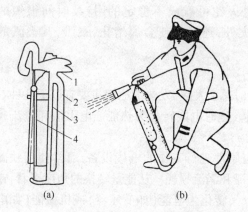

图 5-2-4　鸭嘴式二氧化碳灭火器
(a)结构图;(b)使用方法
1—启闭阀门;2—器桶;3—虹吸器;4—喷筒

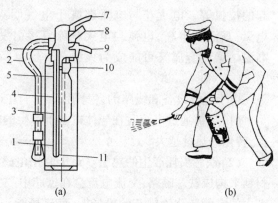

图 5-2-5　干粉灭火器示意图
(a)构造;(b)使用方法
1—进气管;2—喷筒;3—出粉管;4—钢瓶; 5—粉筒;
6—筒盖;7—后把;8—保险销;9—提把;10—钢字;11—防潮堵

使用干粉灭火器时先打开保险销,把喷管口对准火源,另一手紧握导杆提环,将顶针压下,干粉即喷出。

干粉灭火器应保持干燥、密封,以防止干粉结块,同时应防止日光曝晒,以防二氧化碳受热膨胀而发生漏气。干粉灭火器有手提式和推车式两种。

4. 1211 灭火器

1211 灭火器钢瓶内装满二氟一氯一溴甲烷的卤化物,是一种使用较广的灭火器,分为手提式和手推式两种。适用于扑灭油类、精密机械设备、仪表、电子仪器、设备及文物、图书、档案等贵重物品初起火灾。使用时,拔掉保险销,握紧压把开关,由压杆使密封阀开启,在氮气压力的作用下,灭火剂喷出,松开压把开关,喷射即停止,如图 5-2-6 所示。

灭火器不能放置在日照、火烤、潮湿的地方,防止剧烈震动和碰撞。每月检查压力表,压力低于 90% 时,应重新充氮;重量低于标明值 90% 时,重新灌药。

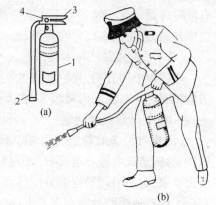

图 5-2-6　1211 手提式灭火器示意图
(a)构造;(b)使用方法
1—筒身;2—喷嘴;3—压把;4—保险销

第三节　电气防火

一、电气火灾的原因

引起电气火灾的原因是多方面的,但其根本原因主要有电火花与电弧、高温两种。

（一）电火花与电弧

电火花与电弧在电气操作中是很常见的现象。产生的原因一种可能是正常的工作需要,如电焊所需的电弧,分合开关电器时的电火花。但电器在正常操作时,一般都有专设的灭弧装置,除了误操作和绝缘损坏外,一般不会直接造成电气火灾。另一种原因就是故障造成的,如短路故障引起的电弧、电火花;电气连接处松动打火,操作人员误操作引起的拉弧等。电火花与电弧都属于电气明火,电火花可看成不稳定的、持续时间很短的电弧,其温度很高,电弧与电火花除直接引发火灾外,还可能使金属熔化,飞溅,其飞溅的高温熔融的金属又可能成为火源。

（二）高　　温

由于电气设备和线路的自身阻抗,它们在运行时总会发热,发热的原因主要有以下几种:

（1）导体通过电流时在导体电阻上产生的热量。这时电能转化为热能。电阻值和电流越大,转化的热量越大。

（2）铁芯损耗产生的热量。对于利用电磁感应原理进行工作的电气设备,通常使用铁磁材料来构成铁芯磁路,交流电流会在铁芯中产生磁滞和涡流损耗。从能量转换的角度来看,铁芯中的电能转化为铁芯的磁场能,该磁场能一部分又转化为电能（如变压器）或机械能（如电动机）,另一部分消耗在铁芯中,转化为热能。

（3）绝缘介质损耗产生的热量。电能也会在绝缘材料中转化成热能,称为介质损耗。介质损耗的大小与介质绝缘的电气性能、制造质量、工作电压、工作频率有关。一般在高电压下介质的损耗较明显。当介质局部受损时,可能在局部产生很大的热量。

以上是电气设备和线路产生热量的几种主要原因。对于电气设备,当温度高于环境温度时,就开始向周围散热,对设计、制造、安装正确的设备和线路,在正常运行情况下,发热与散热能在一个较低的温度下达到平衡。这个温度不会超过电气设备的长期允许工作温度,故不会有危险高温出现。只有当正常运行遭到破坏,使发热剧增而散热不及,这时才可能出现温度的急剧升高,进而发展成危险高温。

（三）电气火灾的具体起因

通过以上的分析,我们知道电气火灾发生的基本原因是电火花以及高温,但在实际中,造成电弧或产生高温的因素较多,主要有以下几个方面。

1. 电气设备质量问题

（1）电气设备的额定值和实际不符。如误选假冒伪劣电器,这些电器在制造中偷工减料、以次充好,造成电器导电部分（如接触器、断路器的触点、电线电缆的导电截面）的容量达不到使用要求,容易引起导电部分发热而成为火灾隐患;电器绝缘部分耐压低,容易引起导体绝缘部分击穿造成短路故障而引发火灾。

（2）成套电气设备内元器件安全距离达不到要求。有些厂家为节省材料,成套电控设备内部元器件安装过于紧密,达不到器件散热条件,容易引起部分元器件发热着火而引发火灾。

2. 电气设备安装和使用不当或缺乏维护

（1）接触不良。引起电气设备接触不良的原因有安装原因、环境原因等。在安装过程中，会遇到有电气连接的地方，如线路和线路、线路和设备端子、插头与插座等连接，在相互接触的部分，都有接触电阻存在。如果是机械压接，即使压得再牢固，金属表面接触部分电阻比导体其他部分也大。另外，在金属导体的表面都有一定程度的氧化膜存在，由于氧化膜的电阻率远大于导体的电阻率，使接触处接触电阻更大。当电流通过时，会在接触电阻上产生较大的热量，使连接处温度升高，高温又会使氧化进一步加剧，使接触电阻加大，形成恶性循环，产生很高的温度引发火灾。

在实际生产中，由于环境因素引起的接触不良的情况也很多，粉尘大的环境，电气元件上易堆积灰尘，如开关元件触点之间接触面上积尘，会引起接触电阻增大发热，元器件的外部积尘影响散热，使温度升高引发火灾。

在机械振动的环境中，接点的紧固螺栓因振动而松动甚至脱落，也同样会引起接触不良，更严重的是，脱落的螺栓可能会搭接在两相间造成短路引发火灾。另外，三相电机振动过大，会使进入电机接线盒部分的电线或电缆绝缘损坏，造成短路引发火灾。

（2）过电流。电机及拖动设备如果出现轴承卡死、磨耗严重等情况，不但会使电机因过负荷烧毁，而且会使电机的供电回路、控制元件因过负荷发热、绝缘受损甚至短路起火。

（3）设备长时间缺乏维护，巡检不到位，有问题未及时发现、及时处理。导体绝缘由于环境有害物质腐蚀老化，人为因素造成的导体绝缘破坏等。

（4）私拉乱接电线造成的过负荷短路。

3. 电气设备设计和选型不当

（1）电线、电缆截面选择过小，使线路长时间处于过负荷状态。

（2）电气设备容量选择过小。

（3）漏电保护器保护定值选择过大或过小，致使被保护设备在故障时不能及时动作切断电源。

（4）电气开关选择不当，本应该选用带灭弧装置的开关却用了不带灭弧装置的开关。

4. 违规操作

（1）带负荷操作隔离开关。

（2）带电检修时，使用工具不当或姿势不正确，不但检修人员有触电危险，而且会造成短路引起火灾。

5. 自然因素

（1）雷电。雷电是一种自然现象。目前人类还不能完全控制雷电，但是采取了很多措施对其危害进行防范，如建筑防雷系统。雷击产生火灾主要有以下几种途径：

1）雷击放电的电弧直接引发火灾。

2）反击引发的火灾。防雷系统下泄雷电流时会发生反击，这种反击可能发生在地面以下，也可能发生在地面以上。发生在地面以上的反击通常将空气击穿产生电弧，最后因电弧而引发火灾。

3）感应过电压引发的火灾。感应过电压使得非闭合导电回路的缺口被击穿，产生的电弧或电火花，其能量有大有小，能量较大就可能引发火灾。

（2）风雨。风雨会造成架空线混线、断线或导体和树枝相碰而引起的短路、接地故障。

（3）鼠害。老鼠等小动物咬坏电线、电缆或爬入电气室内造成相间短路而引发火灾。

6. 过电压

电力系统在运行过程中,有可能因故障而导致工频电压异常升高,电压异常升高会从两个方面产生火灾危险性:

(1)由于电压升高而产生的温升,使用电设备的温度达到危险温度,从而引起火灾。

(2)由于电压升高而使导电设备绝缘损坏击穿而引起火灾。

二、电气火灾的特点

(一)季节性

夏、冬两季是电气火灾的高发期。夏季多雨,气候变化大,雷电活动频繁,易引起室外线路断线、短路等故障而引起火灾。另外,由于夏季气温高,运行设备的散热条件差,尤其是室内设备,如开关柜、变压器、高低压补偿电容器以及电线电缆等,导致周围环境温度过高,如发现不及时,设备绝缘将受到破坏而引起火灾。

冬季气候干燥,多风降雪,也易引起外线断线和短路等故障而发生火灾。冬季气温较低,电力取暖的情况增多,电力负荷过大,容易发生过负荷引发火灾。取暖设备本身,也会因为使用不当,使电热元件接近易燃品,或取暖电器质量问题,电源线、控制元件过负荷而引发火灾。

(二)时间性

对电气火灾,防患于未然很重要,例如一些重要配电场所,除完备的保护系统外,值班人员要定期巡检,依靠听、闻、看及时发现火灾隐患。在节假日或夜班时间,值班人员紧缺或个别值班人员容易疏忽大意、抱有侥幸心理,使规定的巡检和操作制度不能正常进行,电气火灾也往往在这种情况下发生。

(三)隐蔽性

电气火灾,刚开始时可能是很小的元件或短路点,发展过程可能很长,往往不易被察觉,一旦着火,会引起相邻元件,整个电控设备单元短路着火,并很快发展成整个供电场所的火灾。另外,在供电场所,离不开绝缘介质,绝缘介质着火后,又会产生有毒气体,它不像明火那样容易引起人们的警觉,所以很多电气火灾现场的人员因有毒气体窒息死亡。

三、电气防火措施

(一)电气设备的防火措施

1. 电气设备的选择

电气设备的防火措施,首先应从电气设备的选择着手。在选择电气设备时应注意以下几点:

(1)应严格按照电气设计规范,设计时应尽量准确统计负荷,并依据短路电流对所选设备进行短路稳定和热稳定校验。

(2)选用品质优良,电气性能稳定的电气元件。这一点很重要,因为在实际生活中,有不少的火灾事例是因为所选用的电气元件质量不过关,达不到其标称的额定值从而过负荷引发火灾。

(3)电气设备选择时,在严格按照电气设计规范执行的同时,还应结合实际应用经验,结合具体设备,结合某一类型的电气元件,在兼顾经济效益的同时适当放大电气设备的容量富裕度。

(4)分清电气环境。如果火灾危险性大,应尽可能选用少油或无油设备。因为油在高温下会分解成气体,即使自身不会燃烧,也有爆炸的危险。另外,油一旦着火,会因液体的外溢而使火灾迅速蔓延,使火势难以控制,在这种场所中,变压器一般应选用干式变压器,断路器一般选用真空或 SF_6 断路器,电流和电压互感器也常选择树脂浇注式,因这些介质本身就是难燃甚至不燃物质,这就从根本上消除了火灾隐患。

(5)开关电器及成套配电装置的选择,应考虑开关电器在操作时的飞弧问题。只要是合格的产品,就应该没有问题。另外,应选择有防误操作的成套配电设备。我国的成套开关柜都要求有"五防"功能,可以避免因误操作产生电弧而引起火灾。

2. 电气设备安装

(1)在组装配电装置,各元器件应有合理间距以利于散热。另外,为了防止电火花或危险温度引起火灾,各种电器用具或设备都应避开易燃易爆物品。对电器开关及正常运行时产生火花的电气设备,离开可燃物存放地点的距离不应少于 3 m。在工厂或车间配电柜周围禁止堆放杂物。

(2)有爆炸或火灾危险的场所,安装人员所使用的工具应尽量不采用塑料或尼龙制品。应尽可能穿戴抗静电的工作服、工作靴、帽子、手套等以防摩擦产生静电而引燃周围的易燃、易爆物品。

(3)低压供电系统中,容易因三相负荷不平衡引起三相供电电压不平衡,三相电压不平衡的结果会使某相电压升高,使绝缘老化甚至击穿引发火灾。因此,在系统设计安装时,应尽量做到三相负荷平衡,并确保中性线的完好,中性线必须有足够的机械强度且不能装开关和熔断器。

3. 系统保护设置

(1)过负荷保护。整定合理的过负荷动作保护值,是可靠保护的关键。整定值要根据保护元件的动作特性与被保护元件允许过负荷能力确定,同时要参照具体设备及其工作特性进行适当调整。

(2)短路保护。对一般的短路保护设备,如熔断器、低压断路器等,应合理选用熔体规格和断路器脱扣器整定值,以便在短路时及时断开供电回路,迅速切断故障。对复杂一些的短路保护系统如高压配电柜、电动机启动柜,使保护整定值和保护动作时限合理配合,使保护系统有较高灵敏度,提高保护装置的可靠性。

(3)剩余电流保护电器在防电气火灾中的应用。剩余电流保护电器(RCD)除了用于电击防护外,在发达国家还广泛应用于电气火灾的防范。RCD 主要用于对因绝缘损坏产生的泄漏电流和单相接地故障引起的火灾进行保护。对泄漏电流和电弧性接地故障,过电流保护装置一般是不能可靠保护的,设置 RCD 正好弥补了这一缺陷。

(二)电气线路的防火措施

1. 线缆的选择

(1)选用导线时,无论是电缆还是绝缘导线,它们的额定电压绝对不能低于线路的标称额定电压,这样才能使线路具有足够的耐压水平。

(2)电缆和绝缘导线,在使用前要使用相应等级的兆欧表摇测绝缘,以确保有较高的绝缘电阻,防止绝缘被击穿而发生的短路。

(3)选用阻燃绝缘材料。无论电线还是电缆着火,一般是在线路的某一点着火后,火沿着线路燃烧蔓延引燃其他可燃物后扩大成火灾。因此,电线电缆绝缘应尽量选用阻燃绝缘材料。近些年,电线电缆生产厂家开发出了阻燃绝缘材料,并生产出了阻燃电线电缆。过去我国的电线电缆只区分阻燃和非阻燃,现在有些产品已经对阻燃性能进行了分级,在不同的场所可选用不同级别的阻燃线缆,选择范围更广,选用也更加灵活。

(4)应正确计算线路载流量,以免使线路过载而产生高温。线路电缆的长期允许载流量的选取是一个复杂的问题,不是只查载流量表就可以确定的。所以,在确定电线(缆)长期允许载流量时,应考虑环境温度、敷设部位(空气中还是地下土壤中等)、敷设方式(穿管、线槽或不穿管敷设等)、相邻有无其他导线等多种因素。

2. 线路安装运行

(1)安装施工中不能损伤导体的绝缘。电缆沟敷设必须考虑防水和防鼠害的措施;安装母线时,在不需要拆卸检修的母线连接处,要采用熔焊或钎焊;在有可能拆卸检修的母线连接处,要均匀涂抹一层凡士林或导电膏以防因接触不良而发热。在螺栓连接处应有专门压紧装置以防止因振动等原因自动松脱。

(2)PE 线和 PEN 线应敷设在同一护套或同一穿线钢管内。

(3)火灾危险场所不准装设插座或敷设临时线路。

(4)露天安装时应有防雨、雪措施;在高温场所应采用瓷管、石棉套管穿线保护或耐高温特种导线,在有腐蚀性物质的环境,应采用耐腐蚀的穿管线。

(5)导线与导线或导线与电气设备连接端子的连接,必须接触良好,牢固可靠。

(6)加强对电气设备的日常巡视和定期保养,及时发现和处理接头松动故障。

(7)在容易发生接触电阻过大的部位,巡检时要用便携式远红外电子测温仪定时测量,远红外电子测温仪携带方便、测温准确,可利用红外线不停电远距离测量,安全方便。也可涂上变色漆或安放示温蜡片,以便于监视,及时发现过热情况。

(8)截面较大的导线相连接时,可采用焊接法或压接法。务必连接牢靠,接触紧密。铜铝线相连时,应采用铜铝过渡接头。

(9)安装绝缘监察装置。绝缘监察装置可监察小接地电流系统的对地绝缘,对于出线线路不多又可短时停电的系统,可装设绝缘监察装置,监视线路的绝缘状况,一旦发生异常,由监察装置发出警报,通知管理人员检修。

(三) 变配电所的防火措施

变配电所内电气设备集中,电力变压器、油断路器又都是充油设备,引发火灾危险大,容易由局部火灾扩大成变配电所大面积火灾甚至爆炸,因此,变配电所对防火防爆的要求一点也不能疏忽。

室外变配电装置与建筑物的间距一般不应小于 12～40 m;与爆炸危险场所建筑物的间距不应小于 30 m;与易燃和可燃液体储罐的间距不应小于 25～90 m;与液化石油气罐的间距不应小于 40～90 m。油浸式变压器应有单独的变压器室,和变配电所内其他房间之间应有防火隔离措施,必要时应加防火墙。

1. 电力变压器的防火措施

电力变压器起火的原因有以下两种情况:一是外部原因,可能是由于误操作引起短路,也可能由于外部设备短路或雷击而引起变压器起火;二是内部原因,多数是由于变压器绝缘老化、绕组匝间短路或长时间过负荷使变压器温升过高等原因导致火灾。

变压器绝缘油是饱和的碳氢化合物,闪点是 135 ℃,变压器一旦着火,绝缘油就会燃烧引起爆炸,从而使油向四周扩散,使火灾扩大。因此,变压器是变配电室火灾预防的重点对象之一。具体措施有以下几种:

(1)变压器首先要具备过硬的质量,应选用知名优质品牌,变压器质量是其正常运行的保障,是防故障的前提。

(2)设备运行负荷尽量做到统计准确,负荷分配合理,变压器容量选择要有适当的富裕度,防止变压器长期超负荷运行。

(3)完善变压器的继电保护系统,变压器的瓦斯保护、温度保护、过电流保护,不但在故障时能确保正确可靠地动作,还要设置提前预告声光报警,以便能将故障消除在萌芽状态。

(4)当班人员应定期巡检,对变压器进行直观检查。闻是否有发热而散发的异常气味;听变压器运行是否有异常噪声;看变压器外观是否有渗油和变形;观察变压器的瓦斯继电器油位是否正常,是否有渗油现象;观察变压器上安装的温度表;发现异常现象要及时处理;特殊天气(大风、大雾、大雪、冰冻天)应增加巡视次数。

(5)定期对变压器进行小修和大修及电气性能试验和油样试验,以保证变压器在良好的状态下运行。变压器一般每年小修一次,大修间隔一般是 5 年,具体时间应根据变压器运行情况而定。

(6)检修变压器(尤其是大修)应特别注意选择有资质的专修队伍,制订周密的检修计划,变压器吊芯应尽量在晴好、无风、干燥的气候下运行,不要因为检修不当而使变压器绝缘损坏、变压器受潮或混入杂质。

(7)完善变配电的防雷保护措施。雷雨季节前要做好防雷装置的检查和试验工作。

(8)变配电所室内的通风应良好。自然通风能在正常环境条件和设备正常运行情况下满足室内散热要求,当自然通风满足不了室内散热要求时,应具备机械通风条件。

(9)变配电所应设置足够的消防设备,并定期更换。条件具备时,还应定期进行消防演练。变配电所内外应保持清洁、无杂物,不准堆放易燃、易爆物品。

2. 油断路器的防火措施

油断路器和变压器一样,是一种内部储油的电气设备,因此较易着火,并且一旦着火很容易蔓延或引起爆炸,这就给变配电所工作人员与设备安全造成极大的威胁。防止油断路器发生火灾和爆炸的措施有以下几种:

(1)为了防止油断路器在操作中发生火灾与爆炸,首先要求在进行电网规划和设计中,应注意尽可能限制系统的短路容量,尤其是应限制 6~10 kV 配电网的短路容量。因为配电网的较大短路容量将对开关、断路器、配电设备以及用电设备的安全运行问题带来一系列的麻烦。

(2)油断路器的设计安装要符合规程,安装前要严格检查,安装条件应符合制造厂家的技术要求。

(3)室内通风良好,有防火设施。

(4)在日常巡视检查过程中,注意油位变化,发现问题应及时处理。

(5)定期检查油质变化,发现油色发黑老化,有杂质等应及时更换。每次短路跳闸后应取油样化验。

(6)加强运行管理,认真做好故障跳闸和正常操作次数的统计工作,并根据系统短路容量的大小和实际运行经验确定一定的临时检修周期和制度。

3. 补偿电容的防火措施

补偿电容器起火与爆炸大都是由于电容器极间或外壳绝缘被击穿。产生上述故障多数是因为电容器质量不好(如真空度不高、不清洁、对地绝缘不良等)或运行温度过高等。由于电容器大都集中安装在一起,一只电容器爆炸可能引起其余电容器殉爆,燃烧的漏油还会危及其他电气设备的安全。因此,必须采取下列保护措施:

（1）设置单独的高压补偿电容器室，室内装设独立的排风设备，高压补偿电容器室通向其他电气室的电缆沟、穿孔沟等应有防火、防爆措施。

（2）采用内部有熔丝保护的高、低压电容器。对于无熔丝保护的高压熔断器应采用分组熔丝保护。

（3）采用优质节能型新产品。

（4）应加强对电容器的运行维护，定期巡视检查，有人值班的变配电所，至少每班一次；无人值班的，至少每周一次。巡视检查时，应"闻"、"听"、"看"相结合，闻一闻室内是否有异味；听一听电容器运行时是否有异常声音（尤其注意放电声）；注意观察电压、电流和环境温度。注意三相电流要平衡，各相之差不大于 10% ，观察瓷套管是否有污损、闪络痕迹及异常火花，检查有无漏油和"鼓肚"现象；观察每台电容器的熔断器是否完好。

四、扑灭电气火灾的方法

电气火灾与一般火灾不同，一是火源有电，对在场人员有触电的危险；二是充油设备在大火烘烤下有爆炸的危险。因此，在扑灭电气火灾时，首先应尽快设法切断电源。

（一）切断电源

电气火灾切断电源后即可按常规方法灭火。切断电源时的安全要求如下：

（1）火灾时，由于烟熏火烤，开关电器设备绝缘能力降低，操作时应使用绝缘工具，防止触电。

（2）严格遵守倒闸操作顺序的规定，防止忙乱中发生误操作，扩大事故。

（3）切断低压电源必要时可用电工手钳将电源线剪断。剪断带电导线时应穿绝缘靴，使用绝缘工具，断线点应选择在电源侧支撑物附近，防止带电端导线落地或触碰人体。剪线时不同相导线应分别剪断，并使各相断口间保持一定的距离。

（4）夜间扑灭火灾时，应注意断电后的照明措施，避免因断电影响灭火工作。

（5）及时与供电部门联系，必要时请供电部门派人到现场监护、指导、帮助联系停送电工作。

（二）带电灭火

有时为争取有利的灭火时机，来不及断电，或因其他原因不能切断电源时，需要带电灭火。带电灭火的安全注意事项如下：

（1）选用不导电灭火器。二氧化碳灭火器、1211 灭火器和干粉灭火器都是不带电的，可用于带电灭火，但应注意人员及灭火器与带电体保持安全距离。泡沫灭火器和酸碱灭火器都有一定的导电性，且对电气设备绝缘有污染，不应用于带电灭火。

（2）用水带电灭火时，因为含杂质的水有导电性，不宜用直流式水枪，以免直流水枪的水注泄漏电流过大造成人员触电。一般应使用喷雾水枪，在水的压力足够大时，喷出的水柱充分雾化，可大大减小水柱的泄漏电流，为了保证经水柱通过的电流不超过感知电流，不但对水枪雾化程度有要求，水枪喷嘴与带电体间还应保持足够的距离，电压 110 kV 及以下者应不小于 3 m；220 kV 及以上者不应小于 5 m。同时，应将水枪喷嘴接地；操作人员应穿戴绝缘靴和绝缘手套。

火场上方有架空线路经过时，人不应站在架空导线下方附近，以防断线落地时造成触电。如遇带电导体断落地面，要划出一定的警戒区，以防跨步电压触电。

（三）充油设备灭火

绝缘油是可燃液体,受热气化还可能形成很大的压力造成充油设备爆炸。因此,充油设备着火有更大的危险性。

充油设备外部着火时,可用不导电灭火剂带电灭火。如果充油设备内部故障火灾,则必须立即切断电源,用冷却灭火法和窒息灭火法使火焰熄灭,即使在火焰熄灭后,还应持续喷洒冷却剂,直到设备温度降至绝缘油闪点以下,防止高温灭火器使油气重燃造成更大事故。

如果油箱已经爆裂,燃油外泄,可用泡沫灭火器或黄沙扑灭地面和储油池内的燃油,注意采取措施防止燃油蔓延。

发电机和电动机等旋转电机着火时,为防止轴和轴承变形,应令其慢慢转动,可用二氧化碳、二氟一氯一溴甲烷或蒸汽灭火,也可用喷雾水灭火,用冷却剂灭火时注意使电机均匀冷却,但不宜用干粉、砂土灭火,以免损伤电气设备绝缘和轴承。

第四节　电气防爆

爆炸和火灾是两种不同性质的灾害。引发电气火灾和电气爆炸虽各有其自身特定的条件,但有一个共同之处,就是诱因都是电。要做到电气防爆,首先要分清什么样的环境存在爆炸危险。具有爆炸危险可能的环境称为危险环境,爆炸的危险环境又可分为爆炸性气体危险环境和爆炸性粉尘危险环境。

一、爆炸性气体危险环境

（一）环境特征

可燃液体的蒸气与空气的混合物接触火源时仅发生闪烁现象但不引起液体燃烧的最低温度称为闪点,可用 ℃ 表示。闪点是鉴别可燃液体形成火灾和爆炸危险性的主要数据。闪点越低,形成火灾和爆炸的危险性就越大。可燃蒸气是由可燃液体挥发产生的,其形成爆炸的危险性通常用闪点,而不是用爆炸极限来衡量。闪点等于和低于 45 ℃ 的液体称为易燃液体;高于 45 ℃ 的则称为可燃液体。

爆炸性气体危险环境的环境特征是出现或可能出现下列爆炸性气体混合物之一:

（1）在大气条件下,易燃气体、易燃液体的蒸气或薄雾与空气混合形成爆炸性气体混合物。

（2）闪点低于或等于环境温度的易燃液体的蒸气或薄雾与空气混合形成爆炸性气体混合物。

（3）在物料操作温度高于易燃液体的闪点时,易燃液体以气体形式挥发泄漏,蒸气或薄雾与空气混合形成爆炸性气体混合物。

（二）爆炸条件

在爆炸性气体环境中产生爆炸,必须同时存在以下条件:

（1）存在易燃气体、易燃液体的蒸气或薄雾,其浓度达到爆炸极限。

（2）存在足以点燃爆炸性气体混合物的火花、电弧或高温。

（三）危险区域范围的划分

要比较确切地划分危险区域的范围,应首先了解危险气体存在的程度。危险气体存在程度用释放源来衡量。

1. 释放源按其释放频繁程度和持续时间分为以下三类

(1)持续释放源:预计为长期释放或短期频繁释放的释放源。如没有用惰性气体覆盖的固定顶盖储罐中的易燃液体表面;油、水分离器等直接与空气接触的易燃液体表面;经常或长期向空间释放易燃气体或易燃液体的蒸气的自由排气孔和其他孔口。

(2)第一级释放源:预计正常运行时周期或偶然释放的释放源。如在正常运行时能释放易燃物质的泵、压缩机和阀门等的密封处;在正常运行时会向空间释放易燃物质的安装在储有易燃物体的容器上的排水系统;在正常运行时会向空间释放易燃物质的取样点。

(3)第二级释放源:预计正常运行下不会释放,即使释放也仅是偶尔短时释放的释放源。例如正常运行时不能出现易燃物质的泵、压缩机和阀门密封处以及法兰、连接件和管道接头;不能向空间释放易燃物质的安全阀、排气孔,其他孔口及取样点。

2. 通风

如果空气流量能使易燃物质浓度很快释放到爆炸下限值的 25% 以下,可认为通风良好。

3. 区域划分

危险区域范围按出现爆炸性气体混合物的频繁程度、持续时间及通风情况,以释放源的情况作为依据,划分为以下三个区:

(1)0 区,存在持续释放源的区域。

(2)1 区,存在第一级释放源的区域。

(3)2 区,存在第二级释放源的区域。

根据释放源情况初步确定了危险区域后,根据环境通风环境条件做适当调整,通风良好,降低危险区域等级;通风不良,提高危险区域等级。

二、爆炸性粉尘危险环境

(一)环境特征

爆炸性粉尘危险环境的特征是出现或可能出现下列之一的粉尘或纤维:

(1)可燃性导电粉尘。

(2)爆炸性粉尘。

(3)可燃性非导电粉尘。

(4)可燃纤维。

(二)爆炸条件

在爆炸性粉尘环境中,产生爆炸必须同时存在以下条件:

(1)爆炸性粉尘混合物的浓度在爆炸极限以内。

(2)有足以点燃爆炸性粉尘混合物的火花、电弧或高温。

(三)危险区域范围的划分

根据爆炸性粉尘混合物出现的频繁程度和持续时间分为以下两区:

(1)0 区,连续出现或长期出现爆炸性粉尘的环境。

(2)1 区,有时会将积留下的粉尘扬起而偶然出现爆炸性混合物的环境。

三、电气防爆措施

(一)电气设备的防爆措施

1. 爆炸危险环境中电气设备的选择

在爆炸性气体危险环境中使用的电气设备,必须严格按照防爆类电器的适用范围选择合适的防爆类型。满足爆炸性气体危险环境中使用的电气设备一般有防爆型、增安型、本质安全型、正压型、充油型、充砂型、无火花型、防尘、防爆特殊型等类型。表5-4-1列出了常用2类防爆电气设备的类型和适用范围。在具体的选择过程中,如常用的电气设备高低压开关断路器、照明器具、选择电机、变压器等首先要分清所选择的设备要使用的环境特征,有可能处在什么样的危险区域,然后,选择具有相对应的防爆结构类型的电气设备。表5-4-2为几种常用电气设备的防爆结构选型表。

表5-4-1　常用Ⅱ类防爆电气设备的类型和适用范围

防爆型式	型号	适用范围	特征
隔爆型	d	1区 2区	具有隔爆外壳,将能点燃爆炸性混合物的部件封闭在内。该外壳能承受内部爆炸性混合物的爆炸压力并阻止爆炸性混合物的传播
增安型	e	1区 2区	正常运行时不会产生点燃爆炸性混合物的火花或危险温度,并采用了适当措施,如降温或限制堵转时间等,以提高其安全程度,避免在正常和规定过载条件下出现点燃现象
本质安全型	i_a	0区 1区 2区	在正常工作或实验条件下,单个故障或两个故障时所产生的火花和热效应均不能点燃周围爆炸性气体混合物,一般采用低电压、小电流
	i_b	1区 2区	和i_a的特征相同,但只在正常工作、单个故障不能点燃周围爆炸性气体的混合物
正压型	p	1区 2区	保护外壳内充入新鲜空气和惰性气体,其压力保持高于周围爆炸性混合物气体的压力,避免外部爆炸性混合物进入外壳
充油型	o	1区 2区	将可能产生火花、电弧或危险温度的带电部件浸入油中,使其不致引起油面以上爆炸性混合物爆炸
充砂型	q	1区 2区	将可能产生火花、电弧或危险温度的带电部件浸入砂中,使其不致引起砂层以外爆炸性混合物爆炸
无火花型	n	1区 2区	在正常运行条件下不产生电弧或火花,也不产生能够点燃周围爆炸性混合物的高温表面或灼热点,且一般不会发生点燃故障
防爆特殊型	s	可设计成用于0、1、2区	电气设备和部件采用GB 3836—1983未包括的防爆型式时,由主管部门制订暂行规定,送劳动人事部门部门备案,并经指定单位检验后,按防爆特殊型使用

在爆炸性粉尘危险环境中使用的电气设备的外壳,按其限制粉尘进入设备的能力分为两类。一类为尘密型外壳,防护等级为IP6X;另一类为防尘外壳,防护等级为IP5X;所谓"尘密",即无尘埃进入设备内部;而"防尘"则是指不能完全防止尘埃进入,但进入量不能达到妨碍设备正常运转的程度。在选择时,要根据爆炸性粉尘危险环境的危险等级决定要选择的设备防护等级。

在爆炸危险环境中使用的电气环境,要根据具体环境条件而具备耐腐蚀、耐高温或耐冲击性,只有这样,设备的防爆性能才有保障。

2. 爆炸危险环境中电气设备的安装使用

爆炸危险环境中,电气设备在安装中使用的穿线管、接线盒除了要选用防爆型外,还要在管道进出口,线路连接处进行密封处理。

对不同分区的爆炸危险环境,以及爆炸危险环境和非爆炸危险环境之间要有密封隔离措施。

在爆炸危险环境中,尽量不要采用便携性移动电气设备。尽量不要装设插座和照明电器。

爆炸危险环境中,环境的防爆通风和检测很重要,首先要有良好的通风设备,防止设备运行环境中爆炸性气体和粉尘浓度超标。还要有灵敏的自动检测设备,浓度一旦超标,就会及时发出报警或切断电源,防止事故进一步扩大。

表 5-4-2　几种常用电气设备的防爆结构类型

电气设备类型	0 区	1 区					2 区				
	本质安全型	本质安全型	隔爆型	正压型	充油型	增安型	本质安全型	隔爆型	正压型	充油型	增安型
三相笼型感应电动机			A	A		C		A	A		A
三相绕线转子感应电动机			B	B		C		A	A		A
隔离开关、断路器			A					A			
熔断器			B					A			
控制开关、按钮	A①	A	A	A		A	A	A			A
控制盘			B	B				A	A		
配电盘											
干式变压器			B	B		C		A	A		A
仪用互感器			B					A			
固定式白炽灯			A			C		A			
移动式白炽灯			B					A			
指示灯			A			C					A
信号、报警装置	A①	A	A	A		A	A	A			A
插座或连接器			A					A			
接线盒			A			C					A

注:A:适用;B:尽量避免;C:不适用;无字母:设备一般不在此环境下使用。

① 此类型只适合在本质安全型环境下使用。

(1)防静电。爆炸危险环境,也要和火灾危险环境一样防静电。因为静电火花是引燃易爆物质的导火线。因此,在爆炸危险环境中有可能产生静电的设备,必须有完善的防静电措施。另外,工作人员应尽可能穿戴抗静电的工作服、工作靴、帽子、手套等以防摩擦产生静电。

(2)防雷击。在爆炸危险环境中防雷措施要完善,应定期对防雷设施进行检查,每年的雨季来临前,应对防雷接地极的接地电阻进行测量。

(二)电气线路的防爆措施

1. 线路的选择

在爆炸危险环境中选择导线,也和火灾危险环境一样,要考虑危险电压、绝缘材质和长期允许载流量等因素,因为在爆炸危险环境中一旦发生火灾,就有爆炸危险。另外须强调以下几点:

(1)明敷电缆要根据爆炸危险程度尽量采用铠装电缆。

(2)在爆炸危险环境中,导体允许载流量应不小于熔断器额定电流的 1.25 倍或低压断路器过电流脱扣器整定电流的 1.25 倍。

(3)低压异步电动机动力电源线的允许载流量不得小于异步电动机额定电流的 1.25 倍。

2. 线路的安装运行

有爆炸危险场所的单相线路中,其相线与中性线均应有短路保护装置,并应选用双极开关,以便同时切断相线和中性线。

架空线不得跨越存放易燃易爆危险品的储罐、堆场、仓库。架空线和存放易燃易爆危险品的场所之间应有一定安全距离,例如 10 kV 以上的架空线与储量超过 200 m³ 的液化石油气单罐的水平距离不小于 40 m。

在爆炸危险环境内的电气线路不允许做中间接头,如必须做中间接头或分路时,应采用适当的连接件连接。

电气线路使用的连接件,如接线盒、分线盒、隔离密封盒等,应用隔爆型。

电气线路与防爆电器设备的引入装置连接时,引入口须用带螺纹的保护钢管与引入装置的螺母相连接。

爆炸危险环境内的绝缘导线不能采用明敷,必须采用钢管布线,钢管的中间接头应连接牢固并要做密封和防腐处理。

不同程度的爆炸危险环境之间以及非爆炸危险环境与爆炸危险环境之间的电缆沟、保护管与相邻敷设管道间,必须进行密封隔离。

电缆的中间接头要压接或熔焊。如采用防爆接线盒,连接后的接线盒内要灌注绝缘填充物。

(三)变、配电所的防爆措施

1. 变、配电所的位置和爆炸危险环境相邻时

变、配电所的位置不要设置在爆炸危险环境内,如果变、配电所的位置和爆炸危险环境位置相邻,间距应不小于 30 m。

10 kV 及以下的变配电室不设在有爆炸危险场所的正上方或正下方。

变、配电所从空间上应和爆炸危险环境安全防爆隔离,变、配电所与爆炸危险环境相通的电缆沟,管道等都要做隔爆密封。

2. 变、配电所在正常环境下时

变、配电所室内布局应合理,便于设备散热和值班人员巡检,变、配电所各功能室间应有良好的隔爆性能,以防室内单个设备局部爆炸时扩大事故。

变、配电所室内应通风良好。变、配电所室内的设备应选型规范,操作人员应严格按照操作规程操作。

3. 变、配电所设备的防爆

主要包括电力变压器和油断路器的防爆。

(1)电力变压器的防爆

电力变压器是变、配电所的重要设备,它是防爆的重点设备。变压器的防爆措施应和电力变压器防火措施结合起来考虑。电力变压器爆炸危险点在变压器油,电力变压器如果故障高温,会使变压器油迅速气化分解,使变压器内部压力急剧增大而发生爆炸。

针对上述情况,首先确保电力变压器有完善的保护系统。对变、配电所内变压器的瓦斯、油温、过电流等故障报警系统的完好性每班应检查。

当班人员定期巡检,对变压器进行直观检查,闻是否有发热而散发的异常气味;听变压器运行时是否有异常噪声;看变压器外观是否有渗油和变形;观察变压器的瓦斯继电器油位是否异常,是否有渗油现象;观察变压器器身安装温度计的温度。

(2)油断路器的防爆

油断路器操作过程是容易出故障的时段,油断路器一旦在操作过程中发生爆炸,后果将相当严重。当油断路器发生爆炸时所产生的巨大热浪,能将开关室的门窗冲飞,严重情况下,油

断路器爆炸产生的巨大热浪会使房屋结构遭到严重损坏。因此,油断路器的防爆也是变、配电所的防爆重点。

油断路器的主要防爆措施有:

1)在确定供电方式时,应尽量避免从枢纽变电所的大容量变压器直配供电,因此对大、中型城市,应考虑分段供电方案。

2)正确选型,油断路器通断能力与电力系统短路容量应相匹配。

3)设计时,应考虑新建、扩建带来的负荷增加,油断路器选择时要留有适当富裕度。油断路器也有它的使用寿命,已超过使用期限的油断路器,其通断能力下降,应及时更换。

4)定期进行小修和大修。一般小修每年 1~2 次,大修每 3 年一次;但在短路跳闸 3 次后要进行一次全面检查。

5)油断路器事故跳闸后,需要进行解体检修,应待油断路器内油冷却后方可打开,因为故障高温会使断路器分解产生对人体有害的易燃性气体。

(四)爆炸危险环境的接地

1. 有爆炸危险的场所,应将所有设备的金属部分、金属管道以及建筑物的金属结构全部接地,并连接成连续的整体;接地干线宜在爆炸危险场所的不同方向且不少于两处与接地体相连,以提高连接的可靠性。

2. 电力、照明设备可利用金属管线和金属构架做接地线,但不能利用输送爆炸危险物质的管道(如液化气管道、输油管道)做接地装置。

3. 接地螺栓应有压紧装置。

复习思考题

1. 物质燃烧的条件是什么? 防火的基本方法是什么? 灭火的基本方法又是什么?

2. 产生电气火灾和爆炸的主要原因是什么?

3. 线路防火的措施有哪些?

4. 如何扑灭电气火灾?

5. 电气设备的防爆措施有哪些?

第六章

过电压及防护

第一节　过　电　压

在正常运行时,电气设备的绝缘处于电网的额定电压作用下。但是,由于雷击、操作、故障等原因,系统中某些部分的电压可能升高,有时会大大超过正常状态下的数值。这种电压升高称为过电压。

过电压按其产生的原因,可分为大气过电压和内部过电压两大类。

一、大气过电压

大气过电压是由于雷击电力系统或雷电感应所引起,它是由系统以外的原因引起的,所以又称为外部过电压或雷电过电压。大气过电压在系统过电压中所占比例最大、幅值较高,并取决于雷电参数和防雷措施,与系统额定电压无直接关系。大气过电压具有脉冲特性,持续时间一般只有几十微秒左右。

（一）大气过电压的分类

由于雷击,在系统或设备上产生的大气过电压有两种:直击雷过电压和感应雷过电压。

直击雷过电压是雷直击线路、设备等,被击物上流过巨大的雷电流,从而在被击物上形成的过电压。直击雷过电压的幅值很高,严重威胁电气设备的绝缘,必须采取专门的防护措施。

感应雷过电压是雷击线路、设备等附近的地面,由于电磁场的剧烈变化,而在线路、设备上感应产生的过电压。感应雷过电压的幅值一般不超过 500 kV,这对于 35 kV 及以下电压等级的设备绝缘是危险的,应采取防护措施;而对于 110 kV 及以上电压等级的设备绝缘,由于其冲击耐压水平通常已高于此值,因此无危险。

（二）雷电参数

为了进行大气过电压的计算和采取相应的防护措施,必须掌握有关的雷电参数。

1. 雷电通道波阻抗

雷电通道相当于导体,可看作和普通导线一样,对电流波呈现一定的阻抗,称为雷电通道波阻抗,用 Z_0 表示,一般取为 300～400 Ω。

2. 雷电流幅值

因为大气过电压的数值与雷电流的大小有直接的关系,而在同样电流下所产生的电压却和许多因素有关,所以在防雷计算时所用的原始数据并不是雷电压,而是雷电流。

雷电流的幅值 I,与雷云中电荷多少、雷电活动的频繁程度、气候、土壤电阻率、海拔高度等诸多因素有关,是一个随机变量,只有通过大量实测才能正确估计它的概率分布规律。目前,我国采用的雷电流幅值概率分布曲线如图6-1-1所示（适用于我国年平均雷暴日大于

20 的大部分地区),也可以用下式表示

$$\lg P = -\frac{I}{88} \qquad\qquad (6-1-1)$$

式中　I——雷电流幅值,kA;

　　　P——雷电流幅值超过 I 的概率,% 。

3. 雷电流波形

雷电流是一个非周期性的冲击电流,其波形如图 6 - 1 - 2 所示。雷电流的波首部分近似于半个余弦波,如图 6 - 1 - 3 所示。有时,也将雷电流波首部分近似视为一条斜直线(斜角波头),如图 6 - 1 - 4 所示。

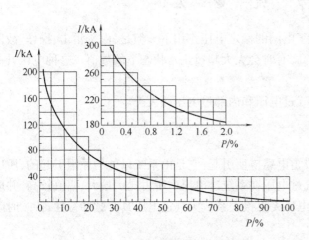

图 6 - 1 - 1　雷电流幅值概率分布曲线

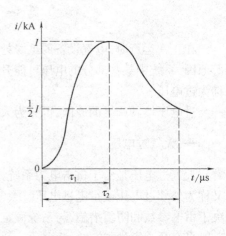

图 6 - 1 - 2　雷电流波形

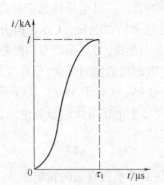

图 6 - 1 - 3　代表雷电流波
首部分的半余弦波

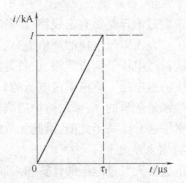

图 6 - 1 - 4　斜角波头

雷电流的波首形状对防雷设计有影响。故在防雷设计中需对其波首作出规定,规程建议:"在一般线路防雷设计中,波头取斜角波;在设计特殊高塔时,波头取为半余弦波"。

我国在线路防雷设计中,一般取雷电流波首 $\tau_1 = 2.6$ μs,波长 $\tau_2 = 40 \sim 50$ μs。

4. 雷电流的极性

雷电流的极性是指自雷云下行到大地的电荷的极性。雷电流的极性有正有负,根据实测结果,负极性约占 85% 左右,其余为正极性,个别的雷电流还是振荡的。由于负极性占大多数,并且负极性雷电波衰减较小,对电气设备的绝缘危害较大,因此在防雷计算中雷电流都按负极性考虑。

5. 雷电活动强度

某一地区的雷电活动强度,通常用该地区的雷暴日来表示。雷暴日是指每年中有雷电的天数,即在一天内只要听到雷声就作为一个雷暴日。

一般,年平均雷暴日小于 15 为少雷区,15～40 为中雷区,40～90 为多雷区,90 以上或根据运行经验雷害特别严重地区为雷电活动特殊强烈地区。

二、内部过电压

在电力系统中,除了前面介绍的雷电过电压外,还经常出现另一类过电压——内部过电压。内部过电压是由于系统内部参数发生变化时电磁能量的振荡和积累所引起的。

内部过电压是在电网额定电压的基础上产生的,故其幅值大体随着电网额定电压的升高按比例的增大。并且其幅值、波形受到系统具体结构,例如电网结构、系统容量及参数、中性点运行方式、断路器的性能、母线上的出线数及电网运行接线、操作方式等的影响。内部过电压具有统计规律,研究各种内部过电压出现概率及其幅值的分布对于正确决定电力系统的绝缘水平具有非常重要的意义。在一般情况下,内部过电压约为 $(2.5～4)U_{xg}$(U_{xg} 为系统最大运行相电压)。

内部过电压可按其产生的原因分为操作过电压和暂时过电压,其具体分类如下:

(一)操作过电压

操作过电压主要包括以下几种类型。

(1)空载线路或电容性负载的拉闸过电压。

(2)电感性负载的拉闸过电压。

(3)中性点不接地系统中的电弧接地过电压。

(4)空载线路的合闸过电压。

一般操作过电压的持续时间在 0.1 s(5 个工频周期)以内,其所指的操作也并非狭义的开关倒闸操作,而应理解为"电网参数的突变",它可以因倒闸操作,也可以因发生故障而引起。这一类过电压的幅值较大,但可设法采用某些限压保护装置和其他技术措施来加以限制。

(二)暂时过电压

1. 谐振过电压

(1)线性谐振过电压。系统中的参数在线性状态时产生的过电压。

(2)铁磁谐振(非线性谐振)过电压。由系统中变压器、电压互感器、消弧线圈等铁芯电感的磁路饱和而激发的过电压。

一般谐振过电压的持续时间较操作过电压的持续时间要长得多,甚至可能长期存在。谐振过电压不仅在超高压系统中发生,而且在一般的高压及低压系统中也普遍发生。

2. 工频电压升高(工频过电压)

(1)空载线路的电容效应引起的工频电压升高。

(2)不对称短路引起的工频电压升高。

(3)甩负荷引起的工频电压升高。

第二节 防雷设备

一、避雷针和避雷线

为了保护电气设备,避免受雷直击,通常采用避雷针或避雷线。避雷针一般用于保护发电厂、变电所,避雷线主要用于保护输电线,也可以用于保护发电厂、变电所。

(一)结　构

避雷针由接闪器(针头)、接地引下线和接地体三部分组成。接闪器可用直径 10 ~ 20 mm、长 1 ~2 m 的圆钢做成;接地引下线可用厚不小于 4 mm、宽不小于 20 mm 的扁钢作成,也可利用钢筋混凝土杆内的钢筋或铁塔本身作为引下线;接地体可用几根 2.5 m 长的角钢或钢管打入地中构成。接地引下线与接闪器、接地体之间,以及引下线本身的接头,都应可靠连接,连接处不允许采用铰接的办法,必须用烧焊或线夹、螺栓进行连接。

避雷线(又称架空地线)也是由三部分组成:悬挂在空中的导线(接闪器),接地引下线,接地体。用作接闪器的导线一般采用截面不小于 35 mm^2 的镀锌钢绞线。对接地引下线和接地体的要求与避雷针的相同。

(二)保护原理

避雷针(线)高于被保护设备,其作用是吸引雷击在避雷针(线)上,并将雷电流导入大地,从而保护设备免受雷直击。这样,在避雷针(线)附近、特别是在下方的物体受雷直击的可能性就显著降低,并且距离避雷针(线)越近、越下方的物体受雷直击的可能性就越小,即受到了避雷针(线)的保护。因此,避雷针(线)实为"引雷"针(线)。

(三)保护范围

受避雷针(线)保护的空间是有一定范围的。

单支避雷针的保护范围如图 6 - 2 - 1 所示。它由一个圆锥体和一个圆台体组成:设针高为 h,从针的顶点向下作与针成 45°的斜线,该斜线绕避雷针旋转一周而成的圆锥体内为上半保护区;将避雷针在地面上的投影作为原点,在地面上距原点 1.5 h 处向针的 0.75 h 处作连

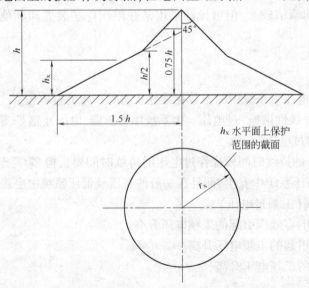

图 6 - 2 - 1　单支避雷针的保护范围

线,与上述45°斜线相交,交点以下的斜线以针为轴旋转一周而成的圆台体内为下半保护区。

单根避雷线的保护范围如图6-2-2所示。由避雷线两侧分别向下作与避雷线的铅垂面成25°的斜面,构成保护范围的上部;斜面在避雷线悬挂高度h的一半$h/2$处向外偏折,与地面上离避雷线水平距离为h的直线相连的斜面,构成保护范围的下部。

在工程实际中,常用保护角表示避雷线对输电线的保护程度。保护角是指避雷线的铅垂面与避雷线和外侧输电线所构成的斜面间的夹角。保护角越小,导线就越处于避雷线保护范围以内,保护也就越可靠。

避雷针(线)的保护范围通常是利用模拟实验和运行经验来确定的。由于雷电的路径受很多偶然因素的影响,因此,要保证被保护物绝对不受雷击是不可能的。一般,保护范围是指只有1‰左右雷击概率的空间范围,即被保护物处于保护范围以内时,受雷直击的可能性只有1‰左右。

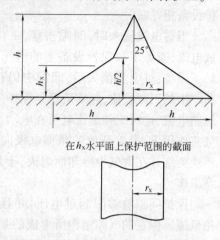

在h_x水平面上保护范围的截面

图6-2-2　单根避雷线的保护范围

二、避 雷 器

变电所采用避雷针保护后,能防止变电所内电气设备受雷直击,但与之相连的输电线一旦遭受雷击,雷电波(过电压)将沿线路传入变电所,同样危及电气设备的绝缘,这就不是避雷针所能解决的问题。为了保护变电所内的电气设备免受雷电侵入波的危害,通常采用避雷器。

避雷器是用来限制过电压,保护电气设备绝缘的电器。通常将它接在导线与地之间,与被保护设备并联,如图6-2-3所示。

在正常情况下,避雷器中无电流流过。一旦线路上传来危及被保护设备绝缘的过电压波时,在过电压作用下避雷器立即击穿动作,使导线直接或通过电阻与大地相连,雷电流经避雷器泄入大地,将过电压限制在一定的水平。当过电压作用过去以后,避雷器又能自动切断工作电压作用下通过避雷器泄入大地的工频电流—续流,使系统恢复正常运行。因此,对避雷器的基本要求是:

(1)当过电压超过一定值时,避雷器应动作(放电),将导线直接或经电阻接地,以限制过电压。

(2)在过电压作用过去后,能够迅速截断或避免工频续流所产生的电弧,使系统恢复正常运行。

避雷器的种类主要有保护间隙、管型避雷器、阀型避雷器、氧化锌避雷器等,其保护性能也依照这个顺序,越来越优越。

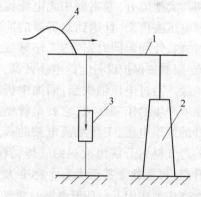

图6-2-3　避雷器与被保护设备的连接
1—线路;2—被保护设备;3—避雷器;4—过电压波

(一)保护间隙

保护间隙又称为角隙避雷器,由角型间隙、支持瓷瓶、支持钢管及底座组成,常用的角型保护间隙如图6-2-4所示。它有两个空气间隙:主间隙和辅助间隙。主间隙由角型或棒形电极组成;为防止主间隙被外物(如鸟类)短路引起误动作,还串有辅助间隙。保护间隙与被保护设备相并联。

当雷电波侵入时,间隙击穿,工作母线接地释放电流,避免了被保护设备上的电压升高,从而保护了设备;过电压消失后,间隙中仍有由工作电压所产生的工频续流,此续流就是保护间隙安装处的短路电流,这时工频续流电弧在电动力和上升的热气流作用下,沿着开放的角型电极向外拉长,弧柱迅速变细并在大气中冷却而熄灭,于是系统恢复正常工作。

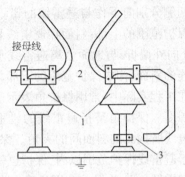

图 6-2-4　角型保护间隙结构图
1—瓷瓶;2—主间隙;3—辅助间隙

保护间隙能够限制过电压,并且结构简单、价格低廉。但它的气隙结构所形成的是不均匀电场,不容易与被保护设备绝缘相配合;动作后形成截波,对设备的纵绝缘威胁较大;间隙的熄弧能力不稳定,有时甚至不能自动熄弧,引起断路器跳闸。通常,保护间隙需与重合闸装置配合使用。

(二)管型避雷器

管型避雷器实质上是一种具有较高熄弧能力的保护间隙,其原理结构如图 6-2-5 所示。产气管由纤维、塑料或橡胶等产气材料制成。管型避雷器有两个互相串联的间隙,一个装在管内,称为内间隙或灭弧间隙 S_1,由环形电极和棒形电极组成;另一个间隙在管外,称为外间隙 S_2,由棒、棒电极组成,其作用是隔离工作电压,避免产气管被工频电流烧坏,以及由于产气管受潮等原因发生沿面闪络而引起误动作。

在正常情况下,管型避雷器利用内、外间隙使电网与大地隔开,避雷器中无电流流通。当大气过电压波传来,且达到避雷器的冲击放电电压时,内、外间隙同时击穿,工作母线接地释放电流,限制被保护设备上的电压升高,保护了设备绝缘。当过电压消失后,间隙中仍有由工作电压所产生的工频续流,它就是管型避雷器安装处的短路电流,工频续流电弧的高温使产气管的产气材料分解出大量的气体,管内气压急剧升高(可达数十甚至上百个标准大气压),

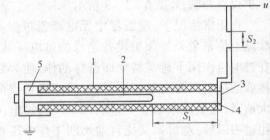

图 6-2-5　管型避雷器结构图
1—产气管;2—棒形电极;3—喷气口;
4—环形电极;5—储气室

气体在高压力作用下由环形电极的喷气口喷出,形成强烈的纵吹作用,从而使工频续流在第一次过零时就被吹灭,系统恢复正常运行状态。

管型避雷器的熄弧能力与工频续流的大小有关。为了熄灭工频续流,管型避雷器必须有足够的气体。但是,若续流过大,产生的气体过多,管内气压太高,超过管型避雷器的机械强度,将造成管型避雷器爆炸;反之,若续流过小,产气过少,管内气压太低,又不足以熄弧。因此,管型避雷器所能熄灭的工频续流有上、下限,通常在其型号中表明,例如 $GXS_1\dfrac{35}{0.7-3}$,即表示该避雷器的额定电压为 35 kV,可切断的续流在 0.7~3 kA(有效值)范围内。

管型避雷器的熄弧能力还与产气管的材料、内径、内间隙的距离等因素有关。产气管的内径大小,影响产气量的多少。内径越小,电弧与内壁越容易接触,便于产生气体。当管型避雷器动作多次后,由于管壁材料的消耗,管壁变薄,内径将逐渐增大。通常当内径增大20% ~ 25% ,就不能再继续使用了。

管型避雷器在使用中存在的主要问题:放电分散性较大,与一般电气设备(例如变压器)的绝缘不容易配合;动作后工作母线直接接地产生截波,对变压器的纵绝缘不利;放电特性受大气条件的影响较大等。由于使用中存在这些问题,所以管型避雷器目前只用于变电所进线保护和线路绝缘薄弱处的保护。

(三)阀型避雷器

阀型避雷器由密封在瓷套中的放电间隙和非线性电阻串联构成,其结构原理如图6 - 2 - 6所示。放电间隙由多个统一规格的间隙串联而成,非线性电阻也是由多个非线性电阻盘串联而成。非线性电阻又称为阀片电阻或阀片,它的电阻值与流过的电流有关,电流越大电阻越小,电流越小电阻越大。

在系统正常工作时,放电间隙将阀片电阻与工作母线隔开,以免由于工作电压在阀片电阻中产生的电流将阀片烧坏。当系统中出现过电压,且幅值超过间隙的放电电压时,间隙被击穿,冲击电流通过阀片电阻流入大地;由于阀片电阻的非线性特性,其电阻值在流过很大的冲击电流时变得很小,因此在阀片上产生的压降(称为残压)将受到限制,只要此残压值低于被保护设备的冲击耐压值,设备就能得到保护。当过电压消失后,由工作电压所产生的工频续流仍将继续流过避雷器,而续流值远比冲击电流小,因此阀片电阻值变得很大,进一步限制了工频续流的数值,使间隙能在工频续流第一次过零时就将电弧切断,系统恢复正常运行。

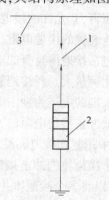

图6 - 2 - 6　阀型避雷器原理图
1—放电间隙;2—阀片电阻;
3—工作母线

(四)氧化锌避雷器

氧化锌避雷器的阀片以氧化锌 ZnO 为主要原料,掺以少量其他金属氧化物(如氧化铋)等添加剂,经高温焙烧而成,其非线性极好。在正常工作相电压作用下流过氧化锌阀片的电流在 10^{-5} A 以下,如此小的电流使氧化锌阀片相当于一个绝缘体,由它构成的避雷器无须串联间隙。

氧化锌避雷器的工作原理为,在正常工作电压下,阀片具有极高的电阻呈绝缘状态;当电压超过某一定值(动作电压)时,阀片"导通"呈低阻状态,释放电流,"导通"后阀片上的残压与流过它的电流大小基本无关,而为一定值;当电压降到动作电压以下时,阀片"导通"终止,迅速恢复高电阻呈绝缘状态,因此不存在工频续流。

氧化锌避雷器具有下列优点:

(1)无间隙。由于氧化锌避雷器不用串联间隙,所以结构简单、体积小、重量轻;不存在瓷套表面污秽使间隙放电电压不稳定的缺点,抗污性好;不存在间隙放电电压随雷电波陡度增加而增大的问题,改善了陡波下的保护性能,提高了对设备保护的可靠性。

(2)无续流。由于氧化锌避雷器无工频续流流通,因此不存在灭弧问题,可做成直流避雷器,解决了直流电弧不像交流电弧有自然过零点而灭弧困难的问题;减少了避雷器动作时通过的能量,从而可以承受多次雷击,延长了工作寿命。

（3）通流能力大。不仅可用于大气过电压保护，也可用于内部过电压保护。

（4）残压低。

由于氧化锌避雷器的上述优点，近年来使用的越来越多，有取代阀型避雷器的趋势。

三、防雷接地

避雷针、避雷线或避雷器受雷击时，雷电流将流经避雷针、避雷线或避雷器及其接地装置入地。接地装置由接地线和埋入地中的接地体（或称接地极）构成，垂直接地体通常采用 2.5 m 长的角钢，水平接地体通常采用圆钢或扁钢。接地装置的接地情况是否良好，即在雷电流经接地装置入地时接地电阻的大小，将直接影响避雷针、避雷线或避雷器的防雷性能。对防雷接地而言，其允许的接地电阻值约为 5~30 Ω，一般要求小于 10 Ω。

接地装置的接地电阻，是指接地体对大地零电位区域的电压与经接地体入地的电流的比值。它包括接地体自身的电阻、接地体与土壤的接触电阻和土壤电阻三个部分，其中土壤电阻所占的比例最大。经接地装置入地的电流为工频电流时的接地电阻，称为工频接地电阻；经接地装置入地的电流为冲击电流时的接地电阻，称为冲击接地电阻。

降低冲击接地电阻的方法，主要从采用复式接地装置和降低土壤电阻率两方面考虑。

1. 采用复式接地装置

单个接地体的冲击接地电阻为 R_{ch}，为了降低冲击接地电阻，可以将多个接地体并联起来，组成一个复式接地装置。

图 6-2-7 所示为三根垂直接地体并联组成的复式接地装置。由于采用多个并联支路，加之整个接地装置与土壤的接触面增大，所以总的冲击接地电阻比单个接地体的要小。但另一方面，由于各接地体之间相互的屏蔽作用，妨碍了每个接地体向土壤中扩散电流，因此复式接地装置总的冲击接地电阻比各个接地体并联求得的值更大，其影响可用冲击利用系数 η 来表示。由 n 根垂直接地体或放射形水平接地体组成的复式接地装置，其总的冲击接地电阻 R'_{ch} 可由下式计算：

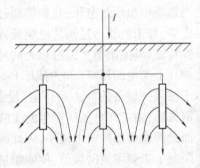

图 6-2-7 复式接地装置

$$R'_{ch} = \frac{R_{ch}}{n\eta} \qquad (6-2-1)$$

式中　R_{ch}——单根垂直或水平接地体的冲击接地电阻，Ω；

　　　　η——冲击利用系数，约为 0.8。

2. 降低土壤电阻率

决定接地电阻的主要因素是土壤电阻率，为了降低冲击接地电阻，可以设法降低土壤电阻率。例如，将接地装置处高电阻率的土壤换成低电阻率的土壤；经常在埋设接地装置的地方浇盐水，也能降低土壤电阻率；如果上层土壤的电阻率很大（例如干砂），而下层土壤的电阻率较小或地下水不很深时，可以采用深埋接地体的方法；如果土壤电阻率很大，而附近有水源时，可以将接地体引至水源处埋设，但应注意，外引的长度一般不应超过 40 m，否则雷电流传来时，由于感抗过大，将使接地装置的始端电位升高过大。

第三节　输电线路和变电所的防雷保护

一、输电线路的防雷保护

（一）输电线路防雷的主要原则

1. 防止雷击导线。

2. 防止避雷线受雷击后引起线路绝缘闪络。

3. 防止绝缘闪络后建立稳定的工频短路电弧。

4. 防止线路中断供电。

（二）输电线路的防雷措施

1. 架设避雷线（架空地线）

沿全线装设避雷线是 110 kV 及以上架空输电线路最重要和最有效的防雷措施，它除了能避免雷直击导线而产生极高的过电压外，还是提高线路耐雷水平的有效措施之一。在 110 ~ 220 kV 的高压线路上，避雷线的保护角 α 一般取 20° ~ 30°，在 500 kV 及以上的超高压线路上，避雷线的保护角一般取 $\alpha \leqslant 15°$。35 kV 及以下的线路一般不装设避雷线，因为这些线路本身的绝缘水平太低，即使装上避雷线来截住直击雷，也难以避免发生反击闪络，因而效果不好；另一方面，这些线路均属中性点非直接接地系统，一相接地故障的后果不像中性点直接接地系统那样严重，因而主要依靠装设消弧线圈和自动重合闸来进行防雷保护。

2. 降低杆塔接地电阻

这是提高线路耐雷水平和减少反击概率的主要措施。杆塔的接地电阻一般为 10 ~ 30 Ω。在土壤电阻率 $\rho \leqslant 1\ 000\ \Omega \cdot m$ 的地区，杆塔的混凝土基础也能起到天然接地体的作用，但往往难以达到接地电阻值的要求，故需另外加设人工接地装置。必要时可采用多根放射形水平接地体、连续伸长接地体、长效土壤降阻剂等措施。

3. 加强线路绝缘

例如增加绝缘子串的片数、改用大爬距悬式绝缘子、增大塔头空气间距等，这样做当然也能提高线路的耐雷水平、降低建弧率，但实施起来会有相当大的局限性。一般为了提高线路的耐雷水平，均优先考虑采用降低杆塔接地电阻的办法。

4. 耦合地线

作为一种补救措施，可在某些建成投运后雷击故障频发的线段上，在导线的下方加装一条耦合地线，它虽然不能像避雷线那样拦截直击雷，但因具有一定的分流作用并增大了导线与地线之间的耦合系数，因而也能提高线路的耐雷水平和降低雷击跳闸率。

5. 消弧线圈

能使雷电过电压所引起的一相对地冲击闪络不转变为稳定的工频电弧，大大减小建弧率和断路器的跳闸次数。

6. 管型避雷器

不作密集安装，仅用作线路上雷电过电压特别大或绝缘薄弱点的防雷保护。它能避免线路绝缘的冲击闪络，并使建弧率降为零。在输电线路上，管型避雷器仅安装在高压线路之间及高压线路与弱电线路（例如通信线路）之间的交叉跨越档、过江大跨越高杆塔、变电所的进线保护段等处。

7. 不平衡绝缘

为了节省线路走廊用地,在高压及超高压线路中,采用同杆架设双回线路的情况日益增多。为了避免线路落雷时两回路同时闪络跳闸而造成完全停电的严重局面,当采用通常的防雷措施仍无法满足要求时,可再采用不平衡绝缘的方案,亦即使一回路的三相绝缘子片数少于另一回路的三相绝缘子片数。这样在雷击线路时,绝缘水平较低的那一回路将先发生冲击闪络,甚至跳闸停电。这就保护了另一回路,使之继续正常运行,不至于完全停电,以减少损失。

8. 自动重合闸

由于线路绝缘具有自恢复功能,大多数雷击造成的冲击闪络和工频电弧在线路跳闸停电后能迅速消失,线路绝缘不会发生永久性的损坏或劣化,因此装设自动重合闸的效果很好。自动重合闸是减少线路雷击停电事故的有效措施。

(三)各级输电线路防雷的具体措施

在确定输电线路的防雷方式时,应全面考虑线路的电压等级、重要程度和系统运行方式,根据线路经过地区雷电活动的强弱、地形地貌的特点、土壤电阻率的高低等条件,结合当地原有线路的运行经验,按技术经济比较的结果,因地制宜,采用合理的保护措施。

1. 3~10 kV 线路

3~10 kV 架空配电线路,绝缘水平较低,通常只有一个针式绝缘子,避雷线的作用非常小,不用架设。可利用钢筋混凝土杆的自然接地,并采用中性点不接地的方式。这样,当雷击发生单相对地闪络时,可不跳闸。为提高供电的可靠性,可投入自动重合闸。对一般配电线路,因其重要性不像高压输电线路那样大,这样已能满足要求。

在雷电活动较强烈的地区,线路受雷的机会较多,往往会造成绝缘子闪络和烧断导线的事故。对此,可因地制宜采用高一电压等级的绝缘子,或顶相采用针式而边相采用两片悬式绝缘子,也可采用瓷横担,以提高线路的绝缘水平。为减小雷击引起工频电弧烧断导线的事故,在满足继电保护配合的情况下,应尽可能地压缩线路断路器的跳闸时间。高土壤电阻率易击区的混凝土杆,除杆身自然接地外,还可适当增加人工接地体。对线路的易击点可三相同时装设管型避雷器,也可只装顶相,因为顶相遭受雷击的机会比边相多得多。

对于特别重要的用户,应采用环形供电或不同杆的双回路供电,必要时可改为电缆供电。

2. 35~60 kV 线路

35 kV 线路,一般不装设避雷线;对于 60 kV 线路,在雷电活动较少的地区,也不沿全线架设避雷线。这样一方面是为了节约线路的投资,另一方面也是由于线路电压等级较低,其耐雷水平相应较低。一般 35 kV 线路耐雷水平只有 20 kA,出现雷电流的概率为 68%,因而雷击避雷线反击导线的可能性随之增大。因此,装设避雷线提高线路可靠性的作用较小。

为提高不装避雷线的 35~60 kV 线路的供电可靠性,一般采用中性点不接地的运行方式(三相导线作三角形排列)。当雷击一相导线时,如果电流不大(或是感应雷过电压),一般只发生单相接地。由于中性点不接地,单相接地电流只是线路对地的电容电流,数值不大,能自行熄灭,因而不会引起供电中断。如果线路较长,可在中性点装消弧线圈,以补偿接地点的电容电流;或采用线路自动重合闸、环网供电等方式,也能使不沿全线架设避雷线的 35~60 kV 线路得到较满意的防雷效果。

3. 110~500 kV 线路

110 kV 线路,一般沿全线架设避雷线,在雷电活动特别强烈的地区,宜架设双避雷线,其保护角一般取 20°~30°。在少雷区或运行经验证明雷电活动轻微的地区,也可不沿全线架设避雷线,但应装设自动重合闸装置。

220 kV 线路应沿全线架设避雷线,在山区宜架设双避雷线(少雷区除外),保护角取为20°左右。

330～500 kV 线路,绝缘水平和耐雷水平均增大,但考虑到线路的长度增加,线路落雷总次数增多、线路的平均高度增大、经过山区的可能性也增大,故反击和绕击率均增大。更主要的是线路输送的功率增大,重要性也就更高。考虑到这些因素,330～500 kV 线路一律沿全线架设双避雷线,保护角宜采用10°～20°。

对有单根避雷线的110～220 kV 线路,若在运行中雷害事故频繁,或常发生选择性雷击的线路,单靠改善接地难以奏效时,可补架成双避雷线。若由于杆塔结构的原因,增加避雷线有困难的情况下,可在导线下方架设一根架空地线(耦合地线)。它一方面具有耦合作用,可降低绝缘子串上的电压,提高耐雷水平;另一方面还具有屏蔽、分流作用。也能收到良好的防雷效果。

由于雷击造成的闪络,大多数能在跳闸后自行恢复绝缘性能,所以重合闸成功率较高,因此,各级电压的线路应尽量装设自动重合闸。

二、变电所的防雷保护

变电所是电力系统的中心环节,如果发生雷击事故,将造成大面积停电,严重影响国民经济和人民生活,因此,变电所的防雷保护必须十分可靠。

变电所的雷害主要来源于三个方面:雷直击于变电所内的导线或设备;变电所避雷针上落雷时产生的感应雷过电压;沿输电线路传来的雷电波。

(一)变电所的直击雷防护

1. 变电所直击雷防护的原则

(1)保护所有设备。所有被保护设备均应处于避雷针的保护范围之内,以免受雷直击。

(2)防止反击。雷击避雷针后,避雷针的对地电位可能很高,如果它与被保护设备之间的绝缘距离不够,就可能从避雷针至被保护设备发生放电,这种情况叫反击或逆闪络。发生反击后,可能将高电位加至被保护设备上,从而造成事故。因此,必须采用措施防止反击。

2. 变电所防止直击雷的措施

(1)保护所有设备的措施。为了防止雷直击于变电所,通常装设避雷针来保护。并应使所有的设备都处于避雷针的保护范围之内,不应出现保护的空白点。

(2)防止反击的措施。如图6-3-1所示,当雷击避雷针时,为了防止避雷针与被保护设备或构架之间的空气间隙 s_k 被击穿而造成反击事故,必须要求 s_k 大于一定的距离。一般, s_k 不应小于5 m,条件允许时,为降低雷击避雷针时感应雷过电压的影响,此距离还可适当加大。

同样,为了防止避雷针接地装置和被保护设备接地装置之间在土壤中的间隙 s_d 被击穿,必须要求 s_d 大于一定的距离。一般, s_d 不应小于3 m。

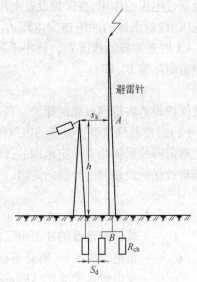

图6-3-1 独立避雷针与被保护设备间的距离

　　35 kV 及以下的配电装置,由于绝缘较弱,故不允许将避雷针装设在配电构架上,以免出现反击事故,而需用独立避雷针来保护。

　　60 kV 及以上的配电装置,由于绝缘较强,不易造成反击,为降低造价,可将避雷针装设在配电构架或房顶上,成为架构避雷针。装设了避雷针的配电构架应加设辅助接地装置,此接地装置与变电所接地网的连接点离主变压器接地装置与变电所接地网的连接点之间的距离不应小于 15 m,目的是使雷击避雷针时在避雷针接地装置上产生的高电位,在沿接地网向变压器接地点传播的过程中逐渐衰减,以使到达变压器接地点时不会造成变压器的反击事故。由于变压器的绝缘较弱又是变电所中最重要的设备,故在变压器门型构架上不应装设避雷针。

　　关于线路终端杆塔上的避雷线能否与变电所构架相连的问题,也可按上述避雷针的原则(是否会发生反击的原则)来处理。60 kV 及以上的变电所允许相连,35 kV 及以下的一般不允许相连,但若土壤电阻率不大于 500 Ω·m,则可以相连。

　　(二) 变电所的侵入波防护

　　雷击输电线的机会比雷直击于变电所的机会大得多,所以沿线路侵入变电所的雷电过电压波是很常见的。又因为线路的绝缘水平要比变电所内电气设备的冲击击穿电压高得多,所以变电所内对侵入雷电过电压波的防护是十分重要的。

　　变电所防御雷电侵入波的主要措施有:装设避雷器和采用进线保护段。

　　1. 装设避雷器

　　如图 6 - 3 - 2 所示,在变电所母线上装设避雷器来限制雷电侵入波,是变电所防雷的基本措施。

　　所采用的避雷器应满足以下要求:

　　(1)避雷器的额定电压应与安装处的电压等级相当。

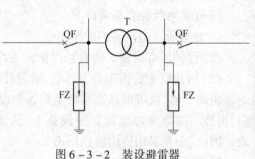

图 6 - 3 - 2　装设避雷器

　　这样,避雷器与被保护设备的绝缘特性之间才能相互配合。沿线路侵入雷电波时,由于避雷器限制过电压的作用,被保护设备上所承受的最大电压值(避雷器的冲击击穿电压 U_1 和雷电流为 5 kA 时避雷器的残压 U_{c5})将小于被保护设备的冲击耐压值 U_j,即

$$U_1(U_{c5}) < U_j \qquad (6-3-1)$$

则被保护设备将得到可靠的保护。否则仍有可能使被保护设备的绝缘受到雷害。

　　(2)避雷器到被保护设备的电气距离 l 应小于最大允许电气距离 l_m。

　　避雷器的保护是有一定范围的,此范围用最大允许电气距离表示。所谓电气距离,是指避雷器与被保护设备间沿导线的距离。避雷器到被保护设备的最大允许电气距离 l_m 为

$$l_m = \frac{U_j - U_{c5}}{2\alpha'} \cdot K \qquad (6-3-2)$$

式中　U_j——被保护设备的冲击耐压值,kV;

　　　　U_{c5}——雷电流为 5 kA 时避雷器的残压,kV;

　　　　α'——雷电侵入波陡度,kV/m;

　　　　K——系数。当母线上出线总数为 1、2、3、4 时,K 值分别为 1.0、1.25、1.5、1.7。

　　用于防御侵入波的避雷器一般装在变电所母线上,离开被保护设备都有一段长度不等的

电气距离。要使其具有保护作用,则避雷器到被保护设备的电气距离 l 应小于最大允许电气距离 l_m,避雷器才能对被保护设备起到保护作用。

2. 采用进线保护段

从前面的分析可知,要使避雷器能可靠地保护变电所内的电气设备,必须设法使避雷器中流过的雷电流幅值不超过 5 kA,而且必须保证雷电侵入波的陡度不超过一定的允许值。如果输电线路没有架设避雷线,那么,当雷直击于变电所附近的导线上时,流经避雷器的雷电流幅值就可能超过 5 kA,而且陡度也会超过允许值。因此,在靠近变电所的一段进线上必须架设避雷线。架设了避雷线的这段进线,就称为变电所的进线保护段,其长度一般为 1~2 km。

变电所进线段保护的作用,就在于限制流经避雷器的雷电流幅值、限制侵入波的陡度。

(1)35 kV 及以上变电所的进线段保护

图 6-3-3(a)为 35~110 kV 未沿全线架设避雷线的变电所进线保护接线。进线保护段内避雷线的保护角一般不超过 20°,最大不应超过 30°。另外,进线保护段内线路绝缘应有较高的耐雷水平。

图 6-3-3(b)为全线有避雷线的线路,也将变电所附近 2 km 长的一段线路称为进线保护段。这段线路的耐雷水平及避雷线的保护角也应符合上述规定。

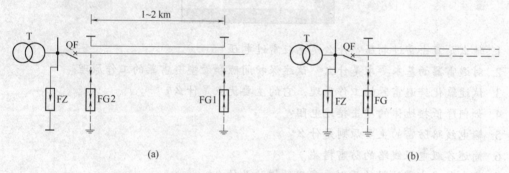

图 6-3-3　变电所进线保护接线
(a)未沿全线架设避雷线的 35~110 kV 变电所进线保护;
(b)全线有避雷线的变电所进线保护

在进线段内由于有避雷线,且保护角较小,所以在这一段输电导线上发生雷击的可能性很小;又由于这段线路的耐雷水平较高,加之杆塔的接地电阻较小(一般不大于 10 Ω),所以,当杆塔顶部或避雷线受雷击时,对输电导线发生反击的可能性也很小。这样,侵入变电所的雷电波就主要由进线保护段以外的导线遭受雷击而产生。

在图 6-3-3(a)所示的 35~110 kV 线路进线保护段接线方式中,还用虚线画出了管型避雷器 FG1 和 FG2。对于一般的线路来讲,无需装设 FG1。但对于冲击绝缘水平很高的线路,例如木杆线路、钢筋混凝土杆木横担线路或降压运行的线路等,其雷电侵入波的幅值会相应增加。这样,变电所避雷器中的雷电流仍有可能超过 5 kA。为此,就需要在进线保护段首端装设一组管型避雷器 FG1,以限制侵入波的幅值。对于管型避雷器 FG2,只有在断路器或隔离开关经常处于开断状态,而线路侧又有工频电源时,才需采用。因为在这种情况下,当沿线路有雷电波侵入时,在断开点将产生全反射,使过电压提高一倍,有可能使断路器或隔离开关发生对地闪络,并导致线路侧工频电源短路,工频电弧会将断路器或隔离开关的绝缘支座烧坏。因此,必须在靠近断路器或隔离开关处装设一组管型避雷器来保护。FG2 的外间隙整定值应使其在断路器开路运行时能可靠的动作,以保护断路器或隔离开关,而在断路器闭合运行时,不应动作。也即 FG2 应在变电所避雷器保护范围之内。

(2)35 kV 以下小容量变电所的简化进线保护

对于 35 kV 以下的小容量变电所,可根据变电所的重要性和雷电活动强度等情况采取简化的进线保护,在进线的终端杆上安装一组 1 000 μH 左右的抗雷线圈和管型避雷器来代替进线段,如图 6 - 3 - 4 所示。此抗雷线圈和管型避雷器既能限制流过避雷器的雷电流幅值,又能限制侵入波陡度。

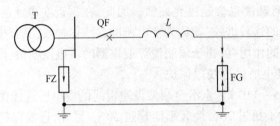

图 6 - 3 - 4　用抗雷线圈和管型避雷器代替进线段的保护接线

复习思考题

1. 什么是直击雷过电压? 什么是感应雷过电压?

2. 对避雷器的基本要求是什么? 试述保护间隙和管型避雷器的工作原理。

3. 试述氧化锌避雷器的工作原理。它的主要优点是什么?

4. 如何降低接地体的冲击接地电阻?

5. 输电线路防雷的主要原则是什么?

6. 简述各级电压线路的防雷措施。

7. 变电所直击雷防护的原则和采用的措施是什么?

8. 避雷器与被保护设备间的电气距离对其保护作用有什么影响?

9. 变电所进线保护段的作用是什么?

第七章
电气测试及其安全措施

电气测量和试验是了解电气设备状况的重要手段,通过对测试结果的分析,可以检验设备的制造质量、安装质量及运行中设备的工作状态和性能变化,以便从中发现设备存在的缺陷,及时地消除隐患,从而确保电气装置的安全运行。因此,电气测量和试验也是安全用电的重要手段。

电气试验按试验部门,可分为出厂试验、交接试验、大修试验、运行中的预防性试验。出厂试验是高压电气设备制造厂根据有关标准和产品技术条件进行的试验,以保证产品的质量。交接试验、大修试验分别是高压电气设备安装单位、检修部门对准备投运的高压电气设备、大修后的高压电气设备按有关标准进行的试验,以检查安装、大修质量是否合格。预防性试验是在高压电气设备投入运行后,按一定周期进行的试验,目的在于检查运行中高压电气设备状态,发现设备绝缘及其他方面存在的问题,及时处理,以避免运行事故。

电气试验按试验的性质,可分为绝缘试验和特性试验。

绝缘试验是检查高压电气设备绝缘性能的各种试验。绝缘试验可分为非破坏性试验和破坏性试验两类:非破坏性试验是指在较低电压下测量高压电气设备绝缘特征参数以发现绝缘缺陷,如绝缘电阻及吸收比试验、介质损耗因数试验、泄漏电流试验、变压器油气相色谱分析等;破坏性试验是模拟高压电气设备运行中实际可能遇到的各种过电压施加于高压电气设备绝缘上,以考核绝缘耐受能力,如工频耐压试验、直流耐压试验、雷电冲击耐压试验等。这类试验易于发现设备绝缘的集中性缺陷,考验绝缘水平,但可能会对设备绝缘造成一定的损伤。破坏性试验应在非破坏性试验合格后进行,以避免对设备绝缘造成损伤。

特性试验是指检查高压电气设备电气特性和机械特性的各种试验,如变压器变比及连接组别试验、变压器绕组直流电阻试验、断路器导电回路电阻试验,断路器机械性能试验等。

电气工作人员,应根据各自的岗位职责,了解有关的试验项目,掌握必要的试验操作方法以及测试工作中的安全技术,以确保测试的科学性、规范性和安全性,并对试验结果做出判断。

第一节　绝缘预防性试验

绝缘材料在外加电压作用下会发生极化、电导、损耗、老化和击穿等现象。极化用相对介电系数来表征(可视为电介质电容与同一几何形状和尺寸的真空电容的比值);电导用绝缘电阻或泄漏电流来表征;损耗是因极化和电导所致,工程上用介质损失角正切值来表征;老化是电介质长期运行中因物理、化学作用而逐渐丧失绝缘能力的过程;击穿是电介质耐受不了外加电压的作用而由绝缘体变成导体的现象,这时电介质完全丧失了绝缘能力,工程上用击穿电压或者击穿电场强度来表征电介质耐受电压的能力。

安全用电

当绝缘受潮、受热、脏污、被腐蚀、被外力损伤或者严重老化时,其极化将增强,电导将增大(表现为绝缘电阻降低,泄漏电流增大),损耗将增加(表现为介质损失角正切值 $\tan\delta$ 增大),绝缘强度降低(表现为击穿电压下降)。因此,我们可以通过对上述物理量的测试来鉴定绝缘品质的优劣,判断电气设备或线路能否投入运行。对运行中的电气装置定期进行以上项目的测试称为绝缘预防性试验,如果测试是在安装工程竣工后移交前进行,则称之为交接试验。常用电气设备的绝缘预防性试验项目、周期及标准见表 7 - 1 - 1。

表 7 - 1 - 1　常用电气设备的绝缘预防性试验项目、周期及标准①

设备名称	额定电压/kV	绝缘电阻/Ω		泄漏电流/μA		$\tan\delta$(%) 值②		直流耐压值/kV		交流耐压值③/kV	
		周期	标准	周期	标准	周期	标准	周期	标准	周期	标准
电力变压器	6 10 35 60	交接时 大修后 1~2 年一次	300 300 400 800	交接时 大修后 1~2 年一次	10 10 20 40	交接时 大修后 1~2 年一次	3.5(4.5) 3.5(4.5) 3.5(4.5) 2.5(3.5)			交接时 大修后	21(35) 30(35) 72(85) 120(140)
电压互感器	6 10 35 60	交接时 大修后 1~2 年一次	400 450 600 1 000			交接时 大修后 1~2 年一次	3.5(5.0) 3.5(5.0) 3.5(5.0) 2.5(3.5)			交接时 大修后	28(32) 38(42) 85(95) 125(140)
电流互感器	6 10 35 60	交接时 大修后 1~2 年一次	500 500 1 000 1 000			交接时 大修后 1~2 年一次	3.0(6.0) 3.0(6.0) 3.0(6.0) 2.0(3.0)			交接时 大修后	28(32) 38(42) 85(95) 125(155)
少油断路器	6 10 35 60	交接时 大修后 1~2 年一次	500 500 1 000 1 000	交接时 大修后 1~2 年一次	10 10	交接时 大修后 1~2 年一次	3.0(6.0) 3.0(6.0) 3.0(6.0) 2.0(3.0)			交接时 大修后	28(32) 38(42) 85(95) 145(155)
隔离开关	6 10 35 60	交接时 大修后 1~2 年一次	500 500 1 000 1 000							交接时 大修后	32 42 100 165
套管	6 10 35 60	交接时 大修后 1~2 年一次	500 500 1 000 1 000							交接时 大修后	32 42 100 165
支柱绝缘子	6 10 35 60	交接时 大修后 1~2 年一次	500 500 1 000 1 000							交接时 2~3 年一次	32 42 100 165
电力电缆	6 10 35 60	交接时 1~2 年一次	400~1 000 600~1 500 >1 000	交接时 1~3 年一次	20 ~50 85			交接时 1~3 年一次	$6(5)U_N$④ $5(4)U_N$ $3U_N$		
电力电容器	6 10 35 60	交接时	自行规定			交接时 1~2 年一次	1.0			交接时	2.1(2.5) 15(18) 21(25) 30(35)

续上表

设备名称	额定电压/kV	绝缘电阻		泄漏电流/μA		tan δ(%) 值		直流耐压值/kV		交流耐压值/kV	
		周期	标准	周期	标准	周期	标准	周期	标准	周期	标准
交流电动机	6 10 35 60	交接时 大修时 小修时	0.5 140 300 450	大修更换绕组后小修时	自行规定 (>500 kW)			交接时 大修后 更换绕组后	1.0 7.5 15 25	交接时 大修后 更换绕组后	1 5 1.0 16

注：①绝缘电阻、泄漏电流、介质损失角正切值均指温度为 20 ℃时的数值。

　　②括号外的数字适用于交接、大修后，括号内的数字适用于运行中。

　　③括号外的数字适用于交接及大修后，括号内的数字适用于出厂试验。

　　④U_N 为设备额定电压，括号外数字适用于交接试验，括号内数字适用于运行中。

一、绝缘电阻和泄漏电流的测试

测绝缘电阻和泄漏电流都是在电气设备的绝缘上加直流电压，测量绝缘中流过的电流从其变化情况以判断绝缘的好坏。测绝缘电阻所加电压比较低，只能发现贯穿性的受潮、脏污及导电通道一类的绝缘缺陷。绝缘电阻通常用兆欧表测量，下面简要介绍。

（一）兆欧表结构和工作原理

兆欧表也称摇表，专门用来测绝缘电阻，其原理接线如图 7-1-1 所示。M 为手摇直流发电机(常用交流电机通过半导体整流代替)作为电源，其电压为 500～2 500 V，每 500 V 为一级。

摇表测量机构为流比计，它有两个互相垂直而绕向相反并固定在一起的线圈：电压线圈 L_V 和电流线圈 L_A，处在同一个永磁场中(图中未画出)。当 E、L 端子接入被试绝缘时，摇动手柄 S (一般 120 r/min)，在电压 u 作用下电流 i_V、i_A 电分别流过 L_A 和 L_V。于是在线圈磁场与永磁磁场相互作用下将产生两个方向相反

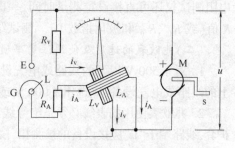

图 7-1-1　兆欧表原理接线图

M—手摇直流发电机；L_V，L_A—电压电流线圈；

R_V，R_A—电压和电路支路电阻；

E，L—测试接线端子；G—屏蔽接线端子

的力矩作用在线圈。在两力矩差的作用下，线圈带动指针旋转，直至两个力矩平衡为止。指针偏转角度只和两并联电路中电流的比值有关，即

$$\alpha = f\left(\frac{i_V}{i_A}\right) \qquad (7-1-1)$$

因为并联电路中电流的分配是与电阻成反比的，所以偏转角 α 的大小就反映出被测电阻的大小。

由于需要人工手摇发电，测试时较为不便，现已被电动式绝缘电阻测试仪替代。现在使用的电动式绝缘电阻测试仪大多为单片微计算机控制的数字式仪器，测试原理如图 7-1-2 所示。

图中 U_s 为直流高压电源，由可充电电池经逆变，变压器升压，倍压整流得到，同一绝缘电阻测试仪可输出 500 V，1 000 V，2 500 V，5 000 V 多种测试电压，以适用于不同电压

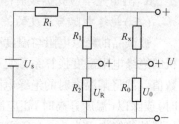

图 7-1-2　绝缘电阻测试原理圈

等级高压电气设备测试需要。

为避免电源波动对测量结果的影响,采用比率测量法,R_1,R_2构成基准电压支路,R_x为被试品绝缘电阻,R_0为采样精密电阻,据原理图有:

$$U_0 = U \frac{R_0}{R_x + R_0} \quad\quad\quad (7-1-2)$$

$$U_R = U \frac{R_2}{R_1 + R_2} \quad\quad\quad (7-1-3)$$

由式(7-1-2)和式(7-1-3)式可得

$$R_x + R_0 = \frac{U_R}{U_0} \frac{R_0(R_1 + R_2)}{R_2} \quad\quad\quad (7-1-4)$$

取 $R_0 \ll R_x$ 可得

$$R_x = \frac{U_R}{U_0} \frac{R_0(R_1 + R_2)}{R_2} = k \frac{U_R}{U_0} \quad\quad\quad (7-1-5)$$

式中 $k = R_0(R_1 + R_2) / R_2$ 为常数。

对 U_R,U_0 进行采样、A/D 转换,通过式(7-1-5)便可求出绝缘电阻,并以数字方式显示。大部分基于微计算机的绝缘电阻测试仪,可自动进行计时,很方便读取 R_{60}'',R_{15}''。一些绝缘电阻测试仪还可直接设定测量时间,一次测量结束,根据设定可直接显示 R_{60}'',R_{15}'' 和吸收比 K 值(或 R_1',R_{10}' 和极化指数 P)。测试结束后,为试品自动放电,操作安全可靠。

(二)兆欧表的选用及使用注意事项

1. 对于 500 V 以下的线路或电气设备,应选用 500 V 或 1 000 V 的兆欧表。对于 500 V 以上的线路或电气设备,应选用 1 000 V 或 2 500 V 的兆欧表。

2. 兆欧表使用的表线必须是绝缘线,且不能采用双股绞合绝缘线,其表线的端子应有绝缘护套;线路端子"L"应接设备的被测相,接地端子"E"应接设备外壳及设备的非被测相,屏蔽端子"G"应接到保护环或电缆绝缘护层(套)上,以减小绝缘表面泄漏电流对测量造成的误差。

3. 在接线测量前,应对兆欧表进行校验。摇动兆欧表手柄,看指针在"L"端与"E"端开路时是否指向"∞","L"端与"E"端短接时是否指向"0"(半导体型兆欧表不宜做短路实验)。

4. 测试时摇动手柄的速度要均匀且以 120 r/min 为宜。当被测物电容较大时,为避免指针摆动可适当提高转速。一般以兆欧表手柄稳定转动 60 s 后的读数为准,因为施压于绝缘体时,流过绝缘体的电流由吸收电流和泄漏电流两部分组成。绝缘电阻是外加电压与泄漏电流的比值。吸收电流一般在 60 s 内衰减完毕,故用兆欧表测量绝缘电阻应在兆欧表转速稳定 60 s后取读数,以躲开吸收电流的衰减时间。

5. 被测回路如果受到附近线路感应而带电,且电压又在 12 V 以上,则应停测。

6. 测量完毕应先拆线后停止摇动兆欧表。以防电气设备反充电,导致兆欧表损坏。

(三)绝缘电阻与温度的关系

被试品的绝缘电阻与温度有关,温度升高时,绝缘电阻将降低。油浸式电力变压器和电动机的绝缘电阻温度换算系数见表 7-1-2。表 7-1-2 中所列绝缘电阻是温度为 20 ℃时的数值。欲将某温度时的绝缘电阻换算为另一温度时的绝缘电阻,只需将前者乘以(温度降低时)或除以(温度升高时)相应温差下的换算系数便可得出。例如在 20 ℃时测得某 10 kV 变压器的绝缘电阻为 300 MΩ,该变压器在 30 ℃时的绝缘电阻则为 300 ÷ 1.5 = 200 MΩ;又如某 3 kV 电动机 90 ℃时的热态绝缘电阻为 3 MΩ,该电动机在 20 ℃时的冷态绝缘电阻则为 3 ×

$45.3 \approx 140$ MΩ。由于绝缘电阻对温度变化非常敏感,对不同的产品分散性也很大,因此,用绝缘电阻值来判断设备的绝缘状态是一种基本方法。

表7－1－2　油浸式电力变压器和电动机的绝缘电阻温度换算系数

温度差/℃		10	20	30	40	50	60	70	80
换算系数	变压器	1.5	2.3	3.4	5.1	7.5	11.2	16.7	25.1
	电动机	—	1.4	2.8	5.7	11.3	22.6	45.3	90.5

（四）测量绝缘电阻时的安全注意事项

1. 测量之前,必须断开被测设备的电源,验明其无电压,确实证明设备上无人工作后方可进行测量。

2. 在测量电容较大的设备(如发电机、电缆、电容器等)的绝缘电阻时,应先将设备对地充分放电,以防烧表。测量后也要将设备放电。

3. 测量高压设备的绝缘电阻,应由两人担任,如附近有带电设备,应保持安全距离。禁止他人接近测试场所,以防误触带电设备。

4. 对于同杆架设的双回路或距离较近的平行线路,测量其中一个回路的绝缘电阻时,必须将另一回路同时停电,以防感应电压伤人。

5. 雷雨时,严禁测量线路的绝缘电阻。

6. 测量用导线应是良好的绝缘导线,中间不许有接头,导线端部应有专用的绝缘护套、不可将测量用导线放在地下,注意防止导线误碰带电设备。

二、介质损耗角正切值试验

电介质在交变电场作用下的热损耗,工程上用介质损耗角正切 $\tan \delta$ 来表示。测量 $\tan \delta$ 的仪器叫做西林电桥(交流高压电桥)。据 $\tan \delta$ 来判断绝缘的分布性缺陷(如绝缘物整体受潮或老化)较其他方法灵敏而有效。对高压电瓷制品(如瓷套管及带瓷套管的部件)测量 $\tan \delta$ 是不可缺少的绝缘预防性试验项目。

（一）QS1 型西林电桥

QS1 型高压西林电桥是现场使用最广泛的电桥,它具有体积小,操作简便,携带方便,能反接测一端接地设备的 $\tan \delta$ 等优点。QS1 型西林电桥的试验接线有三种:正接法、反接法和低压测量接线。低压测量接线测量电容量较大且承受电压较低试品。除了必须使用反接法测量的高压设备外,其余均用正接法,因正接法精确度较高。正接法、反接法和低压测量的接线如图7－1－3 所示。

QS1 型电桥的测量方法:

1)按要求选择正接线或反接线。

2)将 R_3、C_4($\tan \delta_x$)及检流计灵敏度旋钮均放在零位,极性切换开关放在中间断开位置。

3)根据被试品的电容大小,按表7－1－3 选择适当的分流器位置。

表7－1－3　分流器位置选取表

分流器的位置	0.01	0.025	0.06	0.15	1.25
试品电容量/pF	3 000	8 000	19 400	48 000	400 000

4)合上电桥电源开关,检查光带是否在零位。

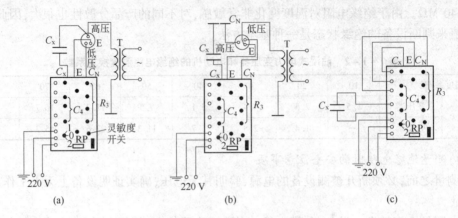

图 7 – 1 – 3　QS1 型西林电桥接线图

(a)正接法;(b)反接法;(c)低压测量接线

C_x—被试品电容;C_N—标准电容;C_4—可变电容

5)给被试品加上额定试验电压,并把极性开关接到接通 1（图 7 – 1 – 3 中 1 的位置）。

6)调节检流计灵敏度旋钮,使光带扩大,然后旋转检流计频率调节旋钮,使光带达到最大宽度,应注意当光带达到刻度边界时,要适当降低灵敏度。

7)从最高一挡起,调节 R_3 的值,使光带缩小到最小宽度,提高灵敏度再调节 R_3,当调节 R_3 光带变化不明显时,可调节 C_4($\tan \delta_x$)使光带缩小。反复调节 R_3、C_4($\tan \delta_x$),最后达到灵敏度最高时,光带缩小到和在“0”时一样,可以认为电桥平衡,记下 $\tan \delta_x$ 的值。

8)把灵敏度退到“0”,切换极性开关到接通 2（图 7 – 1 – 3 中 2 的位置）,将检流计灵敏度增大,调节 R_3、C_4($\tan \delta_x$)使电桥平衡,记下 $\tan \delta_x$ 的数值。试品的 $\tan \delta_x$ 可取两次测量的平均值。表 7 – 1 – 4 列出常用电气设备在 20 ℃时的 $\tan \delta_x$($\%$)值。变压器的 $\tan \delta_x$ 应不超出厂试验数据的 130%。如测量时的温度与产品出厂试验温度不同,可按表 7 – 1 – 4 换算到同一温度时的数值进行比较。

表 7 – 1 – 4　介质损耗角正切 $\tan \delta$($\%$)温度换算系数

温度差/℃	5	10	15	20	25	30	35	40	45	50
换算系数	1.15	1.3	1.5	1.7	1.9	2.2	2.5	3.0	3.5	4.0

(二)数字式介质损耗测试仪

随着电子技术和微机应用技术的发展,许多基于微机的数字式介质损耗测试仪投入现场使用,这些介质损耗测试仪采用内置的标准电容,具有自动调节试验电压、自动进行数据采集处理、自动进行干扰抑制、计算并显示 $\tan \delta$ 及 C_x,使介质损耗试验实现自动化。数字式介质损耗仪原理接线如图 7 – 1 – 4 所示。

图中测试电源产生及控制单元,用于产生测试电源并对电源输出进行控制。大多数字式介质损耗仪以 220 V 市电作为输入电源,通过升压变升压得到试验所需高电压,此时测试电源产生及控制单元根据微机控制指令进行升压变压器原边电压的调节,并可对输入电源的极性倒换,进行正、反相电源下的两次测量,以消除现场外部环境的同频干扰。

一些数字式介质损耗测试仪,为消除现场试验时外部环境 50 Hz 同频干扰,采用异频电源(45 Hz 或 55 Hz)进行测试。此时测试电源发生单元在微机控制下完成:①将 50 Hz,220 V 的市电,进行交直交变换,产生所需频率(45 Hz 或 55 Hz)的交流电源;②根据微机指令,调节升

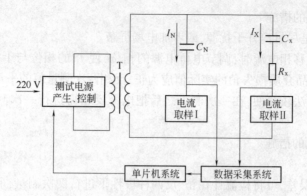

图 7 - 1 - 4　数字式介损测试仪原理接线

T—升压变压器；C_N—标准电容；

C_x、R_x—被试绝缘串联等值参数

压变压器原边电压，使测试电压达到需要数值；③根据调试需要，对升压变压器原边电压进行极性倒换。

电流取样单元 I 用于对流过标准电容器的电流进行取样。电流取样单元 II 用于对流过试品的电流进行取样。因为所测 δ 角度很小，取样单元的接入，不应引起对应支路电流的相位偏移。可通过精密电阻或小电流互感器取样，用精密电阻取样时，其阻值应远远小于所在支路的阻抗，用小电流互感器取样时，应保证两支路电流互感器特性一致，电流变换相角误差要极小。

数据采集处理单元，完成对两路电流信号的采集、处理。经过电子电路，首先对取样信号进行整形滤波，然后进行波形变换 A/D 变换，将模拟信号变换为数字信号，供微机系统进行分析计算。

$\tan\delta$ 可通过下述几种方法求得：

(1)过零相位整法。采用过零检测电路，将 I_x、I_N 波形过零点的时间差 Δt 检出，并输出宽度为 Δt 的方波信号，微机控制脉冲计数器在 Δt 时间内进行脉冲计数，据脉冲周期 T_m 和脉冲数目 n，可求出 δ 值，介质损耗因数角 δ(即 I_N，I_x 相位差)可用式(7 - 1 - 6)求得，再通过计算机进行数据处理，可求得 $\tan\delta$ 值。

$$\delta = \omega\Delta t = 2n\frac{nT_m}{T} \tag{7-1-6}$$

式中　T——测试电源的周期。

这种方法测试原理简单，便于数字化处理，但测试电源谐波对过零点影响大，可采用多重滤波措施，以保证过零点检测的精度要求。

(2)谐波分析法。利用快速傅立叶算法，对采样信号进行分析，滤除直流及谐波分量，得出基波分量，可得测试电压和被试品中电流基波分量 U_1 和 I_1 相位差 Φ，则 $\delta = \omega\Delta t$，从而求得 $\tan\delta$。

(三)抗干扰措施

在测量中，特别是在 110 kV 及以上变电站进行测量时，往往由于周围带电部分的电场和磁场干扰使测量得不到正确结果。测量小电容量的设备如互感器及油开关套管等的介损时更是如此。电场干扰主要是由于带电设备与被试品间的电容耦合；磁场干扰一般较小，电桥本体都有磁屏蔽，C_x、C_N 的引线虽较长，但其阻抗较大，感应弱时不会引起大的干扰电流。主要的磁场干扰来源于检流计回路。因此要采用消除或减小干扰的措施。

1. 消除电场干扰的措施

（1）根本的办法是尽量离开干扰源，或者加电场屏蔽。

（2）移相法：在有移相电源时，调节电桥电源的相位，使 I_x 的相位与干扰电流的相位相同或相反，因此，被测试品介质损失角的实际值应为正、反相两次测量值的平均值。

（3）倒相法：倒相法较简便，在一次测量之后把电源反相再进行一次测量，取两次测量的平均值即可。

2. 消除磁场干扰的措施

（1）远离干扰源。

（2）为减小测量误差，可将检流计在正、反两种极性下进行两次测量，取平均值，其原理与倒相法相似。

（四）QS1 型电桥的测量注意事项

1. 无论采用何种接线方法，电桥本体必须良好接地。

2. 反接时三根线都处于高压，必须悬空，并对周围接地体保持足够的绝缘距离。

3. 反接时，标准电容器外壳带高压电，因此应放在平坦的地面上，不应有接地的物体与外壳相碰。

4. 为了防止检流计的损坏，应在检流计灵敏度最低时接通或断开电源；在灵敏度较高时，调节 R_3 和 C_4，要避免数值急剧变化。

三、泄漏电流试验

泄漏电流和绝缘电阻试验都是反映电介质电导现象的。由于做泄漏电流试验时外加电压较高且可调，绝缘的缺陷易暴露，还可测绘出泄漏电流随外加电压变化的关系曲线，而且测量泄漏电流的微安表也比兆欧表表头精确度高，因此在检查绝缘的集中性缺陷方面，泄漏电流试验要比用兆欧表测绝缘电阻更为灵敏和有效。如果被试设备的泄漏电流较小且伏安特性为直线，说明该设备绝缘状况良好；如果泄漏电流超过规定值较多且伏安特性呈非线性（在较低的电压下出现电流激增现象），则说明该设备绝缘受潮或有严重的集中性缺陷。

（一）泄漏电流试验主要设备及其作用

泄漏电流试验的主要设备是调压器、升压试验变压器、整流元件（硅堆）和微安表。其接线原理图如图 7－1－5 所示。

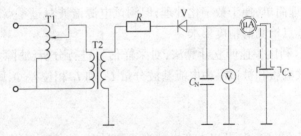

图 7－1－5　直流泄漏测量及半波整流电路接线图

T_1—调压器；T_2—升压变压器；

V—整流元件；R—保护电阻；C_N—滤波电容；

μA—直流微安表；C_x—被试品

1. 自耦调压器

直流高压的调节是通过调节调压器的输出电压来完成的。一般绝缘良好的设备,其泄漏电流很小,因此调压器的容量只要满足升压变压器的励磁容量要求即可。

2. 升压变压器

升压变压器用来供给整流前的交流高压。其额定输出电压应大于试验电压。当一级升压变压器不够时,可用多级变压器串联升压来解决。由于试验所需要的电流较小,一般不会超过 1 mA,故升压变压器的容量问题可不予以考虑。

3. 高压整流硅堆

高压整流硅堆是由多个二极管串联而成,并用环氧树脂浇注成棒形,环氧树脂起绝缘和固定作用。硅堆是通过二极管的单向导电性把交流电变成直流电。高压硅堆选用时,要注意它的反向击穿电压应大于 2 倍的交流峰值电压。近年生产的试验变压器,多是交直流两用变压器,是在变压器的出口增加了一组硅堆。在做交流使用时,插入铜棒将硅堆短路,输出即为交流,当需要直流时,拔出短接铜棒,则输出即为直流。当两级变压器串联做直流用时,只取出第二级短接铜棒,并在第二级的出口处串联一个硅堆,并注意使用极性,不能把极性搞错。

4. 滤波电容器

它的作用是减小输出整流电压的脉冲。滤波电容越大,加于被试设备上的电压越平稳,而且电压的数值越接近交流电压峰值。一般现场常采取的最小电容值:当试验电压为 3 ~ 10 kV 时,电容取 0.06 μF;当试验电压为 15 ~ 20 kV 时,电容取 0.015 μF;当试验电压为 30 kV,电容取 0.01 μF。

在做大型发电机、大型变压器和较长电缆试验时以不用滤波电容器。因这些试品本身有较大的容量,故可以不用滤波电容。

5. 高压保护电阻

保护电阻也叫限流电阻,它的作用是当试品被击穿时限制短路电流,以保护高压变压器、硅堆及微安表。其电阻值可按硅堆短路时最大允许电流来选择。试验中,保护电阻通常是在有机玻璃管内装入蒸馏水,再加盐配制而成,其步骤是先将玻璃管内加入蒸馏水,再向水中慢慢加盐,并不时地用万用表测量电阻值,直到满意为止。

(二)泄漏电流试验的注意事项

1. 断开被测设备的电源,并使设备接地充分放电,以防伤人和使测试结果出现误差。

2. 按试品的试验接线图接好线,所有表的量程和挡位应符合测量要求,调压器位置应在零位,并经专人检查,确定无误时,方可开始试验。

3. 试验切忌在雨雾等空气湿度大的条件下进行,试验引线不可过长且不可放在地下,试验前被试物表面应擦干净,防止泄漏电流过大而造成试验误差。

4. 对被试设备加压之前,须先测量试验设备和试验用导线的泄漏电流(空升泄漏),并记录下来。然后再给被试品加压,测量泄漏电流,实际泄漏电流应为两个泄漏电流之差。

5. 在升压试验过程中,应按规程分段进行,每阶段要停留 1 min,以避免吸收电流。

6. 在试验过程中,应有专人监护并呼唱,应密切观察仪表指示和被试品有无异常情况,如发现有击穿、闪络放电等异常现象,应迅速将电压降到零,断开电源,查明原因并妥善处理后,方可继续进行。

7. 试验完毕,切断电源,必须将被试品经电阻对地充分放电。此外还应将被试品周围的物品经电阻对地放电,未经放电不可触摸,也不可再次升压试验。

四、直流耐压试验

直流耐压试验的设备和接线与泄漏电流试验的设备和接线完全相同,因此,这两种试验往往一起进行。试验过程中加于被试品的最高电压即为该设备的直流耐压试验电压。直流耐压试验对绝缘的考验虽然不如交流耐压试验那样接近设备绝缘运行的真实情况,但对发现绝缘的某些局部缺陷具有特殊的作用。这些局部缺陷在交流耐压试验中是不能被发现的,因交流耐压试验由于分布电容的不同而使试验电压降压不均匀。又因直流高压对绝缘损伤较小,所需试验设备容量小,绝缘无介质极化损失。因此,直流耐压试验时不致使绝缘发热,从而避免因热击穿而损坏绝缘,在现场仍不失为考验设备绝缘强度的一种手段。特别是对于电力电缆,直流耐压试验是不可缺少的试验项目。

因电介质在直流电压作用下的介质损耗比在交流电压作用下的介质损耗小得多,介质在耐压试验过程中所受的损伤小,因此,直流耐压试验的试验电压比交流耐压试验电压高,耐压时间也比交流耐压时间长。例如运行中的 6~10 kV 油浸纸绝缘电缆其直流耐压试验电压为5 倍额定电压,持续时间达 5 min。常用电气设备直流耐压试验的周期及标准见表 7 - 1 - 1。表中括号内的数字为交接试验标准。

五、交流耐压试验

交流耐压试验是考验被试的电气设备承受各种过电压能力的有效方法,是判断电气设备可否继续运行的最终手段。耐压试验属于破坏性试验,应在非破坏性试验(绝缘电阻测量、泄漏电流试验、$\tan \delta$ 试验)合格后才能进行。交流耐压试验对绝缘的损伤较直流耐压试验大,故前者应最后做。同时交流耐压试验的试验电压和加压时间应严格按照有关《交接试验标准》或《预防性试验规程》的规定进行。

(一) 交流耐压试验的主要设备及其作用

交流耐压试验回路大体可以分为五大部分:高压交流电源;调压部分;电压测量部分;控制部分;保护部分。交流耐压试验接线图如图 7 - 1 - 6 所示。

1. 试验变压器

根据被试品对试验电压的要求,选择试验变压器的额定电压 U_N 大于被试品的试验电压 U_S,即 $U_N > U_S$。同时还应考虑试验电压低压侧电压是否和试验现场的电源与调压器相符合。试验变压器的输出电流 I_N 应能满足流过被试品的电容电流和杂散电容电流 I_c,(总称电容电流)的要求。试验变压器的容量为试验电压和电容电流的乘积,即 $P = U_S \cdot I_c$。常见的试验变压器的电压等级有 5 kV,10 kV,25 kV,50 kV,100 kV,150 kV,300 kV,容量等级有 3 kV·A,5 kV·A,10 kV·A,25 kV·A,50 kV·A,100 kV·A,150 kV·A,200 kV·A等。

2. 调压器

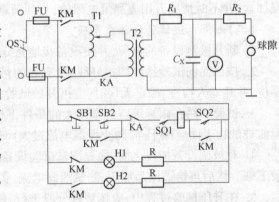

图 7 - 1 - 6 交流耐压试验接线图

T1—调压器;T2—试验变压器;

KA—过流继电器;KM—接触器;

R_1、R_2—保护电阻;SQ1、SQ2—限位开关;

SB1、SB2—按钮

试验电压的调节是通过接在试验变压器和电源之间的调压器来实现的,常用的调压器有自耦调压器、移卷调压器和感应调压器,各种调压器各有优缺点,但无论用什么样的调压器都应满足:

(1)调压器应能从零开始平滑地调节电压。

(2)调压器的输出电压波形尽可能地接近正弦波。

(3)容量满足试验变压器的要求,通常与变压器的容量相同。

3. 控制回路

控制回路是交流耐压试验的一个主要组成部分。图中 SQ1 是装在安全门上的限位开关,只有试验人员接线完毕并离开高压危险区,关上安全门后,SQ1 才能闭合。SQ2 是装在调压器底部的限位开关,只有当调压器旋到底部至零位时 SQ2 才闭合。SB1 为断开控制回路的停止按钮,SB2 为接通控制回路的启动按钮。试验时接通电源,H1 灯亮说明电源有电,然后按下SB2,H2 灯亮说明调压器接通电源,可以进行试验。试验过程中一旦试样被击穿,过电流继电器 KA 常闭触点打开,于是控制回路断开,切断调压器上的电源。如果在升压过程中发生意外情况,需要立即切断变压器电源时,只需要按下按钮 SB1 就可实现。

4. 交流高压的测量

工频高压测量在耐压试验中是一个关键的环节,只有保证测量准确,才能保证试验的准确性和有效性,高压测量的方法有很多种,各种测量方法各有所长,试验时应根据实际需要合理选用。下面分别介绍常用的两种测量方法。

(1)用高压静电电压表测量。用高压静电电压表可以直接测出被试品上的试验电压值(有效值),目前国产的有 30 kV、100 kV 及 200 kV 的静电电压表。静电电压表的结构主要包括两个电极(一个是固定电极,另一个是可动电极),它是利用两个电极之间的电场力使可动电极偏转来测量的。它的两个电极间的电容量约为 $10 \sim 30$ μF,显然内阻极大,因此测量时对被试物影响极小。它的缺点是携带不便,不能在有风的环境里使用和受外界电磁场的影响大。

(2)用电压互感器测量。在被试设备上并联一只准确度较高(0.5 级)的电压互感器,在电压互感器的低压侧用电压表测量电压,然后再乘以互感器的变比,就能算出高压侧的电压。这种方法比较简单,准确度也高,一般能测到 250 kV 电压,是现场常用的测量方法。

5. 保护

绝缘强度试验要用比较高的电压,因此必须重视人身及设备安全。除了在控制回路中已采用的过电流继电器、安全门开关、调压器限位开关等外,在高压回路还有其他保护措施。具体如下:

(1) R_1 可限制当被试品被击穿时,流过试验变压器或被试设备中的电流,以免故障扩大。另一方面也可避免在试验时,在电阻上产生过大的电压降。一般 R_1 的数值推荐为每秒 $0.1 \sim 0.5$ Ω,在选用 R_1 时还要注意它的功率,即 R_1 的有效功率应大于电容电流流过电阻所产生的功率。

(2) R_2 可防止球隙击穿后与被试设备电容引起振荡,产生的过电压损坏设备的绝缘,还可以保护球面不致被短路电流烧坏,其阻值可按每伏 1 Ω 选取。

(3) 球隙可以防止把高压意外加到被试设备上,引起被试设备的击穿。因此,在给被试设备加压前应先调好球隙,球隙的 50% 放电电压,一般为试验电压的 110% ~ 115%。由于试验电压很高,当试品击穿或球隙放电时,将有很大的电流通过接地线,如果接地电阻比较大,就会显著升高接地线的电位而造成危险。因此必须有良好的接地。

(二) 交流耐压试验的试验步骤和注意事项

1. 断开被测设备的电源,并使设备接地充分放电。

2. 正确选择试验设备和仪表量程,按拟定好的接线图进行现场布置接线,现场接线完毕后,应由第二人检查无误,调压器应置零位。被试品和试验设备应妥善接地。高压部分需保持足够的安全距离。高压引线宜短,必要时应用绝缘物支持固定。通电前应做全面检查。

3. 正式试验前先拆去由高压试验变压器引向被试设备的连线,合上电源开关慢慢升压,看看试验回路接线是否正确,仪表、试验设备是否完好恰当。然后升到试验电压值,持续60 s再将电压降到零,切除电源。

4. 接上被试品,合上电源,先以任意速度升压至40 % U(此 U 为试验电压),其后的升压必须是均匀的,约为每秒升3 %试验电压。

5. 升至规定的试验电压时开始计时,试验时间应严格按规程的规定执行。耐压过程中若无击穿现象便视为合格。耐压结束,应迅速将电压降至零,然后切断电源。加压过程中,应有专人监护并呼唱,试验人员应精力集中,密切观察仪表指示和被试品有无异常情况,如发现有跳火、冒烟、燃烧、焦味、放电声响应迅速将电压降至零,切断电源。

6. 耐压试验后,为防止绝缘被破坏,需重新测量绝缘电阻。

六、局部放电

(一)局部放电的测量

局部放电是指由于电气设备内部绝缘存在的弱点,在一定外施电压下发生的局部重复击穿和熄灭现象。这种局部放电发生在一个或者几个绝缘内部的气隙或气泡之中,因为在这个很小的空间电场强度很小,放电能量很小,所以它的存在并不影响电气设备的短时绝缘强度。但如果一个电气设备在运行电压下长期存在局部放电现象,这些微弱的放电能量和由此产生的一些不良效应,例如不良化合物的产生,就可以慢慢地损坏绝缘,日积月累,最后可导致整个绝缘性能被击穿,发生电气设备的突发性故障。也就是说,一台存在内部绝缘弱点的电气设备,尽管它通过了出厂时和验收时的试验电压,但在长期运行中,可能在正常工作电压下发生击穿。为此,制造厂和运行单位都很重视检测设备绝缘内部的局部放电。国际上已对检测局部放电的方法和放电量的指标做出了规定。我国国家标准也已有同样的规定。

当介质内部发生局部放电时,伴随有许多现象。有些属于电的,例如电脉冲的产生介质损耗的增大和电磁波放射;有些属于非电的,例如光、热、噪声、气体压力的变化和化学变化。这些现象都可以用来判断局部放电是否存在,因此检测的方法也可以分为电的和非电的两类。

从目前实用的局部放电测量方法来看,使用得最多的是:

(1)绝缘油的气相色谱分析。这项试验是通过检查电气设备油样内所含的气体组成的含量来判断设备内部的隐藏缺陷。电气设备内部若有局部放电或局部过热,常会引起缺陷附近的绝缘分解而产生气体,使溶解于绝缘油中的气体成分发生变化。当变压器内部存在局部放电时,其色谱分析的特征是乙炔(C_2H_2)、氢(H_2)及总烃(指甲烷、乙烷、乙烯和乙炔四种气体的总和)气体含量超过一定值。高压互感器和套管等也可用类似的色谱分析法来判断绝缘内部有无严重的局部放电。

(2)超声波探测法。在电气设备外壁放上由压电元件和前置放大器组成的超声波探测器,用以探测由局部放电造成的超声波,从而了解有无局部放电的发生,粗测其强度和发生的部位。配合局部放电(Partial Discharge ,PD)电测法,可相互验证测试结果的真实性。

（3）测 PD 所形成的脉冲电流大小,以判断绝缘 PD 的强弱程度,这种方法可以给出定量的结果,目前规程中已规定了定量的指标。以下重点讲述这种方法。

（二）局部放电的脉冲电流测量法

在一些浇注、挤制或层绕的绝缘内部,在工艺处理欠佳时,容易出现气隙或气泡。空气的击穿场强和介电常数都比固体介质和液体介质的小。在交流电压作用下,电场强度的分布与介质的介电常数成反比,因此绝缘内部的气隙或气泡会发生局部放电。当绝缘工艺处理不当时,一台电气设备绝缘中的气隙或气泡可能很多,此时很可能在多处发生局部放电,局部放电量也较大。有些设备也可能在某一个绝缘部位缺陷特别严重,仅在该处发生突出大的局部放电。用局部放电测试法找到这一部位,重新进行绝缘工艺处理排除缺陷,绝缘的总的局部放电量便可大大下降,最终便可通过 PD 的试验。

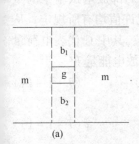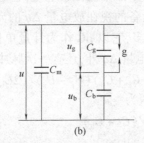

图 7-1-7　介质内部气隙放电三电容模型

（a）具有气泡的介质剖面;（b）等效电路

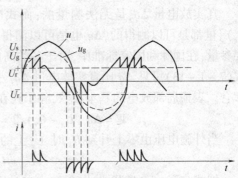

图 7-1-8　局部放电时气隙中的电压和电流的变化

为了方便起见,采用绝缘的三电容模型来表征气孔的存在,并解释局部放电的机理。图 7-1-7 表示在绝缘中,位于 g 的一块体积中存在一个气泡,b 和 m 处的绝缘状况良好。在图 7-1-7 中用 C_g 代表气泡的电容;C_b 代表和 g 相串联部分 b_1 和 b_2 的介质电容;C_m 代表其余大部分绝缘 m 的电容。气泡很小时,C_g 比 C_b 大,C_m 比 C_g 大很多。若在电极间加上交流电压 u,则出现在 C_g 上的电压为 u_g,表达式为

$$u_g = uC_b/(C_g + C_b) \tag{7-1-7}$$

u_g 随外加电压 u 升高,当 u 上升到 U_s 瞬时值,u_g 到达 C_g 的放电电压 U_g 时,C_g 气隙放电。于是,C_g 上的电压一下子从 U_R 下降到 U_r,然后放电熄灭。U_r 称为残余电压,它可以接近为零值,也可以为小于 u_g（均为绝对值）的其他值。放电火花一熄灭,C_g 上的电压将再次上升,由于此时 C_g 及 C_b 已经有了一个初始的直流电压,所以此后的 u_g 值不能直接用式（7-1-7）来表达,u_g 值与式（7-1-7）表达的值在绝对值上要小一个（$u_g - U_r$）值。外加电压仍在上升,C_g 上的电压也顺势而上升,当它再次升到 U_g 时,C_g 再次放电,电压再次降到 U_r,放电再次熄灭。C_g 上的电压从 U_g 突变为 U_r（均为绝对值）的一瞬间,就是局部放电脉冲的形成时刻,此时通过 C_g 有一脉冲电流,局部放电时气泡中的电压和电流的变化如图 7-1-8 所示。

从图 7-1-7（b）可以看出,当 C_g 放电时,放电总电容 $C_g{}'$,应为

$$C_g{}' = C_g + [C_m C_b/(C_m + C_b)] \tag{7-1-8}$$

$C_g{}'$ 上的电压变化为 $U_g - U_r$,故一次脉冲放出的电荷 Δq_r 应为

$$\Delta q_r = (U_g + U_r)[C_m C_b/(C_m + C_b)] \tag{7-1-9}$$

当 $C_m \gg C_b$,$C_g > C_b$,$U_r = 0$ 时,$\Delta q_r \approx U_g C_g$。

在实际试验时,式(7-1-9)中所表达的各个量都是无法实测到的。所以,要寻求用其他能反映局部放电的量来测量。外施电压是作用在 C_m 上的,当 C_g 上的电压变动为 $U_g - U_r$ 时,外施电压的变化量 ΔU 应为

$$\Delta U = C_b(U_g - U_r)/(C_m + C_b) \qquad (7-1-10)$$

由式(7-1-9)和式(7-1-10)可得

$$\Delta U = C_b \cdot \Delta q_r/(C_g C_m + C_g C_b + C_m C_b) \qquad (7-1-11)$$

ΔU 是总电容上的电压变化量,与它相应的电荷变化量为 Δq,即

$$\Delta q = \Delta U[C_m + C_b C_g/(C_b + C_g)] \qquad (7-1-12)$$

把式(7-1-11)代入式(7-1-12),可得

$$\Delta q = \Delta q_r \cdot C_b(C_g + C_b) \qquad (7-1-13)$$

真实放电量 Δq_r 是无法测量的;而式(7-1-12)中所表达的 ΔU 及 $[C_m + C_b C_g/(C_b + C_g)]$ 量都是可以测得的,Δq 也是可以测得的。q 称作视在放电量,它是局部放电试验中的重要参量,在国际和国家标准中,对于各类高压设备的视在放电量 Δq 的允许值均有所规定。从式(7-1-13)可见 Δq 比真实放电量 Δq_r 小得多,它以 pC 作为计量单位,其中 C 代表电荷量库仑。表征局部放电的基本参数,除了视在放电量 Δq 外,还有一次脉冲放电能量 W

$$W = \Delta q_r(U_g - U_r)/2 = \Delta q(C_g + C_b)(U_g - U_r)/(2C_b) \qquad (7-1-14)$$

当外施电压由零上升到 U_s 时,C_g 上的电压为

$$U_R = U_s C_b/(C_g + C_b) \qquad (7-1-15)$$

把式(7-1-14)代入式(7-1-15),可得

$$W = \Delta q \cdot U_s(U_g - U_r)/(2U_R) \qquad (7-1-16)$$

若 $U_r \approx 0$,则

$$W = \Delta q \cdot U_s/2 \qquad (7-1-17)$$

U_s 是起始放电电压,它和 Δq 都是可以通过试验测得的,故一次脉冲放出的能量也可以求得。

另一个基本参数是放电重复率 N。因为在加压半周期内能发生好几个脉冲。所以将 1 s 内产生的脉冲数叫做放电重复率 N,N 也是一个重要参量。可以通过试验求得。如果每半周内的放电次数为 n,则 $N = 2fn = 100n$。

此外,为了表征局部放电在一定期间内的平均综合效应,还提出了各种累积参数,如平均放电电流、放电功率等。

有时还测量局部放电的起始放电电压和熄灭电压。

影响局部放电特性的多种因素主要有电压的幅值、波形和频率,电压的作用时间,环境的温度、湿度和气压等。

(三)脉冲电流法测 PD 的基本回路和检测阻抗

1. 基本测量回路

一般推荐 3 种基本测量回路:试品与检测阻抗并联的回路(见图7-1-9)、试品与检测阻抗串联的回路(见图7-1-10)和电桥平衡回路(见图7-1-11)。图中,C_x 代表被试品的电容;C_k 代表耦合电容;Z_m 代表检测阻抗;Z_m' 代表低通滤波器;u 代表由无晕高压试验变压器供给的交流高电压;A 代表放大器;M 代表测量仪器。

这 3 种回路都是要把在一定电压 u 作用下的被试品 C_x 中产生的局部放电信号传递到 Z_m 的两端,然后通过放大器送到测量仪器。耦合电容器 C_k 为被试品 C_x 与测量阻抗 Z_m 之间提供

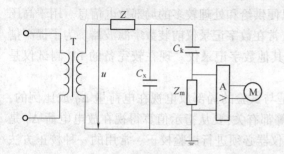

图 7-1-9 试品与检测阻抗并联的回路

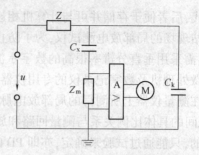

图 7-1-10 试品与检测阻抗串联的回路

的一个低阻抗通道,同时它可以大大降低作用于 Z_m 上的工频电压分量。C_k 必须无内部局部放电,一般希望 C_k 的电容不小于 C_x,为了防止电源噪声流入测量回路和试品的局部放电脉冲流向电源,在电源和测量回路间接入一个低通滤波器 Z。Z 上不应该出现放电,它应比 Z_m 大。图 7-1-9 与图 7-1-10 的电路对高频脉冲电流而言并无什么差别,两者的测量灵敏度也是相同的。前者可应用于试品一端接地的条件下。此外,在 C_x 值较大的情况下,可以采用一电容值小于 C_x 的 C_k,以避免较大的工频电容电流流过 Z_m。为了提高抗外来干扰的能力,可采用图 7-1-11 所示的电桥平衡电路。若 C_k 采用与试品完全相同而其内部局部放电量极小的辅助试品,且 Z'_m 与 Z_m 也完全相同,则理论上此电桥电路可以对所有的外加干扰的频率都能平衡,由此可消除外来干扰的影响。在 C_x 中发生局部放电时,平衡条件被破坏,在检测阻抗 Z_m 上即可获得 PD 信号。

2. 检测阻抗和放大器

检测阻抗 Z_m 的作用是获取局部放电所产生的高频脉冲信号。由于信号幅度很小需经过放大器 A 予以放大,所以 Z_m 与 A 在特性上需相互适应。它们关系到测量的灵敏度和脉冲分辨率。

检测阻抗主要有 RC(并联)型和 RLC(并联)型两类。测量时,检测阻抗上的电压幅值 Δu_d 与视在放电量 q 成正比。RC 型的 Z_m 两端电压为非周期性的单向脉冲,脉冲持续时间短,分辨率高。RLC 型的 Z_m 两端 u_d 的频谱中,幅值较大的谐波分量集中在一个中心角频 ω_d 附近,因此只要选

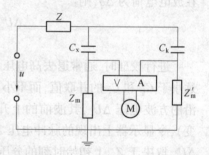

图 7-1-11 电桥平衡回路

用包括 ω_d 在内的频带不必很宽的放大器,就可以获得被测信号中的大部分信息。

PD 测量中所用的放大器主要有两大类:

(1) 宽带及低频放大器。频带的下限频率一般为数千赫兹;宽带放大器的上限频率一般取一至数十兆赫兹;低 频放大器的上限频率为避开无线电广播干扰,一般取(100~300) kHz。宽带放大器一般与 RC 型 Z_m 相配用;而低频放大器一般与 RLC 型 Z_m 相配用。宽带放大举易受外界噪声影响。

(2) 调谐(选频)放大器。为避开外界干扰大的频域,采用调谐放大器,中心频率 f_0 可调节,又分窄频带与中频带两类,前者 Δf 频带窄为 10 kHz,分辨率差;后者 Δf 频带约 100 kHz。我国采用较多的是中频带的调谐放大器。

3. 脉冲电流法的测量仪器及其校正

测量仪器亦称显示单元,以往是采用阴极示波器。该种示波器现在已被数字存储示波器

所取代,后者便于存储并可与计算机相连接,以便供给和处理较多的局部放电信息。用于高压变电站现场的局部放电测试仪,为了防止干扰,常在数字记录仪前装数字滤波器。为了提高信噪比,需采用垂直分辨率很高的数字示波器或其他数字记录仪。现在较完备的 PD 测试仪是配有微处理机及数字记录仪的专用仪器。

在测量仪器上所测得的局部放电脉冲值是与试验的局部放电视在电荷量 Δq 成比例的,Δq 之间的具体比例关系与测量回路和放大器等都有关,要从指示值算得视在放电电荷 Δq 是困难的,只能通过试验来确定,亦即 PD 的测量仪器必须进行试验校正。常用的一种校正方法如图 7 – 1 – 12 所示。

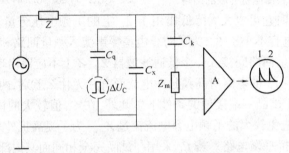

图 7 – 1 – 12　PD 试验的直接校准回路

先不管图中的虚线部分,若在进行 PD 试验时,在显示器上测到了脉冲电压 1 所示的高度,则该值取决于 Z_m 上的初瞬电压 ΔU_{m1},此时 Z_m 上的分压值取决于其电容 C_m。设此时的视在放电电荷为 Δq,则:

$$\Delta U_{m1} = \Delta q \cdot C_k / \{ [C_x + C_k C_m / (C_k + C_m)] \cdot (C_k + C_m) \}$$
$$= \Delta q_r / (C_x C_k + C_x C_m + C_k C_m) \qquad (7 – 1 – 18)$$

进行校准时,通常退去高电压,如图 7 – 1 – 12 所示接入一个小电容 C_q,它的电容量一般远小于 C_k 和 C_x 的并联值,而不小于 10 pF。C_q 与方波发生器相连,方波发生器产生一个陡前沿的方波电压 ΔU_c,其波前的上升时间不大于 0.1 μs,在同样条件下(放大器的放大倍数不变),令显示器上出现的脉冲电压 2 与上述脉冲电压 1 达到同样高度的峰值。峰值 2 的高度 ΔU_{m2} 取决于 Z_m 上初始时刻的分压值,即取决于 C_m 与的分压 C_k。

$$\Delta U_{m2} = \Delta U_c \cdot C_q C_k / \{ [C_q + C_x + C_k C_m / (C_k + C_m)] \cdot (C_k + C_m) \}$$
$$\approx \Delta U_c \cdot C_q C_k / (C_x C_k + C_x C_m + C_k C_m) \qquad (7 – 1 – 19)$$

比较式(7 – 1 – 18)与式(7 – 1 – 19),可得

$$\Delta q = \Delta U_c \cdot C_q \qquad (7 – 1 – 20)$$

上述直接校正法准确性较高。但若每次都调节方波发生器,使产生的 ΔU_{m2} 峰值与所测脉冲的 ΔU_{m1} 等高,实行起来不是很方便。在显示器垂直方向的线性度很好时,可用类似的方法,测出显示器上的视在放电量的刻度系数,后者即为每单位刻度的视在放电量的数值。若注入的方波电压为 ΔU_c,耦合小电容为 C_q,产生的 ΔU_{m2} 高度为 h,则显示器的视在放电量刻度系数为

$$k = \Delta U_c \cdot C_q / h \qquad (7 – 1 – 21)$$

式中,k 为视在放电量刻度系数,pC/mm。

4. 实施 PD 测量的其他技术问题

(1)抗干扰措施

背景噪声决定最小可见视在放电量,亦即决定测量系统的灵敏度,严重噪声将使局部放电测量无法进行。抗干扰措施在局部放电测量中是个重要任务。要消除干扰,必须先找到干扰的来源。但干扰的来源很多,例如送电线路的电晕放电,无线电广播的电磁波,开关的开闭,电焊机、起重机的操作,试区高压线放电,导体接触不良,试验回路接地不良,试验变压器屏蔽不好,内部有放电等。这些干扰源有的在室外,有的在室内,有的与电源有关,有的与电源无关。要发现这些干扰源有时很困难,有时发现了也不见得能排除它,只能躲开它,例如躲开用电时间,晚上做局部放电测量。一般采用如下抗干扰措施:

1) 建屏蔽室,在屏蔽室内作局部放电试验。屏蔽室上下左右六面都要用金属板或金属网屏蔽起来,注意做好门窗的屏蔽,屏蔽要可靠接地,伸入室内的管道应和屏蔽层连起来,进入室内的电源线应先经滤波装置。在良好的屏蔽条件下,最低可测放电量约为1pC。

2) 选用没有内部放电的试验变压器和耦合电容器,外露电极应有合适的屏蔽罩。不要用有炭刷的自耦调压器,应选用无接触电极的调压装置。

3) 试验室内一切不带电导体都应可靠接地,高压引线要有光洁的表面,并根据电压高低应有足够的直径,尖端突出部分都应加屏蔽罩。要防止照明产生干扰。

4) 采用如图7-1-11所示的电桥平衡回路有助于降低干扰水平。

5) 所选用的放大器,为了增强抗干扰能力,必要时选用较窄频带的放大器或选频放大器。

6) 在测量仪器前加硬件类滤波器,采用数字式记录仪时,还可加软件类数字滤波器。

(2) 按照国家标准施加高电压的过程

应施加的高电压数值及施加电压的测量过程,按不同的电气设备,在IEC及国家标准中均有规定。加电压情况分为下述两类:

1) 无预加电压的测量。在试品上施加电压,从较低值起逐渐增加到规定的电压值,且维持规定的时间。在此时间末了测量用规定量表示的局部放电量,然后降低电压,切断电源。有时在电压升高、降低或在整个试验期间也测量局部放电量。

2) 有预加电压的测量。以电力变压器测PD为例,大容量的66 kV以及更高额定电压的电力变压器均要求结合感应耐压试验进行PD测量,根据国家标准规定,在长时感应试验时的加电。加压过程应如图7-1-13所示。

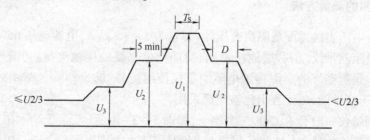

图7-1-13　电力变压器PD测试的加压过程

设 U_m 为最高工作线电压。图7-1-13表示先由较低的电压上升到 $U_3(=1.1U_m/\sqrt{3})$,保持5 min;再上升到 $U_2(=1.5U_m/\sqrt{3})$,保持5min;然后上升到规定的耐压值 $U_1(=1.7U_m/\sqrt{3})$,试验时间 T_s,然后电压下降到 U_2,每隔5 min测量一次PD,总持续时间D为60 min(当 $U_m \geq 300$ kV)或30 min,PD的连续水平不应大于500 pC。此后电压下降到 U_3,维持5 min,此时测量到的PD值不应大于100 pC。

第二节 电气测量的一般安全要求

电气测量的一般安全要求如下：

1. 正确选用仪表的种类、准确度和量程。便携式仪表的准确度多在 0.5 级以上量程应尽量使读数占满刻度的 2/3 以上，测量前应校正仪表的机械零点。

2. 高压测量及重要的低压测量工作，需要高压设备停电或做安全措施的，应填用第一种工作票。操作至少应由两人进行，一人操作，一人监护。

3. 仪表及测量设备在现场的布置应使工作人员距离带电体不小于允许的安全距离；被试品的安置应符合实际使用情况，如油开关套管试验时，其下部应浸在绝缘液中；不得把仪表放置在设备的下方；测量仪器的金属外壳应接地（零）；高压测试现场应设遮栏或围栏，并悬挂"止步，高压危险"的警告牌。

4. 对高压回路进行测量时，所有携带型仪表均应经互感器接入。测量高压时，电压表、携带型电压互感器等的接线与拆卸无需断开高压回路者，可带电工作。接线时应先接好低压侧的所有接线，然后用绝缘工具将电压互感器高压侧引线接到被测设备上。测试工作人员应戴绝缘手套和护目镜，站在绝缘垫上操作，并有专人监护。

5. 测量高压回路的电流时，如电流表、电流互感器等的接线与拆卸，需断开高压回路者，应将此回路所连接的设备和仪表全部停电后方可进行。

6. 非金属外壳的仪器（表）应与地绝缘；金属外壳的仪器（表）和互感器应接地。

第三节 接地电阻的测量

接地装置的接地电阻关系到保护接地（零）的有效性以及电力系统的运行。接地装置投入使用前和使用中都需要测量接地电阻的实际值，以判断其是否符合要求。目前常用的测量方法主要有电流—电压表法和接地电阻测量仪测量法两种。

一、接地电阻的测量方法

由于电流—电压表法需配备隔离变压器（容量为 5～15 kVA，电源电压 65～220 V），使用不便。而接地电阻测量仪（俗称接地摇表）自身能产生交变的接地电流，无需外加电源，且电流极和电压极也是配套好的。因接地电阻测量仪使用简易，携带方便，而且抗干扰性能好，工程上已被广泛采用。

接地电阻测量仪一般有 P、C、E 三个端子，如图 7-3-1 所示。E 端子接被测接地体 E′、P 端子接电位探测针（亦称试探极或电压极）P′，C 端子接电流探测针（亦称辅助电极或电流极）C′。对于有四个接线端钮的接地电阻测量仪，其接线方法稍有改变，如图 7-3-2 所示。接地电阻测量仪的操作方法如同普通兆欧表，以约为 120 r/min 的速度转动手柄，同时调整调拨盘，当检流计平衡（指针指零）时，便可在标度盘上读得被测接地体的接地电阻值。

在使用小量程接地电阻测量仪测量低于 1Ω 的接地电阻

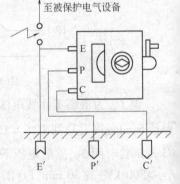

图 7-3-1 三端钮测量仪
的测量接线

时,应将四端钮中的 C2 与 P2 间的连接片打开,且分别用导线连接到被测接地体上,如图 7 - 3 - 3 所示。这样,可以消除测量时连接导线所具有的附加电阻引起的误差影响。

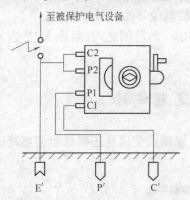

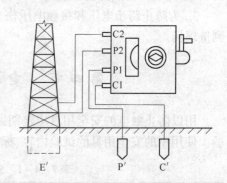

图 7 - 3 - 2　四端钮测量仪的测量接线　　　　图 7 - 3 - 3　测量接地电阻小于 1 Ω 时的接线

使用接地测量仪时,测量电极与被测接地体间的距离及其布置对测量误差影响很大。测量电极的布置有直线形和三角形两种,如图 7 - 3 - 4 所示。

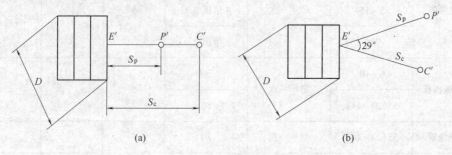

图 7 - 3 - 4　接地网接地电阻的测量
(a)直线形布置;(b)三角形布置

采用直线排列时,对于垂直埋设的单管接地体,S_c 可取 40 m,S_p 可取 20 m;对于网络接地体,S_c 可取 80 m,S_p 可取 40 m。测量中应按 S_c 的 5 % 左右移动电压极两次,如三次测量的电阻值相近,则取平均值即可。对于网络接地体,以往一般用所谓"5D—40 m"法,即 $S_c \geqslant 5D$ 且大于 40 m (D 为接地网最大对角线或圆形接地网直径)。有困难时可减为 3D。电流极 C' 与电压极 P' 的距离可取 20 ~ 40 m。现时还采用"0.618 布极法"(也称补偿法),即取 $E'C' \approx 2D$,$E'P' = 0.618E'C'$。实践证明该法较为准确,但该方法易受土壤电阻不均匀的影响。

采用三角形布置时,可取 $S_c = S_p$,S_c 与 S_p 端点之间的距离(即 $P'C'$)应大于 20 m,且其间夹角要以 29°左右为宜。

接地电阻的测量,除在工程交接时进行外,一般 1 ~ 3 年测量一次。对于变电所和电气设备的接地装置,应每年进行一次测试。接地装置凡重新装设或经整理检修后,也要进行接地电阻测量。必须指出,测量接地电阻应在土壤电导率最低时进行,一般选择在每年 3、4 月份进行。应避免在雨后立即测量接地电阻;对接地装置外露部分的检查每年至少应进行一次。

二、接地电阻测量中的安全注意事项

测量时应注意以下事项:

1. 测量接地电阻时应停电进行。

2. 无论用哪种方法测量接地电阻,均应将被测接地体同其他接地体分开,以保证测量的准确性。同时应尽可能把测量回路自电网断开,这样做不仅有利于安全,也有利于消除杂散电流引起的误差,还能防止测量电压反馈到与被测接地体连接的其他导体上引起事故。

3. 为防止跨步电压和接触电压伤人,在测量电极 30 ~ 50 m 的范围之内,禁止人、畜进入测量现场。

第四节　电工安全用具的定期试验

用以防止触电的安全用具应定期做耐压试验,有些高压辅助安全用具还要做泄漏电流试验。使用中的安全用具的试验内容、标准和要求见表 7 – 4 – 1。

表 7 – 4 – 1　安全用具的试验内容、标准和要求

序号	名称	电压等级/ kV	周　期	交流耐压/kV	时间/min	泄漏电流/mA	附　注
1	绝缘棒	6 ~ 10	每年一次	44	5		
		35 ~ 154		4 倍相电压			
		220		3 倍相电压			
2	绝缘挡板	6 ~ 10	每年一次	30	5		
		35(20 ~ 44)		80			
3	绝缘罩	35(20 ~ 44)	每年一次	80	5		
4	绝缘夹钳	≤35	每年一次	3 倍线电压	5		
		110		260			
		220		400			
5	验电笔	6 ~ 10	每 6 个月一次	40	5		发光电压不高于额定电压的 25 %
		20 ~ 35		105			
6	绝缘手套	高压	每 6 个月一次	8	1	≤9	
		低压		2.5		≤2.5	
7	橡胶绝缘靴绝缘鞋	高压	每 6 个月一次	15	1	≤7.5	
		低压		3.5			
8	核相器电阻管	6	每 6 个月一次	6	1	1.7 ~ 2.4	
		10		10		1.4 ~ 1.7	
9	绝缘绳	高压	每 6 个月一次	105/0.5 m	5		

复习思考题

1. 绝缘预防性试验通常有哪些项目?

2. 常用电气设备(或线路)对绝缘电阻值的常规要求是什么? 测定绝缘电阻应注意哪些安全事项?

3. 交流耐压试验的步骤和安全注意事项是什么?

4. 用接地电阻测量接地应如何接线? 测量时应注意什么问题?

第八章

电气作业的安全规程及制度

电气作业人员在进行作业时将直接或间接与带电体相接触。为了保证作业者的安全,预防他人的生命及国家财产受到危害,电气作业人员必须掌握电工用具的正确使用方法,必须掌握在作业过程中所应采取的各种安全技术措施及严格执行的各种规章制度。

第一节 电工用具的正确使用

一、电工安全用具的正确使用

(一)电工安全用具的分类与作用

电工安全用具分为绝缘安全用具和一般防护安全用具两类。

绝缘安全用具有绝缘杆、绝缘夹钳、绝缘台、绝缘手套、绝缘靴、绝缘垫、验电器等。一般防护安全用具有携带型接地线、临时遮栏、标志牌、防护眼镜和登高安全用具等。绝缘安全用具又可分为以下两类:

(1)基本安全用具。基本安全用具的绝缘强度高,能长时间承受电气设备的工作电压,并能在该电压等级内产生过电压时,保证作业人员的人身安全。如绝缘杆、绝缘夹钳及验电器等。

(2)辅助安全用具。辅助安全用具的绝缘强度小,不能承受电气设备的工作电压,只能用来加强基本安全用具的安保作用,能防止接触电压、跨步电压和电弧对作业人员的伤害,如绝缘台、绝缘手套、绝缘靴、绝缘垫等。

(二)基本安全用具及使用

1. 绝缘棒

绝缘棒也称操作棒或绝缘拉杆,主要用来操作35 kV及以下电压等级的隔离开关、跌落式熔断器以及安装或拆除携带式接地线,进行带电测量和试验工作等。绝缘棒由工作部分、绝缘部分、握手部分和护环组成,如图8-1-1所示。工作部分一般由金属组成。绝缘部分和握手部分由浸过绝缘漆的木材、硬塑料、胶木或玻璃钢制成,最小尺寸见表8-1-1。使用时操作者应配用辅助安全工具,如穿绝缘鞋(靴),戴绝缘手套。

表8-1-1 绝缘杆和绝缘夹钳的最小尺寸　　　　　　　　　　　　　　　　　　　　　m

电压/kV		户内设备用		户外设备用	
		绝缘部分	握手部分	绝缘部分	握手部分
10及以下	绝缘杆	0.7	0.3	1.1	0.4
	绝缘夹钳	0.45	0.15	0.75	0.2
35及以下	绝缘杆	1.1	0.4	1.4	0.6
	绝缘夹钳	0.75	0.2	1.2	0.2

2. 绝缘夹钳

绝缘夹钳主要用在35 kV及以下的电气设备上装拆熔断器等工作时使用,如图8-1-2所示。绝缘夹钳由工作钳口、绝缘部分、握柄和护环组成。工作钳口要能夹紧熔断器;绝缘部分和握柄部分由护环隔开,其材料与绝缘棒相同,最小尺寸见表8-1-1。使用时应防止工作钳口同时与两相裸带电体触碰。

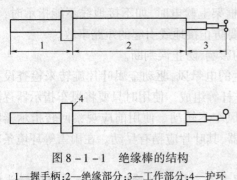

图 8-1-1 绝缘棒的结构

1—握手柄;2—绝缘部分;3—工作部分;4—护环

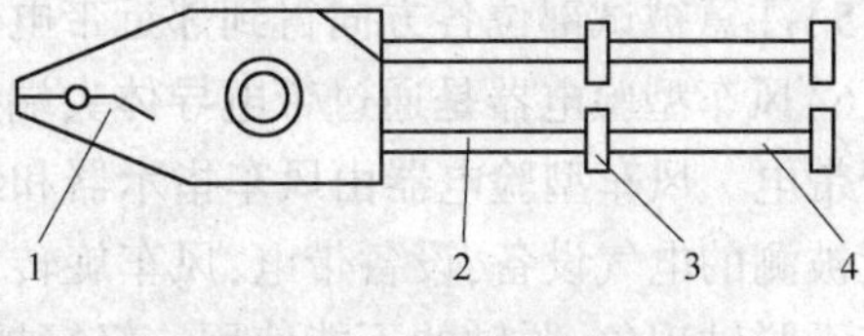

图 8-1-2 10 kV 绝缘夹钳

1—工作钳口;2—绝缘部分;3—护环;4—握柄

3. 验电器

验电器是检验电气设备是否带电的一种安全用具,分低压验电器和高压验电器两种。验电器一般利用电容电流经氖气灯泡发光的原理制成,故称发光型验电器,如图8-1-3所示。

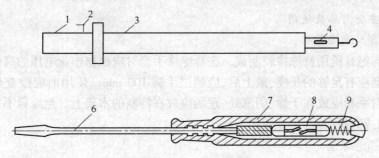

图 8-1-3 发光型验电器

1—握柄;2—接地螺丝;3—绝缘部分;
4、8—氖灯;5、6—工作触头;7—电阻;9—弹簧

从安全角度考虑,高压发光型验电器发光部分须离人较远,但这样又不易观察。为此,近年来科研部门开发研制了几种新型验电器,如有源声光验电器、风车验电器等。

使用验电器时应注意以下事项:

(1)低压验电器的使用

1)使用前应在确认有电的设备上进行试验,确认验电器良好后方可进行验电。在强光下验电时应采取遮挡措施,以防误判断。

2)验电器可区分火线和地线,接触时氖泡发光的线是火线(相线),氖泡不亮的线是地线(中性线或零线)。

3)验电器可区分交流电还是直流电,电笔氖泡两极发光的是交流电;一极发光的是直流电,且发光的一极是直流电源的负极。

(2)高压验电器的使用

1）验电器的电压等级必须与被试设备的额定电压相对应，验电前应在有电的设备上校核验电器，以确保其指示可靠。

2）高压验电时操作者应戴绝缘手套。

3）使用发光型验电器时，应逐渐靠近带电体，至氖光灯发亮为止。不能直接接触带电部分。

4）高压验电器在使用时一般不应接地，但在木框架上验电时，如不接地线不能指示时，可在验电器上接地线。但必须经值班负责人许可，并要防止接地线引起的短路事故。

5）注意被试部位各方向得到邻近带电体电场的影响，防止误判断。

6）风车型验电器是通过带电导体尖端放电产生的电晕风，驱动金属叶片旋转来检查设备是否带电。风车型验电器由风车指示器和绝缘操作杆等组成。使用时只要将风车指示器逐渐靠近被测的电气设备，设备带电，风车旋转，反之则风车不转动。使用前应观察回转指示器叶片有无脱轴现象，脱轴的不能使用。轻轻摇晃验电器，其叶片应稍有晃动。在雨雪等环境条件下，禁止使用风车型验电器。

7）有源声光报警验电器分接触型和感应型两大类。接触型验电器只有其金属触头触及带电体时才会发出声光报警，其准确可靠性较好。感应型验电器不与带电体接触，通过感应信号报警，但其抗干扰能力差，因此感应型报警验电器宜在带电体稀疏的特定条件下使用。

（三）辅助安全用具及使用

1. 绝缘手套与绝缘靴

绝缘手套与绝缘靴用特殊橡胶制成。选择绝缘手套时应根据作业电压的高低选择其绝缘强度。绝缘手套应有足够的长度，戴上后，应超过手腕 100 mm。使用前应检查是否有破损及漏气现象。平时手套应放在干燥、阴凉处，现场应放在特制的木架上。绝缘靴不得当做雨靴使用，若发现受潮或磨损严重，禁止使用。

2. 绝缘台和绝缘毯

绝缘台用木板或木条制成，木条间的空隙不大于 25 mm，台面与地面之间用高度不得小于 100 mm 的绝缘子加以绝缘。台面尺寸不得小于 800 mm×800 mm，不宜大于 1.5 m×1.0 m。绝缘毯用厚度不小于 5 mm，表面有防滑条纹的特种橡胶制成，其宽度不小于 800 mm。使用时应注意有无破损，并注意保持清洁。

（四）一般防护安全用具及使用

1. 携带型接地线

携带型接地线是临时用短路接地的安全用具，携带型接地线的接地部分和分别接各相的部分都使用多股软铜线，其接地部分的端部和分别接各相导电部分的端部都使用专用线夹。接地的多股铜线的截面不应小于 25 mm²。其使用方法如下：

（1）装设或拆除接地线时，应使用绝缘棒或带绝缘手套，一人操作，一人监护。

（2）装设接地线时，应在验明导电体确无电压后先装接地端，后装导电体端；拆除时，先拆导电体端，后拆接地端。

（3）带有电容设备或电缆线路装设接地线时，应先放电后再装接地线。

2. 临时遮栏和标示牌

临时遮栏的高度不得低于 1.7 m，下部边缘离地面不大于 100 m，可用干燥木材、橡胶或其他坚韧绝缘材料制成。在部分停电工作与未停电设备之间的安全距离小于规定值（10 kV 及以下小于 0.7 m;20~30 kV 小于 1 m;60 kV 及以上小于 1.5 m)时,应装设遮栏。遮栏与带电部分的距离应满足:10 kV 及以下不得小于 0.35 m;20~35 kV 不得小于 0.6 m;60 kV 及以上不得小于 1.5 m。在临时遮栏上应悬挂"止步,高压危险!"的标示牌。临时遮栏应装设牢固,无法设置遮栏时,可酌情设置绝缘隔板、绝缘罩、绝缘缆绳等。

二、电工常用工具的正确使用

(一)电工基本用具

电工钳、电工刀、螺丝刀是电工基本用具。使用电工钳时,手要握住绝缘柄部分,以防触电。用电工钳剪断导线时不得同时剪断两根导线,以防造成短路。使用螺丝刀紧固元件时,手要握住绝缘柄,若左手持元件,右手操作则不可用力过大,以防螺丝刀滑脱将左手扎破。在使用中应注意电工刀无绝缘部分有触电的危险。

(二)活扳手

活扳手在使用时应注意无绝缘部分与带电体的距离。

(三)电烙铁

电烙铁属电热器件,使用时应有两相三线插座作为电源,并将电烙铁接零保护端子可靠接入保护零线。注意不得将保护零线接到暖水管和自来水管上,以防止在保护接零系统中同时出现保护接地。在焊接元件时,应根据焊件形状和尺寸选用合适瓦数和焊头的电烙铁。如焊大件一般不宜使用瓦数小的电烙铁,否则会造成虚焊。焊接一般电子线路时,应使用 45 W 以下的电烙铁,以防烫坏元件。焊接过程中暂不使用电烙铁时,应将其置于专用的支架上,避免烫坏导线和其他物件。电烙铁的放置地点应远离易燃物,焊接结束应断开电源。

(四)喷 灯

喷灯属于明火设备,使用前应检查喷灯有无漏气现象。不得在带电导线、带电设备、变压器、油断路器附近将喷灯点火。喷灯装油的数量不得超过箱体容积的 3/4;在使用中不得将喷灯放在温度高的物体上。喷灯不喷火时,若要疏通喷灯嘴,眼睛不能直视喷嘴,防止喷嘴通畅时,汽油喷到眼里。工作中喷灯的火焰与带电体要保持一定距离:10 kV 及以下不得小于1.5 m;10 kV 及以上不得小于 3 m。喷灯加油、放油以及拆卸喷嘴等零件时,必须待火嘴冷却泄压后进行;喷灯用完后应灭火泄压,待冷却后方可放入工具箱内。

(五)梯 子

登高电作业用的梯子分靠梯和人字梯两种。使用靠梯时,梯脚与墙壁之间的距离不得小于梯长的 1/4,以免梯倒伤人。使用人字梯时,其开度不得大于梯长的 1/2,两侧应加拉链或拉绳限制其开度。在光滑坚硬的地面上使用梯子时,应在梯脚加胶套或胶垫,在泥土地面上使用梯子时,梯脚上应加铁尖。作业人员在梯子上工作时,其脚必须登在距梯子顶部不小于 1 m 的梯蹬上。两个人不能同时在一个梯子上工作。

(六)钳形电流表

钳形电流表分高、低压两种,用于在不拆断线路的情况下直接测试线路中的电流。使用时应注意以下几点:

(1)使用高压钳形电流表时应注意电压等级,严禁使用低压钳形表测量高压回路的电流。用高压钳形表测量时,应由两人操作,非值班人员测量还应填写第二种工作票。测量前应将手柄擦拭干净,并戴绝缘手套,站在绝缘垫上。测量时若需拆除遮栏,应在拆除遮栏后立即进行。

工作结束,应立即将遮栏恢复原位。

(2)测量时尽量使导体处于钳口中央,读数时要注意头部与带电部分的安全距离,人体任何部分与带电体部分的安全距离不得小于钳形表的整个长度。

(3)测量低压可熔熔断器或水平排列低压母线电流时,应将各相可熔熔断器或母线用绝缘隔板隔开,以防钳口张开时引起相间短路。

(4)选择量程要恰当,应先置于最高挡,逐渐下调切换,至指针在满刻度的一半以上。不得在测量过程中切换量程,以免在切换时造成二次瞬间开路,感应出高电压而击穿绝缘。

(5)当电缆有一相接地时,严禁测量。防止因电缆头的绝缘水平低,发生对地击穿爆炸而危及人身安全。

(6)每次测量后,要把调节电流量程的切换开关放在最高挡,以免下次使用时,因未经选择量程就进行测量而损坏仪表。

(七)万 用 表

万用表是具有多用途多量程的直读式仪表,通常可用来测量交、直流电压、电流,还可以测量元件的电阻以及晶体管的一般参数和放大器的增益等。使用万用表时应注意以下几点:

(1)万用表应平放在无振动的地点,使用前应校对机械零位和电气零位。测试电流或电压应先调表指针的机械零位,测电阻及变换电阻量程时,在测量前要调表指针的电气零位。

(2)测量前应选好挡位和量程。选量程时应从大到小,以免打坏指针。严禁带电切换量程。测量电压电流时,指针应指在刻度盘1/2以上处,测电阻时指针应指在刻度盘中间位置。

(3)测量直流时应注意表笔的极性,测量高压时,应把红、黑表笔插入"2 500"和" – "插孔,把万用表放在绝缘支架上,然后用绝缘工具将表笔触及被测导体。

(4)测试半导体元件时,不得使用 R×1 和 R×10 k 量程挡。

(5)使用完毕,应将切换开关转到交流高压挡或空挡。

第二节 电气安全的组织措施

在变电所(发电厂)的电气设备或电力线路上工作时,应严格执行国家行业标准《电业安全工作规程》,要切实做好各项保证电气安全的组织措施,即工作票制度、工作间断、转移和终结制度。

一、工作票制度

在电气设备上工作,必须得到许可或命令方可进行。工作票制度是准许在电气设备上(或线路上)工作的书面命令,是工作班组内部以及工作班组与运行人员之间为确保检修工作安全的一种联系制度。工作票制度的目的是使检修人员、运行人员都能明确自己的工作责任、工作范围、工作时间、工作地点;在工作情况发生变化时如何进行联系;在工作中必须采取哪些安全措施,并经有关人员认定合理后全面落实。除一些特定工作外,凡在电气设备上进行工作的,均须填写工作票。

(一)工作票的种类及使用范围

工作票分为第一种工作票和第二种工作票两种,其格式见表8 – 2 – 1和表8 – 2 – 2。

表 8 - 2 - 1　第一种工作票格式　　　　　　　　　　第_____号

发电厂(变电所)第一种工作票	
1. 工作负责人(监护人)：_____班组：_____	
2. 工作班人员_____:共_____人	
3. 工作内容和工作地点：_____	
4. 计划工作时间：自_____年_____月_____日_____时_____分 　　　　　　　至_____年_____月_____日_____时_____分	
5. 安全措施：	
下列由工作票签发人填写	下列由工作许可人(值班人)填写
应拉断路器和隔离开关,包括填写前已拉断路器和隔离开关(注明编号)	已拉断路器和隔离开关(注明编号)
应装接地线(注明确实地点)	已装接地线(注明接地线编号和装设地点)
应设遮栏、应挂标示牌	已设遮栏、已挂标示牌(注明地点)
	工作地点保留带电部分和补充安全措施
工作票签发人签名： 收到工作票时间：　　年　月　日　时　分 值班负责人签名：	工作许可人签名： 值班负责人签名：
(发电厂值班长签名：　　　　)	
6. 许可开始工作时间：_____年_____月_____日_____时_____分 　工作许可人签名：_____工作负责人签名：_____	
7. 工作负责人变动： 　原工作负责人_____离去,变更_____为工作负责人。 　变动时间：_____年_____月_____日_____时_____分 　工作票签发人签名：_____	
8. 工作票延期,有效期延长到：_____年_____月_____日_____时_____分 　工作负责人签名：_____值班长或值班负责人签名：_____	
9. 工作终结： 　工作班人员已全部撤离,现场已清理完毕。 　全部工作于_____年_____月_____日_____时_____分结束。 　工作负责人签名：_____工作许可人签名：_____ 　接地线共_____组已拆除。 　值班负责人签名：_____	
10. 备注：_____	

表 8 - 2 - 2　第二种工作票格式　　　　　　　　　　编号：

发电厂(变电所)第二种工作票
1. 工作负责人(监护人)：_____班组：_____
2. 工作任务：_____
3. 计划工作时间：自_____年_____月_____日_____时_____分 　　　　　　　至_____年_____月_____日_____时_____分
4. 工作条件(停电或不停电)： _____
5. 注意事项(安全措施)：_____ 　工作票签发人签名：_____
6. 许可开始工作时间：_____年_____月_____日_____时_____分 　工作许可人(值班人)签名：_____工作负责人签名：_____
7. 工作结束时间：_____年_____月_____日_____时_____分 　工作负责人签名：_____工作许可人(值班人)签名：_____
8. 备注：_____

1. 第一种工作票的使用范围

(1)在高压设备上工作需要全部停电或部分停电者。

(2)在高压室内的二次接线和照明等回路上的工作,需要将高压设备停电或做安全措施者。

2. 第二种工作票的使用范围

(1)带电作业和在带电设备外壳上工作。

(2)在控制盘、低压配电盘和配电箱电源干线上工作。

(3)在二次接线回路上工作,无需将高压设备停电的场合。

(4)在转动中的发电机、同期调相机的励磁回路或高压电动机转子电阻回路上工作。

(5)非当值值班人员用绝缘棒和电压互感器定相或用钳形电流表测量高压回路电流的工作。

此外,其他工作可口头或电话命令,如事故抢修工作,不用填写工作票,但值班人员要将发令人、工作负责人及工作任务详细记入操作记录簿中。无论口头还是电话命令,其内容必须清楚正确,受令人要向发令人复诵核对无误后方可执行。

(二)工作票的填写与签发

工作票要用钢笔或圆珠笔填写,一式两份,应正确清楚,不得任意涂改,如有个别错、漏字需要修改时字迹要清楚。工作负责人可以填写工作票。

工作票填写人应由工区、变电所技术水平高、熟悉设备情况、熟悉安全规程的生产领导人、技术人员或经厂、局主管生产的领导批准的人员担任。工作许可人不得签发工作票。工作票签发人员名单应当面公布。工作负责人和允许办理工作票的值班员(工作许可人)应由主管生产的领导当面批准。工作票签发人不得兼任所签发任务的工作负责人。工作票签发人必须明确所签发任务的必要性、安全性以及工作票上所填写安全措施是否完备,所派工作负责人和工作班人员是否适当和足够,精神状态是否良好。

一个工作负责人只能发给一张工作票。工作票上所列的工作地点,以一个电气连接部分为限。如果需作业的各设备属于同一电压,位于同一楼层,同时停送电,又不会触及带电体时,则允许几个电气连接部分共用一张工作票。在几个电气连接部分依次进行不停电的同一类型的工作,如对各设备依次进行校验仪表的工作,可签发一张(第二种)工作票。若一个电气连接部分或一个配电装置全部停电时,对与其连接的所有不同地点的设备的工作,可发一张工作票,但要详细写明主要工作内容。几个班同时进行工作时,工作票可发给一个总负责人,在工作班成员栏内只填明各班的负责人,不必填写全部工作人员名单。

(三)工作票的执行

两份工作票中的一份必须经常保存在工作地点,由工作负责人收执,另一份由值班员收执,按值移交。值班员应将工作票号码、工作任务、工作许可时间及完工时间记入操作记录簿中。在开工前工作票内标注的全部安全措施应一次做完,工作负责人应检查工作票所列的安全措施是否完备和值班员所做的安全措施是否符合现场的实际情况。

第一种工作票应在工作前一天交给值班员,若变电所离工区较远,或因故更换新工作票,不能在工作前一天将工作票送到,工作票签发人可根据自己填好的工作票用电话全文传达给变电所的值班员,值班员应做好记录,并复诵核对。若电话联系有困难,也可在进行工作的当天预先将工作票交给值班员。临时工作可在工作开始之前交给值班员。第二种工作票应在进行工作的当天预先交给值班员。第一、二种工作票的有效时间以批准的检修期为限。对于第一种工作票,至预定时间工作尚未完成,应由工作负责人办理延期手续。延期手续应由工作负责人向值班负责人申请办理,主要设备检修延期要通过值班长办理。工作票有破损不能继续使用时,应填补新的工作票。

需变更工作班的成员时,须经工作负责人同意。需要变更工作负责人时,应由工作票签发人将变动情况记录在工作票上。若扩大工作任务,必须由工作负责人通过工作许可人,并在工作票上增填工作项目。若需变更或增设安全措施,必须填写新的工作票,并重新履行工作许可手续。

执行工作票的作业,必须有人监护。在工作间断、转移时执行间断、转移制度。工作终结时,执行终结制度。

二、工作许可制度

为了进一步确保电气作业的安全进行,完善保证安全的组织措施,对于工作票的执行,规定了工作许可制度,即未经工作许可人(值班员)允许不准执行工作票。

(一)工作许可手续

工作许可人(值班员)认定工作票中安全措施栏内所填的内容正确无误且完善后,去施工现场具体实施。然后会同工作负责人在现场再次检查必要的接地、短路、遮栏和标示牌是否装设齐备,并以手触式已停电并已接地和短路的导电部分,证明确无电压,同时向工作负责人指明带电设备的位置及工作中的注意事项。工作负责人确认后,工作负责人和工作许可人在工作票上分别签名。完成上述许可手续后,工作班方可开始工作。

(二)执行工作许可制度应注意的事项

工作许可人、工作负责人任何一方不得擅自变更安全措施;值班人员不得变更有关检修设备的运行接线方式,工作中如有特殊情况需要变更时,应事先征得对方的同意。

三、工作监护制度

监护制度是指工作人员在工作过程中必须受到监护人一定的指导和监督,以及时纠正不安全的操作和其他的危险误动作。特别是在靠近有电部位工作及工作转移时,监护工作更为重要。

(一)监护人的职责范围

工作负责人同时又是监护人。工作票签发人或工作负责人可根据现场的安全条件、施工范围、工作需要等具体情况,增设专人进行监护工作,并制定被监护的人数。

工作期间,工作负责人(监护人)若因故需离开工作地点时,应指定能胜任的人员临时代替监护人的职责,离开前将工作现场情况向指定的临时监护人交代清楚,并告知工作班人员。原工作班人员返回工作地点时,也履行同样的交接手续。若工作负责人需长时间离开现场,应由原工作票签发人变更工作负责人,并进行认真交接。

专制监护人不得兼做其他工作。在下列情况下,监护人可参加班组工作:

(1)全部停电时。

(2)在变电所内部分停电时,只有在安全措施可靠,工作人员集中在一个工作地点,工作人员连同监护人不超过3人时。

(3)所有室内、外带电部分均有可靠的安全遮栏,完全可以做到防止触电时。

（二）执行监护

完成工作许可手续后，工作负责人（监护人）应向工作班人员交代现场的安全措施、带电部位和其他注意事项。工作负责人（监护人）必须始终在工作现场，对工作班人员的安全认真监护，及时纠正违反安全的动作，防止意外的情况发生。

所有工作人员（包括监护人），不许单独留在室内和室外变电所高压设备区内。若工作需要一个人或几个人同时在高压室内工作，如测量极性、回路导通试验等工作时，必须满足两个条件：一是现场的安全条件允许，二是所允许工作的人员要有实践经验。监护人在这项工作之前要将有关安全注意事项做详细指示。

值班人员如发现工作人员违反安全规程或发现有危及工作人员安全等任何情况，均应向工作负责人提出改正意见，必要时暂时停止工作，并立即向上级报告。

四、工作间断、转移和终结制度

（一）工作间断

工作间断制度是指当日工作因故暂停时，如何执行工作许可手续，采取哪些安全措施的制度。工作间断时，后继工作班人员应从工作现场撤离，所有安全措施保持不变，工作票仍由工作负责人执存。间断后继续工作时，无需通过工作许可人。每日收工，应清扫工作地点，开放已封闭的道路，并将工作票交回值班员。次日复工时，应得到值班员许可，取回工作票，工作负责人必须重新认真检查安全措施，符合工作票要求后方可工作。若无工作负责人或监护人带领，工作人员不得进入工作地点。

在工作间断期间，遇紧急情况需要合闸送电时，值班员在确认工作地点的工作人员已全部撤离，报告工作负责人或上级领导，并得到他们的许可后，可在未交回工作票的情况下合闸送电，并应采取下列措施：

（1）拆除临时遮栏、接地线和标示牌，恢复常设遮栏，换挂"止步，高压危险！"的标示牌。

（2）必须在所有通道派专人守候，以便告诉工作班人员"设备已经合闸送电，不得继续工作"，守候人员在工作票未交回以前，不得离开守候地点。

（二）工作转移

工作转移制度是指每转移一个工作地点，工作负责人应采取哪些安全措施的制度。在同一电气连接部分用同一工作票依次在几个工作地点转移工作时，全部安全措施由值班员在开工前一次做完，不需再办理转移手续，但工作负责人在转移工作地点时，应向工作人员交代带电范围、安全措施和注意事项。

（三）工作终结

工作终结制度是指工作结束时，工作负责人、工作班人员及值班员应完成哪些规定的工作内容之后工作票方告终结的制度。全部工作完毕后，工作班应清扫、整理现场。工作负责人应先周密检查，待全体工作人员撤离工作地点后，再向值班人员讲清所修项目、发现的问题、试验的结果和存在的问题等，并同值班人员共同检查设备状况、有无遗留物件、是否清洁等，然后在工作票上填明工作终结时间。经双方签名后，工作票方告终结。已结束的工作票，保存3个月。

五、工作票填写实例

某企业变电所的运行方式如图8-2-1所示。工作任务是停电检修受电柜101断路器，根据工作票种类的适用范围，属于第一种工作票，工作票的项目见表8-2-3。

表 8 - 2 - 3　变电所第一种工作票　　　　　　　第 2007—09 号

下列由工作票签发人填写	下列由工作许可人（值班员）填写

1. 工作负责人(监护人)：×××班组:检修一班
2. 工作班人员：×××　×××　×××　×××　×××共五人。
3. 工作内容和工作地点:检修受电柜101断路器,配电室高压受电柜
4. 计划工作时间:自2007 年4 月4 日10 时0 分　至自2007 年4 月4 日14 时0 分
5. 安全措施:

下列由工作票签发人填写	下列由工作许可人(值班员)填写
应拉断断路器和隔离开关,包括填写已拉断路器和隔离开关(注明编号) 应拉开电容器 450 断路器、隔离开关 应拉开低压甲 401、乙 402、丙 403 的断路器、隔离开关 应拉开主二次 400 断路器、隔离开关 应拉开受电 101 断路器、受电出口 101 隔离开关、入口 101 隔离开关 应拉开××线入口 100 隔离开关 应拉开××线 100 跌落式熔断器	已拉断断路器和隔离开关,包括填写已拉断路器和隔离开关(注明编号) 已拉开电容器 450 断路器、隔离开关 已拉开低压甲 401、乙 402、丙 403 的断路器、隔离开关 已拉开主二次 400 断路器、隔离开关 已拉开受电 101 断路器、受电出口 101 隔离开关、入口 101 隔离开关 已拉开××线入口 100 隔离开关 已拉开××线 100 跌落式熔断器
应装设接地线(注明确实地点): 应在××线 100 跌落式熔断器至××线入口 100 隔离开关间装设接地线一组	已装设接地线(注明确实地点): 已在××线 100 跌落式熔断器至××线入口 100 隔离开关间装设接地线一组
应设遮拦,应挂有标示牌: 应在××线入口 100 隔离开关的操作把手上悬挂"禁止合闸,有人工作!"的标示牌。	已设遮拦,应挂有标示牌: 已在××线入口 100 隔离开关的操作把手上悬挂"禁止合闸,有人工作!"的标示牌。
工作票签发人签名:××× 收到工作票时间:2007 年 4 月 3 日 16 时 0 分	工作票许可人签名:××× 值班负责人签名:×××

6. 许可开始工作时间:2007 年4 月4 日10 时0 分,工作负责人签名:×××,工作许可人签名:×××。
7. 工作负责人变动:
　　原工作负责人＿＿＿＿＿＿＿＿＿离去,变更为＿＿＿＿＿＿＿＿为负责人。变动时间:＿＿＿＿＿年＿＿＿＿＿月
　　＿＿＿＿＿日＿＿＿＿＿时＿＿＿＿＿分
8. 工作票延期,有效期延长到:＿＿＿＿＿年＿＿＿＿＿月＿＿＿＿＿日＿＿＿＿＿时＿＿＿＿＿分,工作负责人签名:×××,
　　值班人员签名:×××。
9. 工作终结:工作人员已全部撤离,现场已清理完毕。全部工作于2007 年4 月4 日13 时0 分结束
　　工作负责人签名:×××,工作许可人签名:×××
　　接地线共一(01 号)已拆除,值班负责人签名:×××
10. 备注:＿＿＿＿＿＿＿＿＿＿＿＿＿＿＿＿＿＿＿＿＿＿＿

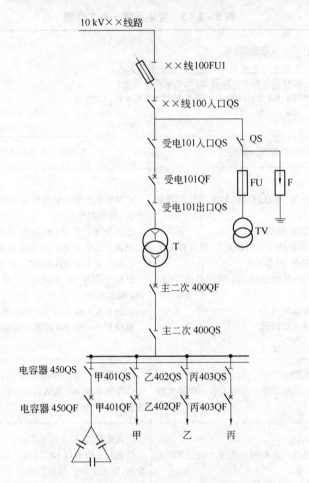

图 8-2-1　10/0.4 kV 变电所电气主接线运行方式图

第三节　倒闸操作与操作票制度

电气设备具有运行、热备用、冷备用、检修四种状态。运行状态是指断路器、隔离开关均已合闸,设备与电源接通,处于运行中的状态。热备用状态是指隔离开关在合闸位置,但断路器在断开位置,电源中断,设备停运,即只要将断路器手动或自动合闸,设备即投入运行的状态。冷备用状态是指断路器、隔离开关均在断开位置,设备停运的状态,即欲使设备运行需将隔离开关合闸,而后再合断路器。检修状态是指设备的断路器、隔离开关都在断开位置,并接有临时地线(或合上接地刀闸),设好遮栏,悬挂好标示牌,设备处于检修的状态。当电气设备由一种状态转换为另一种状态或改变系统的运行方式时,都需要进行一系列的倒闸操作。

倒闸操作是指拉开或合上某些断路器和隔离开关,拉开或合上直流操作回路,切除或投入某些继电保护装置和自动装置,拆开或装设临时接地线和检查设备的绝缘。

在倒闸操作过程中应严格遵守规定,不能任意操作。如若发生操作事故,就可能导致设备损坏,人身伤亡。因此倒闸操作必须执行安全规程的要求,以确保操作的安全。

一、倒闸操作的安全规程

1. 倒闸操作必须执行操作票制度。操作票是值班人员进行操作的书面命令,是防止误操作的安全组织措施。1 000 V 以上的电气设备在正常运行情况下进行任何操作时,均应填写操作票。每张操作票只能填写一个任务。

2. 倒闸操作必须由两人进行(单人值班的变电所可由一人执行,但不能登杆操作及进行重要和特别复杂的操作)。一人唱票、监护,另一人复诵命令、操作。监护人的安全等级(或对设备的熟悉程度)要高于操作者。特别重要和复杂的倒闸操作,由熟练的值班人员操作,值班负责人或值班长监护。

3. 严禁带负荷拉、合隔离开关。为了防止带负荷拉、合隔离开关,在进行倒闸操作时应遵循下列顺序:

(1)停电拉闸必须先用断路器切断电源,在检查断路器确在断开位置后,先拉负荷侧隔离开关,后拉母线侧隔离开关。

(2)送电时则应先合母线侧隔离开关,后合负荷侧隔离开关,最后合断路器。

4. 严禁带地线合闸。

5. 操作者必须使用必要的、合格的绝缘安全用具和防护安全用具。用绝缘棒拉、合隔离开关或经传动机构拉、合隔离开关和断路器时,均应戴绝缘手套。雨天在室外操作高压设备时,要穿绝缘鞋,绝缘棒应有防雨罩。接地网的接地电阻不符合要求时,晴天也要穿绝缘鞋。装卸高压熔断器时,应戴护目镜和绝缘手套,必要时使用绝缘夹钳,并站在绝缘垫和绝缘台上。登高进行操作应戴安全帽,并使用安全带。

6. 在电气设备或线路送电前,必须收回并检查所有工作票,拆除安全措施,拉开接地刀闸或拆除临时接地线及警告牌,然后测量绝缘电阻,合格后方可送电。

7. 有雷雨时,禁止倒闸操作和更换熔断体,高峰负荷时避免倒闸操作。

二、电气设备的正确操作

1. 隔离开关的正确操作

(1)在手动合隔离开关时,要迅速果断,碰刀要稳,不可用力过大,以防止损坏支持绝缘子。合闸时如发现弧光(误合闸),应将刀闸迅速合好。隔离开关一经合上,不得再强行拉开,因带负荷拉开隔离开关,会使弧光扩大,后果将更严重。这时只能用断路器切断该电路后,才允许将误合的隔离开关拉开。

(2)在手动拉开隔离开关时,要缓慢谨慎,先要看清是否为要拉的隔离开关,再看触头刚分开时有无电弧产生,若有电弧应立即合上,若无电弧应迅速拉开。在切断小容量变压器的空载电流、一定长度架空线路和电缆线路的充电电流时,也会有电弧产生。此时应与上述情况相区别,应迅速将隔离开关断开,以利于灭弧。

(3)隔离开关经操作后,必须检查其"开""合"位置,防止因操作机构有缺陷,致使隔离开关没有完全分开或没有完全合上的现象发生。

2. 断路器的正确操作

(1)对于装有手动合闸机构的断路器,一般情况下不允许带负荷手动合闸。因手动合闸速度慢,易产生电弧,但特殊情况下例外。

(2)遥控操作断路器时,不用应力过大,以免损坏控制开关,也不可返回太快,以防断路器来不及合闸。

（3）断路器经操作后，必须从各方面判断断路器的触头位置是否真正与外部指示相符合，除了从仪表指示和信号灯判断断路器的触点的实际位置外，还应到现场检查其机械位置指示。

3. 高压跌落式熔断器的正确操作

（1）一般情况下不允许带电负荷操作，而对容量在 200 kV·A 及以下的配电变压器，允许高压侧的熔断器分、合负荷电流。

（2）停电操作时，先拉中间相，再拉边相，送电时先合边相，后合中间相。如遇刮风天气停电时，应先拉背风相，再拉中间相，最后拉迎风相。送电时操作顺序与停电时相反，先合迎风相，再合中间相，最后合背风相。

（3）尽量避免在下雨天或打雷时进行操作。

三、操作票制度及其执行

1. 操作票的填写及注意事项

（1）操作票应用钢笔或圆珠笔填写，票面应清楚整洁，不得任意涂改。操作票要按编号顺序使用，作废的操作票应盖上"作废"字样的图章。操作任务栏中应填写设备的双重名称，即填写设备名称及编号。操作项目填写完毕操作票下方仍有空格时，应盖上"以下空白"字样的图章。

（2）操作票操作项目的内容

1）应拉、合的断路器和隔离开关。

2）检查断路器和隔离开关的实际位置。

3）装拆临时接地线，应注明接地线的编号。

4）送电前应收回并检查所有工作票，检查接地线是否拆除。

5）装上或取下控制回路或电压互感器的熔断器。进行断路器检修、在二次回路及保护装置上工作、倒母线过程中以及断路器处于冷备用时都需要取下操作回路的熔断器。电压互感器的停运、检修等也要取下熔断器。

6）切换保护回路压板。在运行方式改变时，继电保护装置试验、检修、保护方式变更等情况均需要切换（即启用或停用）压板。

7）测试电气设备或线路是否确无电压。

8）检查负荷分配。在并、解列，用旁路断路器代送电，倒母线时，均应检查负荷分配是否正确。

（3）操作票使用的技术术语

1）断路器、隔离开关的拉合操作用"拉开""合上"；

2）检查断路器、隔离开关的实际位置用"确在合位""确在开位"；

3）拆装接地线用"拆除""装设"；

4）检查接地线拆除用"确已拆除"；

5）装上、取下控制回路和电压互感器的熔断器用"装上""取下"；

6）保护压板切换用"启用""停用"；

7）检查负荷分配用"负荷指示正确"；

8）验电用"三相验电，验电确无电压"。

（4）下列操作可以不填操作票

1）事故处理。处理事故时,为了能迅速断开故障点,缩小事故范围,以限制事故的发展,及时恢复供电,故不需要填写操作票。

2）拉合断路器的单一操作。

3）拉开接地刀闸或拆除全厂(所)仅有的一组接地线。

虽然不用填操作票,但上述三种情况要记入操作记录簿内。

（5）特殊情况下的操作票填写

单人值班的变电所,操作票由发令人用电话向值班员传达。值班员按令填写操作票,并向发令人复诵,经双方核对无误后,将双方姓名填入各自的操作票上("监护人"签名处填入发令人的姓名)。

2. 倒闸操作执行步骤

（1）倒闸操作前由值班员或值班负责人发布操作命令,发布命令应准确、清晰,使用正规操作术语和设备双重名称。发令人与受令人应互报姓名。受令人应复诵命令内容,核对无误后再填写操作票。对于重要的操作命令,发令与受令(包括复诵命令)的全过程应进行录音并做好记录。倒闸操作由操作人填写操作票。

（2）操作人填写的操作票内容(项目),由操作人和监护人共同到模拟图板上进行预演,逐项核对,并分别在操作票上签名,然后经值班负责人审核后签字,对重要的或复杂的操作还应由值班长审核签名。

（3）经审核后的操作票,由监护人持票会同操作人进入现场共同执行操作。由监护人唱票(每次只准唱一项,并将操作票指给操作人看),操作人复诵命令,并对照设备的位置、名称、编号及拉或合的方向。在两人一致认为无误后,监护人发出"对,执行"的命令,操作人方可执行操作。监护人监护电气操作的安全性及正确性,并记录操作的开始时间。

（4）每操作完一项内容,两人要同时在现场检查其操作的正确性后,由监护人用红笔打个"√"号,以示该项操作完毕,然后继续进行下一步操作,以防误操作及漏项。

（5）操作完毕后,操作人在监护人的监护下,检查操作结果,包括表针的指示、连锁装置及各项信号指示是否正常。复查无误后,监护人应记录操作终了时间。

（6）操作票全部项目操作完成后,监护人向操作发令人汇报操作结束及起终时间,发令人认可后,由操作人在操作票上盖"已执行"图章。已执行的操作票保存3个月。

3. 倒闸操作中的注意事项

操作过程中如发生疑问,不准擅自更改操作票,应立即停止操作,并向值班员或值班负责人报告,弄清情况后,再进行操作。

四、倒闸操作实例

执行某一操作任务,首先要掌握电气主接线的运行方式、保护的配置、电源及负荷的功率分布的情况,然后依据命令的内容填写操作票。操作项目要全面,顺序要合理,以保证操作的正确、安全。

1. 某60/10 kV变电所的部分倒闸操作实例

该变电所的电气系统如图8-3-1所示。

（1）填写线路WL1停送电操作票

1）WL1线路停电操作票的填写。如图8-3-1所示电气运行方式,欲停电检修101断路器,填写WL1停电操作票。停电操作票见表8-3-1。

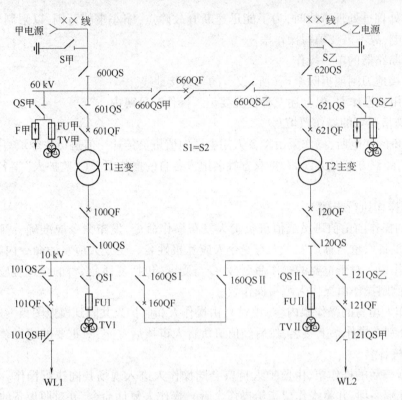

图 8 - 3 - 1　60/10 kV 变电所电气主接线运行方式图

2）WL1 线路送电操作票的填写。101 断路器检修完毕,恢复线路 WL1 停电操作票的操作顺序相反。但应注意恢复送电票的第 1 项应是"收回工作票",第 3 项应是"检查 1 号、2 号接地线,共两组确已拆除",从第 2 项开始按停电操作票的相反顺序填写。

表 8 - 3 - 1　停 电 操 作 票

××变电所		倒闸操作票	编号 2007—01

操作开始时间 2007 年 4 月 1 日 8 时 0 分,终了时间 1 日 8 时 45 分		
操作任务:10 kV1 段 WL1 线路停电		
√	顺　序	操作项目
√	1	拉开 WL1 线路 101 断路器
√	2	检查 WL1 线路 101 断路器确在开位,开关盘表计指示正确(0A)
√	3	取下 WL1 线路 101 断路器操作回路熔断器
√	4	拉开 WL1 线路 101 甲隔离开关
√	5	检查 WL1 线路 101 甲隔离开关确在开位
√	6	拉开 WL1 线路 101 乙隔离开关
√	7	检查 WL1 线路 101 乙隔离开关确在开位
√	8	停用 WL1 线路保护跳闸压板
√	9	在 WL1 线路 101 断路器至 101 乙隔离开关间三相验电确无电压
√	10	在 WL1 线路 101 断路器至 101 乙隔离开关间装设 1 号接地线一组
√	11	在 WL1 线路 101 断路器至 101 甲隔离开关间三相验电确无电压
√	12	在 WL1 线路 101 断路器至 101 家隔离开关间装设 2 号接地线一组
√	13	全面检查
		以下空白
备注:		已执行章

操作人:×××　监护人:×××　值班负责人:×××　值班长:×××

(2)填写2号主变送电、停电操作票

1)2号主变送电操作票的填写。如图8-3-1所示运行方式,欲将2号主变由冷备用转入运行,接于甲电源,其送电操作票见表8-3-2。

表8-3-2　送电操作票

××变电所		倒闸操作票	编号 2007—02

操作开始时间 2007 年 3 月 30 日 8 时 0 分,终了时间 30 日 8 时 49 分			
操作任务:2号主变压器送电			
√	顺　序		操　作　项　目
√	1		检查桥路 660 断路器的位置确在开位
√	2		合上桥路 660 甲隔离开关
√	3		检查桥路 660 甲隔离开关确在合位
√	4		合上桥路 660 乙隔离开关
√	5		检查桥路 660 乙隔离开关确在合位
√	6		装上桥路 660 断路器操作回路熔断器
√	7		启用桥路 660 断路器保护压板
√	8		合上桥路 660 断路器
√	9		检查桥路 660 断路器确在合位,开关盘表计指示正确(0A)
√	10		合上电压互感器 QS 乙隔离开关,开关表计指示正确(60 kV)
√	11		检查 2 号主变 621 断路器确在开位
√	12		合上 2 号主变 621 隔离开关
√	13		检查 2 号主变 621 隔离开关确在合位
√	14		装上 2 号主变 621 断路器操作回路熔断器
	15		启用 2 号主变保护压板
√	16		合上 2 号主变 621 断路器
√	17		检查 2 号主变 621 断路器确在合位,开关盘表计指示正确(0A)
√	18		检查 2 号主变 120 断路器确在开位
√	19		合上 2 号主变 120 隔离开关
√	20		检查 2 号主变 120 隔离开关确在合位
√	21		装上 2 号主变 120 断路器操作回路熔断器
√	22		启用 2 号主变 120 断路器保护压板
√	23		合上 2 号主变 120 断路器
√	24		检查 2 号主变 120 断路器确在合位,开关盘表计指示正确××A,1 号主变开关盘表计指示正确××A
√	25		全面检查
			以下空白
备注:		已执行章	

操作人:×××监护人:×××值班负责人:×××值班长:×××

2)2号主变停电操作票的填写。2号主变停电操作票与送电操作票填写顺序相反。

2. 某10/0.4 kV变电所全停电及恢复供电倒闸操作实例

图8-2-1所示电路为10/0.4 kV变电所的电气主接线运行方式。根据电气接线图写出

全停电及恢复供电的倒闸操作票。

（1）变电所全停电操作票的填写。全停电的目的是对变电所电气设备进行全面清扫,测定绝缘电阻或检修断路器、变压器等。其停电操作票见表8－3－3。

若将××线100跌落式熔断器当做断路器（开关）使用时,表8－3－3中的第16项改为"拉开××线100断路器",第18项改为"拉开××线100入口隔离开关"。

（2）变电所全所停电后恢复送电操作票的填写。送电操作票内容顺序与停电操作票相反。但应注意,送电操作票的第1项应是"收回工作票",第2项应是"检查××线100跌落式熔断器（或断路器）至××线100入口隔离开关间1号接地线确已拆除"。第3项才是"合上××线100跌落式熔断器"。若将跌落式熔断器当做断路器使用时,则第3项应是"合上××线100入口隔离开关",余项按停电操作票的相反顺序填写。

表8－3－3 停电操作票

××变电所　　　　　　　　　　倒闸操作票　　　　　　　　　编号2007—03

操作开始时间2007年4月4日9时0分,终了时间4日9时25分		
操作任务:变电所全停电		
√	顺　序	操 作 项 目
√	1	拉开电容器450断路器、隔离开关
√	2	拉开低压甲401断路器、隔离开关,乙402断路器、隔离开关,丙403断路器、隔离开关
√	3	检查低压电容器450断路器、隔离开关,甲401断路器、隔离开关,乙402断路器、隔离开关,丙403断路器、隔离开关确在开位
√	4	拉开主二次400断路器
√	5	检查主二次400断路器确在开位,开关盘表计指示正确0A
√	6	拉开主二次400隔离开关
√	7	检查主二次400隔离开关确在开位
√	8	拉开受电101断路器
√	9	检查受电101断路器确在开位,开关盘表计指示正确0A
√	10	拉开受电101出口隔离开关
√	11	检查受电101出口隔离开关确在开位
√	12	拉开受电101入口隔离开关
√	13	检查受电101入口隔离开关确在开位
√	14	拉开电压互感器QS隔离开关
√	15	检查电压互感器QS隔离开关确在开位
√	16	拉开××线100入口隔离开关
√	17	检查××线100入口隔离开关确在开位
√	18	拉开××线100跌落式熔断器
√	19	在××线100跌落式熔断器至××线100入口隔离开关间三相验电确无电压
√	20	在××线100跌落式熔断器至××线100入口隔离开关间装设1号接地线一组
√	21	全面检查
备注:		已执行章

操作人:×××监护人:×××值班负责人:×××值班长:×××

第四节　低压带电及二次回路作业的安全规定

为了防止触电事故发生,电气工作者必须掌握并认真执行各种电气作业的安全规定。本节主要介绍低压带电作业与在二次回路上工作的安全规定。

一、低压带电作业的安全规定

低压带电是指在对地电压 250 V 及以下不停电的低压设备或低压线路上的工作。对于工作本身不需要停电和没有偶然触及带电部分危险的工作,作业者使用绝缘辅助安全用具直接接触带电体及在带电设备外壳上的工作,均可进行带电作业。

低压带电作业时应遵守以下安全规定:

1. 低压带电作业应设专人监护,工作时应站在干燥的绝缘物上进行,工作者要戴两副手套、戴安全帽,必须穿长袖衣服,必须使用有绝缘柄的工具,严禁使用锉刀、金属尺和带有金属物的毛刷等工具。

2. 高、低压同杆架设,在低压带电线路上工作时,应检查与高压线的距离,作业人员与高压带电体要保持安全距离,见表 8 - 4 - 1,并采取防止误碰高压带电体的措施。

3. 在低压带电裸导线的线路上工作时,工作人员在没有采取绝缘措施的情况下,不得穿越其线路。在带电的低压配电装置上工作时,应采取防止相间短路和单相接地的绝缘隔离措施。也应防止人体同时触及两根带电体或一根带电体与一根接地体。

表 8 - 4 - 1　工作人员正常工作的活动范围与带电设备的距离

电压等级/kV	安全距离/m
10 及以下	0.35
20 ~ 35	0.60
44	0.90
60 ~ 110	1.50

4. 上杆前先分清相线,中性线,并用验电器测试,判断后再选好工作位置。在断开导线时,应先断开相线,后断开中性线;在搭接导线时,顺序相反,即先接中性线,再接相线。在断开或接续低压带电线路时,还要注意两手不能同时接触两个线头,否则会使电流通过人体,即电流自手经人体至手的路径通过,这时即使站在绝缘物上也起不到保护作用。

5. 严禁在雷、雨、雪以及有六级以上大风的户外带电作业。有雷电时,还应禁止在室内带电作业。禁止在潮湿或潮气过大的室内带电作业,禁止在工作位置过于狭窄的场所带电作业。

二、在二次回路上工作的安全规定

继电保护装置、自动控制装置、测量仪表、计量仪表、信号装置及绝缘监察装置等二次设备所组成的电路称二次回路。二次回路虽属低压范围,但二次设备与一次设备(高压设备)的距离较近,并且一次回路与二次回路有密切的电磁耦合联系。这样,一方面在二次回路工作的人员有触碰高压设备的危险,另一方面由于绝缘不良或电流互感器二次开路都可能使工作人员触及高电压而发生事故。因此,在二次回路上工作时,必须遵守有关安全规定。

1. 在二次回路工作前的准备工作

(1)填写工作票

1)填写第一种工作票的工作范围是:在二次回路上工作需要将高压设备全部停电,或虽不用停电,但需要采取安全措施的工作。如移开或越过高压室遮栏进行继电器和仪表的检查,试验时需将高压设备停电的工作。二次回路工作人员与导电部分的距离小于规定的安全距离（见表8-4-1），但大于表8-4-2所列的安全距离时，虽不需将高压设备停电，但必须设置遮栏等安全措施的工作；检查高压电动机和启动装置的继电保护装置和仪表，需将高压设备停电的工作。

2）填写第二种工作票的工作范围是：工作本身不需要停电和没有偶然触及导电部分的危险，并许可在带电设备的外壳上工作时，应填写第二种工作票。如串联在一次回路中的电流继电器，虽本身有高电压，但有特殊传动装置，可以不停电在运行中改变整定值的工作；对于连接在电流互感器或电压互感器二次绕组，装在通道上或配电盘上的继电器和保护装置，可以不断开所保护的高压设备进行校验等工作。

表8-4-2 设备不停电时的安全距离

电压等级/kV	安全距离/m
10 及以下	0.7
20 ~ 30	1.0
44	1.2
60 ~ 100	1.5

执行上述第一种或第二种工作票的工作至少要有两人进行。

（2）工作之前要做好准备，了解工作地点一次及二次设备的运行情况和上次检验记录。核查图纸是否与实际情况相符。

（3）在工作开始前，应检查已做的安全措施是否符合要求，运行设备与检修设备是否明确分开，还要对照设备的位置、名称，严防走错位置。

（4）在全部或部分带电的盘（配电盘、保护盘、控制盘等）上工作时，应将检修设备与运行设备用明显的标志隔开。通常在盘后挂上红布帘、界隔屏、尼龙膜护罩等，在盘前悬挂"在此工作"的标示牌。作业中严防误碰、误动运行中的设备。

（5）工作前应检查所有的电流互感器和电压互感器的二次绕组是否有永久性的、可靠的保护接地。

2. 在二次回路工作中应遵守的规则

（1）继电保护人员在现场工作过程中，凡遇到异常情况（如直流系统接地、断路器跳闸）时，不论与本身工作是否有关，均应立即停止工作，保持现状，待查明原因，确定与本工作无关后方可继续工作；若异常情况是由本身工作所引起，应保留现场并立即通知值班人员，以便及时处理。

（2）二次回路通电或耐压试验前，应通知值班人员和有关人员，并派人到各现场看守，检查回路上确无人工作后，方可加压。电压互感器二次回路通电试验时，为防止由二次侧向一次侧反充电，除应将二次回路断开外，还应取下一次回路熔断器或断开隔离开关。

（3）检验继电保护和仪表的工作人员，不准对运行中的设备、信号系统、保护压板进行操作，但在取得值班人员许可并在检修工作盘两侧断路器把手上采取防误操作措施后，可拉合检修断路器。

（4）试验电源用隔离开关必须带罩，以防止弧光短路。熔丝的熔断电流要选择合适，防止越级熔断总电源的熔丝。接取试验电源时，不论交流还是直流均应从电源配电箱、配电盘上专用隔离开关或控制组合开关触点下侧取用，禁止直接从运行设备上接电源。试验线接好后，应由工作负责人或有经验的第二人复查后方可通电。

（5）保护装置二次回路变动时，严防寄生回路存在，没用的线应拆除，临时所垫纸片应取出，接好已拆下的线头。

（6）机电保护装置做传动试验或一次通电时，应通知值班员和有关人员，并由工作负责人或由他派人到现场监视，方可进行。

（7）在保护盘上钻孔或在附近进行打眼等振动较大的工作时,应采取防止运行中设备掉闸的措施,必要时经值班调度员或值班负责人同意,将保护暂时停用。

3. 在带电的电流互感器二次回路上工作时的安全措施

（1）严禁电流互感器二次侧开路。电流互感器二次侧开路所引起的后果是严重的,一是使电流互感器的铁芯烧损,二是电流互感器产生高电压,严重危及工作人员的人身安全。为此,必须采取有效措施防止二次侧开路。具体措施如下:

1）必须使用短路片或短路线将电流互感器的二次侧做可靠的短路后,方可工作。

2）严禁用导线缠绕的方法或用鱼线夹进行短路。

（2）严禁在电流互感器与短路端子之间的回路上进行任何工作,因为这样易发生二次开路。

（3）工作应认真谨慎,不得将回路永久接地点断开,以防止电流互感器一次侧与二次侧的绝缘损坏(漏电或击穿)时,二次侧有较高的电压而危及人身安全。

（4）工作时,必须有专人监护,使用绝缘工具,并站在绝缘垫上。

4. 在带电的电压互感器二次回路上工作时的安全措施

（1）严格防止二次回路短路或接地。操作时戴绝缘手套,使用绝缘工具。若断开某些二次设备的引线,可能引起保护元件误动时,应按规定向调度部门或生产主管人员申请对该元件采取措施,必要时将其退出运行。

（2）接临时负载,必须装有专用的隔离开关和熔断器。熔丝的熔断电流应和电压互感器各级熔断器的保护特性相配合。保证在该负载部分发生接地短路故障时,本级熔断器先熔断。

第五节　停电作业的安全技术措施

在全部或部分停电的电气设备或线路上进行工作时,为了保证人身安全,作业前必须执行停电、验电,装设接地线,悬挂标示牌和装设遮栏四项安全技术措施。

一、停　电

1. 工作地点必须停电的设备或线路

（1）要检修的电气设备或线路必须停电。

（2）与电气工作人员在进行工作中正常活动范围的距离小于表8-4-1规定数值的设备必须停电。

（3）在44 kV以下的设备上进行工作,安全距离虽大于表8-4-1但又小于表8-4-2的规定数值,同时又无安全遮栏措施的设备必须停电。

（4）带电部分在工作人员后面或两侧并无可靠安全措施的设备,必须停电。

（5）对与停电作业的线路平行、交叉或同杆的有电线路,危及停电作业的安全而又不能采取安全措施时,必须将平行、交叉或同杆的有电线路停电。

2. 停电的安全要求

（1）将检修设备停电,必须将各方面的电源完全断开。对与停电设备或线路有关的变压器、电压互感器,必须从高、低压两侧将断路器、隔离开关全部断开,以防止向停电设备或线路反送电。对与停电设备有电气连接的其他任何运用中的星形接线设备的中点必须断开,以防止中性点位移电压到停电作业的设备上而危及人身安全。

（2）断开电源时，不仅要拉开断路器，而且还要拉开隔离开关，使每个电源至检修设备或线路之间至少有一个明显的断开点。严禁在只经断路器断开电源的设备或线路上工作。

（3）为防止已断开的断路器被误合闸，应取下断路器控制回路的熔断器或者闭气、油阀门等。对一经合闸就有可能送电到停电设备或线路的隔离开关，其操作把手必须锁住。

二、验　电

验电注意事项如下。

1. 验电前应将电压等级合适且合格的验电器，在有电的设备上试验，证明验电器指示正确后，再在检修的设备进出线两侧各分相分别验电。

2. 对 35 kV 及以上的电气设备验电，如没有专用的验电器，可使用相应电压等级的绝缘棒代替验电器。绝缘棒工作触头应与带电体留一点距离，形成气隙，根据绝缘棒工作触头的金属部分有无火花和放电的噼啪声来判断有无电压。

3. 线路验电应逐相进行。同杆架设的多层电力线路在验电时应先验低压电，后验高压电；先验下层，后验上层。

4. 信号或表计等通常可能因失灵而错误指示，因此不能仅凭信号或表计的指示来判断设备是否有电。但如果信号和表计指示有电，在未查明原因，排除异常的情况下，即使验电器检测无电，也禁止在该设备上工作。

三、装设接地线

当验明设备确无电压并放电后，应立即将设备接地并三相短路。这是保护在停电设备上的工作人员，防止突然来电而发生触电事故的可靠措施，同时接地线还可使停电部分的剩余静电荷流入大地。

1. 装设接地线的部位

（1）对可能送电或反送电至停电部分的各方面，以及可能产生感应电压的停电设备或线路均要装设接地线。

（2）检修 10 m 以下的母线，可装设一组接地线；检修 10 m 以上的母线时，则应根据连接在母线上的电源的进线多少和分布情况以及感应电压的大小，适当增设接地线的数量。在用隔离开关或断路器分成几段的母线或设备上检修时，各段应分别验电、装设接地线。降压变压变电所全部停电时，只需将各个可能来电侧的部分接地、短路，其余部分不必每段都装设接地线。

（3）室内配电装置的金属构架上应有规定的接地地点。这些接地地点的油漆应刮去，以保证到点良好，并画上黑色"⊥"记号。所有配电装置的适当地点，均应设有接地网的接头，接地电阻必须合格。

2. 装设接地线的安全要求

（1）装设接地线必须由两人进行，若是单人值班，只允许使用接地刀闸接地或使用绝缘棒拉合接地刀闸。

（2）所装接地线与带电部分的安全距离见表 8-5-1。

（3）所装接地线必须先接接地线，后接导体端，必须接触良好；拆除顺序与此相反。装拆接地线均应使用绝缘棒和绝缘手套。

（4）接地线与检修设备之间不得连有断路器和熔断器。

（5）严禁使用不合格的接地线或用其他导线做接地线和短路线，应当使用多股软裸铜线，其截面应符合短路电流要求，但不得小于 25 mm²；接地线需专用线夹固定在导体上，严禁用缠绕的方法接地或短路。

（6）带有电容的设备或电缆线路应先放电后再装设接地线，以避免静电危及人身安全。

（7）需要拆除全部或部分接地线才能进行的工作（如测量绝缘电阻、检查开关触头是否同时接触等），要经过值班员许可（根据调度员命令装设的，须经调度员许可）才能进行工作。工作完毕后应立即恢复接地。

表 8 - 5 - 1　接地线与带电设备的允许安全净距

电压等级/kV	户内/户外	允许安全净距/m
1～3	户内	7.5
6	户内	10
10	户内	12.5
20	户内	18
35	户内	29
	户外	40
60	户内	46
	户外	60

（8）每组接地线均应有编号，存放位置也应有编号，两者编号一一对应。

四、悬挂标示牌及装设遮栏

悬挂标示牌和装设遮栏的场所及标示牌的使用详见本章第一节。

在室外地面高压设备上工作时，应在工作地点四周用绝缘绳做围栏，在围栏上悬挂适当数量的"止步，高压危险！"的标示牌，标示牌必须朝向围栏里面。对 35 kV 以下的设备，如特殊需要也可用合格的绝缘挡板与带电部分直接接触，隔离带电体。严禁工作人员在工作中移动或拆除遮栏及标示牌。

第六节　值班与巡视工作的安全要求

为保证电气设备及线路的可靠运行，必须在变电所（发电厂）设置值班员，对电路设置巡视员。值班与巡视的主要任务是：对电气设备和线路进行操作、控制、监视、检查、维护和记录系统的运行情况；及时发现设备和线路的异常或缺陷，并迅速、正确地进行处理。尽最大努力来防止由于缺陷扩大而发展为事故。

一、值班工作的安全要求

1. 值班调度员、值班长和值班员上岗的基本业务条件

（1）值班调度员是电气设备和线路运行工作的总指挥者。应具有相当的业务知识和丰富的现场指挥经验，熟知《电业安全工作规程》和《运行规程》，掌握本系统的运行方式，并能决策本系统的经济运行方式和任何事故下的运行方式。

（2）值班长是电气设备和线路运行的值班负责人，执行值班调度员的命令，指挥值班人员完成工作任务，应具有中等以上技术业务知识和较丰富的现场工作经验，掌握《电业安全工作规程》的有关知识，熟悉本系统的运行方式，能熟练地掌握和运用触电急救法。

（3）值班员是值班与巡视工作的直接执行者。值班员必须熟悉电气设备的工作原理及性能，熟悉本岗位的《安全规程》和《运行规程》，能熟练地进行倒闸操作和事故处理工作，完成巡视、监视各种仪表和保护装置，填好运行记录。

2. 值班工作的组织系统

值班的组织系统是下级调度机构即变电所（发电厂）的值班人员（值班调度员、值班长）接受上级值班调度员的命令，对所下达的命令必须进行复诵，校对无误后，立即执行。下级调度员一般不得拒绝或延迟执行上级值班调度员的命令。值班人员对调度命令有疑问或认为不正确、不妥时应及时提出意见，但上级调度员仍重复他的命令时，值班人员必须迅速执行。当执行命令的确会危及人身和设备安全时，值班人员应拒绝执行，并将拒绝执行的理由及改正意见报告上级值班调度员和本单位的直接领导人。对接受的命令及对命令的更改意见均要填入运行记录簿内。

3. 室内高压设备设单人值班的条件及安全要求

（1）室内高压设备的隔离室应设有 1.7 m 以上的牢固且加锁的遮栏。

（2）室内高压断路器的操作机构用墙或金属板与该断路器隔离，或装有远方操作机构。防止操作断路器时，因事故使单人值班者遭到电伤、电击而无人救护的严重后果。

（3）单人值班时不得单独从事修理工作。

（4）不论高压设备带电与否，值班人员不得单独移开或越过遮栏进行工作。若有必要移开遮栏时，必须有监护人在场，而且要对不停电的设备保持表 8-4-2 所规定的安全距离。

二、值班员的岗位责任及交接班工作制度

（一）值班员的岗位责任

1. 在值班长的领导下，坚守岗位，认真做好各种表计、信号和自动装置的监视。准备随时处理可能发生的任何异常现象。

2. 按时巡视设备，做好记录。发现缺陷及时向值班长报告。按时抄表并计算有功、无功电量，保证正确无误。

3. 按照调度指令正确填写倒闸操作票，并迅速正确地执行操作任务。发生事故时要果断、迅速、正确地处理。

4. 负责填好各种记录，保管工具、仪表、器材、钥匙和备品，并按值移交。

5. 做好操作回路的熔丝检查、事故照明、信号系统的试验及设备维护。搞好环境卫生，进行文明生产。

（二）交接班的工作制度

1. 接班人员按规定的时间到班，未经履行交接手续，交班人员不准离岗。

2. 禁止在事故处理或倒闸操作中交接班。交班时若发生事故，办理手续前仍由交班人员处理，交接人员在交班值班长领导下协助其工作。一般情况下，在交班前 30 min 停止正常工作。

3. 交接内容

（1）运行方式。

（2）保护和自动装置运行及变化情况。

（3）设备缺陷及异常情况，事故处理情况。

（4）倒闸操作及未完成的操作治理。

（5）设备检修、实验情况，安全措施的布置，接地线组数、编号及位置和使用中的工作票情况。

（6）仪表、工具、材料、备件和消防器材等完备情况。

（7）领导指示及与运行有关的其他事项。

4. 交班时由值班长向接班值班长及全体值班员做全面、细致地交代，接班人员要进行重点检查。在交接过程中应有人监督。

5. 交接班后，双方值班长应在运行记录簿上签字，并与系统调度实现通话，互通姓名，核对时钟。

三、巡视工作的安全要求

巡视工作的目的是掌握设备和线路的运行情况，及时发现缺陷和异常现象，以便及时排除隐患，从而提高设备和线路运行的安全性。巡视工作的安全要求如下。

（一）巡视高压设备的安全要求

1. 巡视检查的主要内容是：设备发热情况，绝缘子有无破裂、闪络现象。对记录中标明已有缺陷的设备、经常操作的设备、陈旧的设备、新装投运的设备要重点检查。

2. 巡视工作应由两人进行，单人巡视高压设备，须经本单位领导批准，且巡视中不得进行其他工作，不得移开或越过栏杆，应按规定好的巡视路线进行巡视。

3. 雷雨天气巡视室外高压设备时，应穿绝缘靴，并与带电体保持足够的距离，不得靠近避雷器和避雷针。

4. 高压设备发生接地时，室内不得接近故障点 4 m 以内，室外不得接近故障点 8 m 以内。进入上述范围的工作人员，必须穿绝缘靴，接触设备的外壳和构架时，应戴绝缘手套。

5. 巡视配电装置，进入高压室，必须随手将门锁好。高压室的钥匙至少应有三把，由值班人员负责保管，一把专供紧急情况下使用；一把专供值班人员使用；另一把可借给许可单独巡视高压设备的人员和工作负责人使用，但必须登记签名，当日交回。巡视无人值班变电所时，必须在出入登记本上登记，离开时关好门窗和灯。

6. 巡视周期依单位情况而定。一般有人值班的变电所在每次交接班时检查一次，每班中再巡视一次；无人值班的变电所每周至少巡视一次；无人值班的配电所，每月巡视一次。

（二）巡视线路（简称巡线）的安全要求

1. 应由具有电力线路工作经验的人担任巡线工作。偏僻山区和夜间巡线必须由两人进行。暑天、大雪天巡线时由两人进行（如有必要）。单人巡线时，禁止攀登电杆和铁塔。新上岗人员不得一人单独巡线。

2. 夜间巡线应沿线路外侧进行；大风天巡线应沿线路上风侧前进，以防万一触及断落的导线。巡线人员发现导线断落地面或悬吊在空中，应采取措施防止行人进入断线地点 8 m 以内，并迅速报告上级，等候处理。

3. 事故巡线应始终认为线路带电，即使明知线路已停电，也应认为线路随时有恢复送电的可能。

安 全 用 电

复习思考题

1. 电工安全用具分几类？
2. 基本安全用具有哪些？使用时应该注意什么？
3. 辅助安全用具有哪些？使用时应该注意什么？
4. 一般防护用具有哪些？使用时应该注意什么？
5. 在电气设备上工作保证安全的组织措施有哪些？
6. 工作票分几种？各适用于哪些工作？
7. 工作许可手续的内容是什么？
8. 在什么情况下监护人可参加班组工作？
9. 低压带电作业有哪些安全要求？

第九章
用户事故调查及管理办法

用电检查部门对用户事故管理要贯彻"安全第一,预防为主"的方针,坚持保人身、保电网、保设备的原则,做到用户事故不出门、不扩大或不涉及电力系统。通过对事故的调查、分析和统计,达到研究事故规则、总结经验教训、防止同类事故再发生的目的。

事故调查必须实事求是、尊重科学,做到事故原因不清楚不放过、事故责任者和应受教育者没有受到教育不放过、没有采取防范措施不放过(简称"三不放过")。

事故统计报告要及时、准确、完整;事故统计分析应与设备可靠性分析相结合,全面评价安全水平、统计和考核分级管理。

一、用户事故

用户事故是指供电营业区所有高、低压用户在管辖电气设备上发生的设备和人身事故,及扩大到电力系统造成输配电系统的停电事故,包括:

1. 用户电气工作人员在其管辖的电气设备运行、维护、检修、安装工作中发生人身触电伤亡事故,按国务院 1991 年 75 号令《企业职工伤亡事故报告和处理规定》构成事故者。

2. 由于用户运行、维护、检修不善或误操作造成所管辖的重要电气设备损坏事故,或进线跳闸全厂停电。

3. 供电企业或其他单位代维护管理的用户电气设备、受电线路发生的事故。

4. 供电企业的继电保护、高压实验、高压装表工作人员在用户受电装置处因工作过失造成用户电气设备异常运行,从而引起电力系统供(变)电站设备异常运行,对其他用户少送电者。

5. 由于用户过失造成电力系统供电设备停运或异常运行,而引起对其他用户(包括转供电用户)少送电的。

(1)用户影响系统事故:用户内部发生电气事故扩大造成其他用户断电或引起电力系统波动而大量甩负荷。

(2)专线供电用户进线侧有保护,事故时造成供电变电站出线断路器跳闸或两端同时跳闸,不算用户影响系统事故。

二、事故分类

用户事故按照电力行业《电业生产事故调查规程》规定,根据其事故严重程度及经济损失的大小分为:

(一)特别重大事故

1. 人身死亡事故一次达 50 人及以上者。

2. 电力事故造成直接经济损失 1 000 万元及以上者。

3. 中央直辖市减供负荷 50% 及以上;省会城市全市停电的事故。

（二）重大事故

1. 人身死亡事故一次达 3 人及以上、或人身死亡事故一次死亡与重伤达 10 人及以上者。

2. 中央直辖市全市减供负荷 30% 及以上;省会或重要城市全市减供负荷 50% 及以上。

3. 发供电设备、施工机械严重损坏、直接经济损失达 150 万元。

（三）一般事故

没有达到以上损失的所有事故。

三、事故报告

用户发生下列事故,应立即向供电企业调度部门和用电检查部门报告。

(1)用户人身触电死亡事故,指用户电工或非电工人员触电死亡;

(2)用户导致电力系统大面积停电事故;

(3)用户专线跳闸或全厂停电事故;

(4)用户电气火灾事故;

(5)用户重要或大型电气设备损坏事故,指用户一次受电设备(主变压器、高压电动机、高压配电设备)损坏;

(6)用户向电力系统倒送电事故。

各供电公司接到上述报告后,应于 24 小时内报告上级,5 日内将事故调查报告上报。

四、事故调查

用电检查部门应参与用户重大电气设备损坏和人身触电伤亡事故的调查,组织事故分析、审查事故调查报告、督促用户落实反事故措施。

用电检查部门接到用户事故报告后,应及时组织有关人员到事故现场进行调查,协助用户查明事故发生的原因、过程和人员伤亡、设备损坏、经济损失情况;督促用户当值人员、现场作业人员和在场的其他有关人员,尽快分别如实提供现场情况和写出事故的原始资料,分析事故的性质和责任,并且在 7 日内协助用户提出事故调查报告。

用电检查部门对事故情况要按照"三不放过"的原则调查分析事故,总结经验和落实防范措施。

调查完成后,用电检查部门应督促用户制定防止同类事故今后再次发生的对策及反事故措施,必须落实负责执行的单位、人员和完成时间。

用电检查部门应采取多种形式(如广播、电视、报纸、宣传图画等),加强安全用电宣传工作,强化用户安全思想意识。对重大事故应及时向同类用户发出事故通报,防止事故再次发生。

五、事故调查的目的和内容

事故调查是为了查明事故发生、发展和处理的全过程,了解所有相关因素,通过分析,明确事故发生和扩大的真实原因,分清责任,吸取教训,制定相应的反事故措施,防止同类事故再次发生。

事故调查应查明下列各项内容:

(1)事故前系统和设备运行情况;

(2)事故发生时间、地点和气象情况;

(3)事故经过及处理情况;

(4)仪表、继电保护及自动装置、故障录波器等记录和运行情况;

(5)设备损坏情况和损坏设备的有关资料,必要时进行设备故障模拟试验或鉴定性试验;

(6)对误操作事故应核查当事人口述是否与现场实际相符,检查设备"防误"措施和操作票执行情况;

(7)人身事故应调查事故现场的环境条件、安全防护措施的情况,了解伤亡者姓名、年龄、职业、触电方式和部位及救护情况。

事故调查应有详尽的调查记录。可采用文字、绘图、拍照、录像等。

事故调查方式包括听取值班员、事故当事者及目睹者的情况介绍,查阅有关记录和资料,以及事故现场勘察等。

六、事故分析分类

事故分析分为事故过程分析和事故统计分析两大类。

事故过程分析是针对一次事故的发生、发展和处理全过程,进行确认事故、查证原因、后果和责任、研制反事故对策、对事故相关因素进行逻辑分析的技术活动,也称事故的技术分析。

事故统计分析是根据所掌握的一定时间内全部事故的资料和原始数据,进行分类统计,从中分析事故发生的规律,寻找主要矛盾,评价安全水平,从而制定安全工作计划和措施的管理活动,是对事故的宏观分析。

（一）事故过程分析

事故过程分析在事故调查基本完成后进行。用户事故的调查和分析,由发生事故单位负责人主持,有关部门负责人和用电检查人员参加,必要时还应请用户主管上级、劳动保护部门、公安部门、设备制造厂家和有关技术专家参加。

事故过程分析的步骤:

1. 确认事故

根据事故调查资料,判断事故性质,计算事故损失,对照有关规定,判定事故是否成立,应为何类事故,这个过程称为确认事故。事故损失应包括设备损失、停产损失和少供（用）电量。

2. 查证事故原因和责任

这是事故过程分析的核心步骤,是一项复杂细致的工作。由于电气事故往往是在瞬间发生的,现场残留痕迹不一定清晰,当事人回忆未必准确,调查中的任何疏漏和差错,都会给分析带来很大的困难,甚至得出错误结论。因此要求事故调查记录务求真实详尽,分析中切忌主观臆断,在分析中应将各相关因素,通过逻辑推理,描绘出事故的动态过程,过程的各环节、各因素的因果关系应和实际情况相符,还应和电气技术理论相符,必要时还应通过模拟试验和鉴定性试验,方可准确地确定事故的真实原因。事故原因一般从设备缺陷、人员操作、外界环境条件和管理因素等几方面分析查找。原因查明后,实事求是地分清各类人员（运行、检修、试验、安装人员和领导）应负的责任,确定第一责任人。

3. 分析事故中暴露的问题

事故总在突破安全系统中的薄弱环节而爆发。通过事故研究和揭示设备、环境、人员和管理各方面的不安全因素,为制定安全措施和安全管理计划提供依据,就能将不利因素转化为积极因素,不断提高安全用电水平。分析的重点是规章制度的完善程度和执行情况;继电保护配置和动作情况;反事故措施和落实情况等。

4. 制定反事故措施

针对事故原因和暴露的问题,制定有针对性的防止同类事故再次发生的技术措施和管理措施。措施应具体明确,并提出完成措施的时间和负责人。

(二)事故统计分析

为把握事故发展的规律和明确安全管理重点,应对一定周期、一定范围内发生的全部用户事故进行统计分析。

事故统计分析的步骤如下:

(1)汇集整理统计周期内事故的原始资料。

(2)按分科目规定的分类项目,如事故性质、原因、严重程度等分类统计并排序。

(3)分析事故规律。

(4)计算事故率,对照安全用电管理目标,评价安全用电水平。

(5)比较历年的事故率变化趋势。

(6)制订今后的安全工作计划。

参考文献

[1]戴绍基. 电气安全. 北京:高等教育出版社,2005.

[2]化林平. 电气安全技术问答. 北京:中国石化出版社,2006.

[3]中国质量检验协会组编. 电气安全专业基础. 北京:中国计量出版社,2006.

[4]姚文江. 安全用电. 北京:中国劳动社会保障出版社,2002.

[5]夏道止. 电力系统分析. 北京:中国电力出版社,2003.

[6]温卫中. 电气安全工程. 太原:山西科学技术出版社,2006.

[7]重庆市纺织工业局. 电气安全技术. 北京:纺织工业出版社,1989.

[8]北京经济学院劳动保护系. 电气安全工程学. 北京:北京经济学院出版社,1980.

[9]黄益荪. 低压用户电气安全技术. 上海:上海科学技术出版社,1995.

[10]杨有启. 电气安全工程. 北京:中国劳动社会保障出版社,2000.

[11]章长东. 工业与民用电气安全. 北京:中国电力出版社,1996.

[12]劳动部职业安全卫生监察局. 电气安全. 北京:中国劳动社会保障出版社,1990.

[13]杨有启. 电气安全工程. 北京:中国劳动社会保障出版社,1991.

[14]梁曦东,陈昌渔,周远翔. 高电压工程. 北京:清华大学出版社,2003.

[15]朱德恒,严璋. 高电压绝缘. 北京:清华大学出版社,1992.

[16]周泽存. 高电压技术. 北京:水利电力出版社,2004.

[17]张纬钹,何金良,高玉明. 过电压防护及绝缘配合. 北京:中国电力出版社,1980.

[18]陈晓平. 电气安全. 北京:机械工业出版社,2004.

[19]曾小春. 安全用电. 北京:中国电力出版社,2007.

[20]刘介才. 工厂供电. 北京:机械工业出版社,2005.